The original edition of this book contained oversized maps. PDF files of these maps can be downloaded from www.elibron.com/maps

FERDINAND V. HOCHSTETTER'S

GESAMMELTE REISE-BERICHTE

VON DER

ERDUMSEGELUNG DER FREGATTE 'NOVARA'

1857 - 1859

Elibron Classics
www.elibron.com

Elibron Classics series.

ISBN 1-4212-4548-5 (paperback)
ISBN 1-4212-4547-7 (hardcover)

This Elibron Classics Replica Edition is an unabridged facsimile
of the edition published in 1885 by Eduard Hölzel,
Wien.

Heliogravure v. V. Angerer in Wien.

Dr. F. v. Hochstetter

FERDINAND v. HOCHSTETTER'S

GESAMMELTE REISE-BERICHTE

VON DER

ERDUMSEGELUNG DER FREGATTE „NOVARA"

1857 – 1859.

Mit einer Einleitung und einem Schlusswort von **V. v. Haardt,**
einem Portrait **Ferdinand v. Hochstetter's** in Heliogravure
und einer Uebersichtskarte der Reise-Route.

WIEN.
EDUARD HÖLZEL.
1885.

DEN MANEN

DES

THEUEREN GATTEN UND GELIEBTEN VATERS

DR. FERDINAND RITTER VON HOCHSTETTER

GEWIDMET

VON DER

TIEFTRAUERNDEN FAMILIE.

Einleitung.

Die geographische Wissenschaft feiert heute einen ihrer schönsten Gedächtnisstage.

Festlich empfangen von einer Escadre, an deren Spitze ein hochherziger Prinz unseres kaiserlichen Hauses, der geniale Begründer unserer Seemacht — Erzherzog Ferdinand Max — gestanden war, lief Sr. Majestät Fregatte „**Novara**" am 26. August 1859 nach glücklich beendeter Umsegelung der Erde unter dem Jubel der Bevölkerung und begrüsst von der ganzen gebildeten Welt in dem Hafen von Triest ein.

Die nach dem Plane und unter dem mächtigen Schirme des erlauchten Prinzen durchgeführte Expedition war — reich beladen mit naturwissenschaftlichen Schätzen aller Art — wohlbehalten heimgekehrt, nachdem sie einen Weg von nahezu 52.000 Seemeilen zurückgelegt hatte und an 25 Punkten gelandet war, — österreichische Naturforscher hatten ein riesiges Materiale aufgestapelt, dessen Verarbeitung lange Jahre in Anspruch nehmen sollte, und unsere Kriegsmarine hatte in fernen Meeren und unter schweren Stürmen die erste grosse Probe ihrer Seetüchtigkeit glänzend bestanden.

Seitdem ist ein volles Vierteljahrhundert vergangen und die damals ausgestreute Saat hat herrliche Früchte getragen.

Ein monumentales Werk ernster Forschung und wissenschaftlichen Strebens steht in den achtzehn Bänden vor uns, welche die reichen Errungenschaften der Expedition kommenden Geschlechtern zu überliefern bestimmt sind.

Grossartige Sammlungen aus den verschiedensten Gebieten der Naturwissenschaften zieren heute unsere Museen, und was das Werthvollste von Allem ist: Die „Novara"-Reise hat Männer gebildet, die seither im Staatsleben und in der wissenschaftlichen Welt einen hervorragenden Platz errungen haben und auf die unser Vaterland mit Fug und Recht stolz sein darf.

Tiefe Wehmuth erfüllt uns bei dem Gedanken, dass die Zahl jener ausgezeichneten Männer, jener selbstthätigen Zeugen der ruhmvollsten unserer Forschungs-Expeditionen immer kleiner wird und dass es nur mehr Wenige sind, an deren Dasein wir uns noch erfreuen dürfen.

Kaum ein Jahr ist vergangen, seit wir den Hingang des gefeierten Führers der Expedition, Vice-Admirals Freiherrn von Wüllerstorf beklagten und vor wenigen Wochen erst standen wir abermals tieftrauernd an der Bahre eines grossen und edlen Mannes, dem heute unsere Worte gewidmet sind.

Inmitten eines der Forschung und der Wissenschaft geweihten Lebens ist **Hofrath Dr. Ferdinand Ritter von Hochstetter** am 18. Juli d. J. nach langem Leiden vom Tode hinweggerafft worden. Es ist nicht unsere Absicht, an dieser Stelle auf die intensive und unermüdliche Thätigkeit des grossen Gelehrten zurückzublicken, welcher seinem schon früher geachteten Namen seit der denkwürdigen „Novara"-Fahrt einen Weltruf erworben hatte, — nur der einen Ueberzeugung wollen und müssen wir Ausdruck geben, dass der Dahingeschiedene noch lange nicht auf dem Culminationspunkte seines reichen Schaffens und Wirkens angekommen war.

Die Eröffnung des k. k. naturhistorischen Hofmuseums, welchem lange Jahre hindurch seine volle Kraft und Thätigkeit gewidmet war und welchem geradezu sein ganzes Denken und Trachten gegolten hatte, — dieser feierliche Augenblick wäre der eigentliche Gipfelpunkt gewesen, von dem der geistige Schöpfer jenes grossartigen Werkes mit ruhigem Bewusstsein und freudiger Genugthuung auf eine lange und ruhmvolle Gelehrten-Laufbahn zurückblicken konnte.

Leider hat der Tod dem rüstig und unverdrossen auf ehrenvoller Bahn Dahinschreitenden ein gebieterisches Halt zugerufen, — ein schönes Leben wurde zerstört inmitten froher Hoffnungen und Erwartungen, — kurz vor der Krönung des herrlichen Gebäudes, welches die Frucht verkörpern sollte eines ganzen Lebens voll von emsigster Thatkraft und von nimmer ruhendem Fleisse!

Auf der ganzen weiten Erde mit Hochachtung und Bewunderung genannt, wird der Name **Hochstetter** ewig fortleben und unzertrennlich wird er bleiben von dem grossartigen, „dem Reiche der Natur und ihrer Erforschung" gewidmeten Werke, — Wissenschaft und Vaterland werden dem Dahingeschiedenen immerdar eine dankende und anerkennende Erinnerung bewahren!

Die hinterbliebene Familie, die den theueren Gatten und den vielgeliebten Vater tief betrauert und beweint, — auch sie will dem Verblichenen ein Andenken weihen, — einfach und prunklos, aber edel und würdig, wie er es in seinem thatenreichen Leben stets selbst gewesen war.

Heute, an dem grossen Gedächtnisstage der Heimkehr der „Novara" wird mir die Ehre zu Theil, aus dem Munde der edlen und hochsinnigen Witwe des Verstorbenen den Entschluss zu vernehmen, sein Andenken durch die Herausgabe einer Sammlung derjenigen Briefe zu ehren, die er während der Erdumsegelungs-Expedition verfasst und in den Jahren 1857—1859 in der „Wiener Zeitung" veröffentlicht hatte.

In der That könnte die so schwer geprüfte Familie ihrem Oberhaupte kaum eine würdigere Erinnerung widmen.

Waren es doch diese „Feuilletons", welche in anspruchsloser und leichterzählender Form, dabei aber durchdrungen von scharfer Beobachtungsgabe und von tiefem, wissenschaftlichem Sinn den Ruhm des schon durch seine vorhergegangenen Arbeiten hochgeachteten jungen Naturforschers in noch höherem

Masse befestigt und seinen Namen in der ganzen gebildeten Welt lange bekannt gemacht hatten, bevor er als „der wissenschaftliche Entdecker" der grossen Doppelinsel des Stillen Weltmeeres gefeiert werden konnte.

Der Umstand, dass jene Briefe zum überwiegenden Theile nur den damaligen Zeitgenossen des Verewigten, sonst aber muthmasslich blos einem kleineren Kreise von Fachmännern bekannt sein dürften, — lässt ihre Sammlung und Veröffentlichung heute gewiss doppelt willkommen erscheinen. Sie sind eine theuere Erinnerung an das jugendkräftige Wirken eines für die Natur und ihre Wunder hochbegeisterten Mannes, ein werthvolles Andenken an die ruhmvollste unserer wissenschaftlichen Unternehmungen und sie werden — wie wir zuversichtlich hoffen — in so manchem jugendlichen und männlichen Herzen den Drang wachrufen, einem grossen und edlen Vorbilde echt wissenschaftlichen Strebens gleich zu werden!

Wien, am 26. August 1884.

V. v. Haardt.

Vor der Abreise.

Triest, Bucht von Muggia, den 29. April an Bord der „Novara".

Sie denken sich uns wohl längst weit draussen in der Adria, aber noch liegt die „Novara" ruhig vor Anker in der Bucht von Muggia gegenüber dem Hügel von St. Andrea, dem einzigen Fleck in der Umgebung von Triest, der durch frisches Grün, durch Blumen und Blüthen daran erinnert, dass es Frühling geworden. Die Abhänge des Karst starren kahl und öde hinaus in die See, es wird an ihnen weder Frühling noch Sommer; aber es sind heimatliche Berge, und darum hängt manchmal unser Blick an ihnen mit dem Gedanken, dass es das letzte Stück österreichischen Bodens ist, dem wir Lebewohl sagen, und dass es wieder das erste sein wird, das wir nach langer Fahrt hoffentlich Alle wieder glücklich begrüssen. Soll ich Ihnen noch im Angesichte dieser heimatlichen Berge und Hügel schreiben, dann ist jetzt höchste Zeit dazu. Wenn die Sonne wieder aufgegangen, trifft sie uns „in See". Da der 1. Mai unglücklicherweise auf einen Freitag fällt, so ist, um nicht an einem Freitag abzureisen, der morgige Tag, der 30. April, zur Abfahrt bestimmt; wir werden also nach gut deutscher Sitte „aus dem April geschickt", und ich eile, um Ihnen die stattliche Fregatte noch zu zeigen, wie sie ausgerüstet da liegt zur Reise um die Welt.

Das erste Schiff, das mit seinen drei Masten zum Vorschein kommt, wenn man, am Meeresstrand hinwandernd, bei den letzten Häusern der Stadt umbiegt in die Spazierwege von St. Andrea, das ist die „Novara", eine Kabellänge südöstlich davon liegt die Corvette „Carolina", bestimmt, die „Novara" bis Brasilien, vielleicht selbst bis zum Cap der guten Hoffnung zu begleiten, weiterhin der Kriegsdampfer „Lucia", der vor wenigen Tagen von Venedig kam, um die „Novara" und „Carolina" zu schnellerer und ungehindeterer Fahrt durch das Adriatische und Mittelländische Meer zu schleppen. „Carolina" und „Lucia" sind schon fertig und bereit zur Abfahrt, sie liegen ruhig im platten Wasser, nur bei der „Novara", da ist noch buntes Leben und Treiben. Fast von Minute zu Minute gehen und kommen Boote, zumal heute, da nach zweitägiger Bora die See wieder ruhig geworden. Fast mit Dampfesschnelle fahren die vielrudrigen, mit Matrosen bemannten Boote der Fregatte hin und her und bringen die letzten Kisten und Kästen zur Backbordseite, gefüllt mit Lebensmitteln und Ausrüstungsgegenständen aller Art. „Boot Steuerbord!" ruft jeden Augenblick die Wache, das gilt den zweirudrigen Gugos, welche Besucher an Bord bringen, die der Fregatte noch ihr Lebewohl sagen wollen, oder die zahlreichen Geschäftsleute, die noch das Ihrige zu bringen oder zu holen haben. So geht das fort bis zum späten Abend, wo Nachts $11^1/_2$ Uhr die Fregatte das letzte Boot an Land schickt, um alle ihre Leute noch an Bord zu bringen. Um diese Zeit sammelt sich beim „Spiegelkaffeehaus" in der Stadt eine muntere Gesellschaft, Officiere und Naturforscher, welche an Land gegangen waren, um ihre letzten Einkäufe zu besorgen. Fiaker stehen bereit, und in langer Wagenreihe geht es hinaus nach St. Andrea, wo die Boote warten, die späten Nachzügler aufzunehmen. „Novara!" „Carolina!" hört man durch die Nacht rufen, und nachdem Jeder im rechten Boot seinen Platz gefunden, erschallt ein „Stosst ab!" und mit tactmässigen Ruderschlägen, die bei schönem Wetter, zumal bei Südwind im Meere tausend leuchtende Funken schlagen, fährt das Boot dem Lichte zu, das hoch am Maste aufgehängt die „Novara" bezeichnet. Die Wache: „Wer da?" Der Steuermann im Boot antwortet: „Officiere an Bord!" Die Stiege wird herabgelassen und bald darauf ist Jeder in seiner Cabine verschwunden. So ging das fort die letzten Tage der Woche, seit wir in Triest sind. Dabei wurde auf dem Schiffe selbst geschmiedet und gezimmert Tag und Nacht. Alles sollte noch in Ordnung kommen, Jeder wollte seine Cabine nach Möglichkeit bequem einrichten und Alles seefest machen vor der Abfahrt. Denn wer sagt uns, ob wir nicht am ersten Tage schon „rollen" oder „stampfen"? Daher thut man besser, zuvor zu sorgen, um sich in den Stunden der Seekrankheit, die nicht ausbleiben werden, ganz nur dem Gefühle seines eigenen unbeschreiblichen Elends hingeben zu können. Heute nun ist so ziemlich Alles fertig, und darum lassen Sie uns auch heute zusammen an Bord gehen.

Die „Novara" wurde in Venedig gebaut nach einem Plane des Oberst Paresi, 1843 begonnen, 1850 vom Stapel gelassen; Länge des Decks 165 Fuss, grösste Breite auf der Kleidung 45 Fuss, Wasserverdrängung 2107½ Wiener Tonnen, Tiefgang 20 Fuss, sie ist eine Fregatte von 46 Kanonen. Für die Reise hat sie jedoch nur 30 Kanonen an Bord (sogenannte „Novara"-Kanonen, 30-Pfünder), 12 auf Deck, 18 in der Batterie, ausserdem führt sie noch einen 12-Pfünder für das grosse Boot, einen 6-Pfünder für das zweite Boot und zwei 6pfündige Feldgeschütze. Die „Novara", mehr eine untersetzte, gedrungene Figur, wenn ich so sagen darf, als eine schlanke, wie die „Carolina", gilt wegen ihrer soliden Bauart für das seetüchtigste Segelschiff der österreichischen Marine — ein „Kasten, der einen rechten Puff aushalten kann", hört man häufig sagen — und ist nach allgemeinem Urtheil sehr passend für die Reise ausgewählt. Erster Commandant ist Commodore Bernhard v. Wüllerstorf-Urbair; zweiter Commandant Baron v. Pöck, Corvetten-Capitän; erster Lieutenant der Fregatte und Detail-Officier Bela v. Gaal, Schiffslieutenant; Batterie-Officier Moriz Manfroni v. Montfort, Fregatten-Lieutenant; Manövrir-Officier

Alex. Graf v. Kielmannsegge, Fregatten-Lieutenant; Deckbatterie-Officier William Lund, Schiffsfähnrich; Pilotage-Officier (für meteorologische Beobachtungen u. s. f.) Robert Müller, Schiffsfähnrich; für Besorgung der Boote, Vorräthe des Schiffsraumes u. s. f. Ernst Jacobi, Schiffsfähnrich; dann Eugen Kronowetter und Gustav Battlog, Fregattenfähnriche, zugetheilt für Batterie und Pilotage. Ausser diesen 8 Officieren sind noch an Bord: 1 Schiffsverwalter und Cassier, Anton Basso; 4 Aerzte: Dr. Franz Seligmann erster Schiffsarzt, Dr. Lallemant zweiter, Dr. Ruczislka dritter und Dr. Schwarz vierter; 1 Schiffscaplan, v. Marochini; 1 Mechaniker und 14 Marine-Corpscadetten. Die Mannschaft besteht aus 317 Mann: 234 Mann Bootsleute, Matrosen und Schiffsjungen, 33 Mann Infanterie, 14 Mann Artillerie, 16 Handwerker, 2 Köche, 2 Speisemeister, 9 Privatdiener und 7 Mann Musik. Mit dem Ihnen bekannten Contingent von 6 Personen, das Wien gestellt (Naturforscher und Maler)*), Alles in Allem sind 354 Köpfe an Bord. Um so viele Menschen unterzubringen, durfte dennoch von der gebräuchlichen Einrichtung einer Fregatte nur wenig abgewichen werden, nur die passende Unterbringung des Civilcontingents erforderte einige Abänderungen. Maler Selleny hatte seine Cabine bei den Officieren im Carré, Zoolog Zelebor und Kunstgärtner Jelinek bei den Aerzten und Cadeten vor dem Carré im Zwischendeck, für die Uebrigen wurde in der Batterie gesorgt. Durch Ausschiffung von je drei Kanonen an jeder Seite der Batterie unmittelbar vor der Wohnung des Commodore wurde ein grosser Raum gewonnen für ein grosses gemeinschaftliches Studir- und Arbeitszimmer, in welchem die Bibliothek und die wissenschaftlichen Instrumente aufgestellt sind. Dieser Salon von 42 Fuss Breite und 22 Fuss Länge, der mit allem Comfort eingerichtet ist, „Kanonenzimmer" genannt, dient

*) Dr. Carl Scherzer für Ethnographie, Dr. Ferd. Hochstetter für Physik und Geologie, G. Frauenfeld und Zelebor für Zoologie, Selleny Maler, Jelinek Kunstgärtner.

zugleich als Speisezimmer und Empfangszimmer des Commodore. Unmittelbar an ihn stossen an der Backbordseite die Cabinen von Dr. Scherzer und dem ersten Lieutenant, an der Steuerbordseite von Frauenfeld und Hochstetter. Diese Cabinen mit einem Raume von 10 Fuss im Cubus lassen in der That für einen Aufenthalt auf einem Kriegsschiff nichts zu wünschen übrig.

Sind auch die Schiffscabinen in Wirklichkeit eigentlich nichts Anderes als grosse, am Schiff festgenagelte Kasten, in denen man all sein Hab und Gut anschraubt und festhängt, so gut es geht, und nur sich selbst als den einzigen beweglichen Körper dem Spiel der Wellen überlässt, so lassen sie sich doch so bequem und comfortabel einrichten, dass man sich bald ganz heimisch fühlt in dem engen Raum, den man sein Haus nennen darf; die Cabinen in der Batterie haben vor denen im Carré und im Zwischendeck Luft und Licht voraus, so dass sie sich ganz ausnehmen wie kleine Mansardenstuben, nur mit dem Unterschied, dass sie mit einem Comfort eingerichtet sind, der Mansardenbewohnern gewöhnlich nicht zu Gebote steht. In der Batterie am Vordertheil stehen Herd, Brunnen, ein vortrefflicher Wasser-Destillationsapparat, der aus Meerwasser in der Stunde 108 Mass gut trinkbares Wasser liefert, dann ein grosser Stall mit Hühnern, Schweinen, Lämmern und endlich die Werkstätten der verschiedenen Handwerker. Der übrige Raum längs der Kanonen in der Batterie, die so hoch ist, dass selbst der grösste Mann aufrecht gehen kann, ist der Spaziergang für die Raucher, da nur hier geraucht werden darf. Man sammelt sich da nach dem Frühstück und nach Tische zu gemüthlichen Rauch- und Plauschstunden. Die unteren Räume sind ganz angefüllt mit Vorräthen aller Art, und soll ich Ihnen auch diese zeigen, so kann ich Ihnen sagen, dass die Fregatte auf 159 Tage Kohlen hat, Wasser 86 Tonnen, da der tägliche Bedarf durch den Destillationsapparat erzeugt wird, Zwieback auf 145, Wein auf 50, Rum auf 226, Fleisch (Pöckel-, Schweine- und Büchsenfleisch) auf 264 Tage, dann Reis und Mehlspeise für Suppen auf 135, Gemüse auf 298, Kakao auf 610, Zucker auf 156, Salz auf 100 und Essig auf 95 Tage, ausserdem eine ansehnliche Menge der verschiedensten Tauschartikel. Das ist die Ausrüstung, mit welcher die Fregatte „Novara" ihre Reise um die Welt antritt.

Die sie eine Strecke Weges begleitende „Carolina" ist eine Corvette von 24 Kanonen, commandirt vom Corvetten-Capitän Ignaz Kohen. Sie führt mit sich Muster von österreichischen Industrie-Erzeugnissen aller Art, und Herr Fabel hat als Handelsagent die Aufgabe, für dieselben in Südamerika passende und gute Märkte ausfindig zu machen. Ueber den Plan der Weltreise haben Sie schon so viel mitgetheilt, dass ich nicht wieder darauf zurückkomme. Ich erzähle Ihnen, wenn Sie durch drei Jahre Geduld genug haben, viel lieber die Reise selbst. Unsere erste Fahrt geht über Messina nach Gibraltar.

Am 16. April beehrten Se. k. Hoheit der durchlauchtigste Herr Erzherzog Ferdinand Max von Venedig aus die Fregatte mit einem Besuche und bezeichneten in einer herzlichen, ergreifenden Ansprache den Zweck der Reise als einen doppelten: als einen militärischen zur Ausbildung der österreichischen Marine und als einen wissenschaftlichen. Am 25. April wurde die Commodoreflagge gehisst und mit elf Schüssen salutirt, und heute Mittag war Vice-Admiral Baron v. Bujacovich an Bord und nahm Abschied. Sie sehen also, dass es Ernst wird mit der Abfahrt. Morgen sind wir in See. Darum noch einmal heute die herzlichsten Grüsse den Lieben in der Heimat und allen Freunden die besten Wünsche und Erinnerungen.

Glück auf!

Von Triest nach Messina.

Im Jonischen Meer 38° nördlicher Breite, 4. Mai.

Schon sind 500 Seemeilen zurückgelegt, viermal ist uns die Sonne auf offener See aufgegangen, Cap St. Maria di Leuca einerseits, Corfu, Fano und die Schneegebirge von Albanien (Monte Cicca) andererseits verschwinden hinter uns am Horizont, mit frischer Ostsüdostbrise segeln wir gegen Südwest 7 bis 8 Meilen die Stunde, und noch hat keiner von uns Allen verspürt, was Seekrankheit ist — das heisst eine glückliche Fahrt, ein guter Anfang. Darum sind wir auch Alle frohen Muthes, und ich will Ihnen erzählen.

Am 29. April Mittags wurde in der Bucht von Muggia unter Musik und Hurrahs der Anker gelichtet, das war das erste Zeichen der Abfahrt. Die Fregatte lag nur noch an der „Boje" (Hafenanker) fest, den 30. Morgens 8 Uhr wurde sie auch von dieser losgelöst. Der Dampfer „Lucia" setzte sich in Bewegung, nahm uns in's Schlepptau, wir fuhren ab! Der so lang ersehnte Augenblick war gekommen. Wir waren Alle auf Deck, die Augen gerichtet nach dem Hafen, nach der Stadt, nach den Bergen, bei deren Anblick, wenn wir ihn wieder haben werden, nach drei Jahren wir aufjauchzen werden in Jubel und Freude. Diesmal grüssten wir sie still, in feierlicher Stimmung zum Abschied, und mit ihnen im Geiste alle Lieben und Freunde. In grossem Bogen schleppte uns der Dampfer vor die Rhede, 21 Schüsse donnerten vom Schiff zum Gruss der Stadt und dem Vaterland, 21 Schüsse donnerten wieder von der Festung. Wir fuhren zurück in die Bucht von Muggia, nahmen die „Carolina" hinter der „Novara" in's Schlepptau, noch ein Hüteschwenken und Sacktuchwehen von den dicht mit Menschen bedeckten Ufern und Molos, die letzten mündlichen Grüsse in die kleinen Boote, die uns folgten, und wir waren draussen „in See", Morgens um $9^1/_2$ Uhr. Die See war glatt wie ein Spiegel, kein Lüftchen wehte, es war daher eine gute Sache, dass wir einen so vortrefflichen Postillon,

Corvetten-Capitän v. Littrow, vorn auf dem Bock hatten, der mit 350 Pferdekraft die doppelte Last 5 Seemeilen die Stunde vorwärts brachte. Schon nach Mittag hatten wir Pirano passirt, und als die erste Maiensonne über uns aufging, lagen vor uns Isola Premuda und Isola Lunga, und in blauer Ferne westlich das Vorgebirge von Ancona. In der Nacht auf den 2. Mai kamen wir westlich an Pomo, an St. Andrea, Busi und Lissa vorbei. Pomo wurde 1809 von einem englischen Linienschiff beschossen, das den zuckerhutförmigen, einsamen Fels in der Nacht für ein mit vollen Segeln sich nahendes feindliches Schiff gehalten hatte. Am 2. Morgens hatten wir Lagosta, Meleda auf der einen Seite, die Pelagosa-Inseln und die Testa del Gargano auf der andern Seite in Sicht und erst um Mittag, als wir in den breitesten Theil der Adria eingetreten, verloren wir alles Land ausser Augen. Hier wuchs nun bei einer eingetretenen guten Nordwestbrise der Fregatte der Muth, sie band sich los vom Dampfer, spannte alle Segel auf und lief acht Meilen die Stunde vor dem Wind. Doch war die Freude über die gewonnene Selbstständigkeit nur kurz; denn schon Abends musste die „Lucia" wieder zu Hilfe gerufen und die „Carolina", die nicht nachkommen wollte, abgeholt werden. Die Schiffe setzten zusammengebunden ihren Curs fort, so günstig, dass wir schon am 3. Mai Mittags zwischen Cap Otranto und Linguetta hindurch den Adriatischen Golf verlassen hatten und gegen Abend in den blauen Wässern des Jonischen Meeres schwammen. Die Inseln Fano, Corfu tauchten hervor, und an der Backbordseite standen vor uns die Strade bianche, hinter ihnen die zackigen Schneegipfel des Ciccagebirges in Albanien. Es war Sonntag, die Musik spielte, die Matrosen tanzten und erzählten sich Räubergeschichten aus den Bergen, deren Anblick so herrlich ist, in denen aber ein Volk hausen soll, wohnend in Höhlen, bekleidet mit Hammelfellen, räuberisch und feindselig, so dass Schiffe, die hier zu landen gezwungen sind, sich in Kriegsstand setzen. Da braucht man wahrlich nicht zu den Antipoden, zu den Menschenfressern nach Neuseeland zu fahren, um Wilde zu sehen. Und wie diese Berge mit ihren Zacken, mit ihren Thalrinnen einladend aussehen für den Geognosten, Zoologen und Botaniker! — Wir schauten sehnsüchtig hinüber. Hier schon wäre Stoff genug zu Beobachtungen und Untersuchungen. Doch diesmal gilt es für uns ein ferneres Ziel. „Sind wir nur erst einmal auf Paul und Amsterdam!" das ist jetzt schon der stündliche Wunsch unserer Zoologen und Botaniker. Sie putzen ihre Gewehre, richten die Netze, falzen Papiere und schauen in die blaue Fluth, wo dann und wann eine Seealge, eine Qualle, manchmal auch ein paar Delphine sich zeigen. Doch heute Früh, da gab's wenigstens für die Zoologen eine Unterhaltung. Als wir erwachten, da lagen wir ruhig in der spiegelglatten See, Fano, Corfu und das Ciccagebirge noch immer hinter uns in Sicht, und kein Lüftchen wehte. Die „Lucia" hatte uns in der Nacht verlassen, war nach Corfu gegangen, um dort „Kohlen zu machen". Und so lagen wir da unter dem blauen Himmel, ohne uns auch nur einen Zoll vorwärts zu bewegen. Da kamen denn von den Inseln allerlei Vögel auf's Schiff geflogen, Turteltauben, Fliegenschnapper, Schwalben, Bachstelzen, Specken, Grasmücken u. s. f. Die armen Geschöpfe, die so matt ankamen, dass sie sich mit den Händen greifen liessen, wurden grausam secirt und in ihren Eingeweiden nach Würmern geforscht! Da sind die Physiker doch besser daran, sie haben ihre Barometer, Thermometer, Psychrometer, Ozonometer und wie die Instrumente und Apparate alle heissen, aufgestellt und aufgehängt und registriren stündlich kleine Zahlen in grosse Bücher. Oder der Maler, der findet seinen Stoff immer und überall und macht Studien an Zwieback kauenden Schiffsjungen, an arbeitenden und spielenden Matrosen, holt sich immer thätig sogar aus den untersten Tiefen des Schiffsraumes, wo kein Sonnenlicht mehr hindringt, den „Raumgast" herauf, der Tag und Nacht als Cerberus vor der „Sta. Barbara" (d. i. Pulverkammer) kauert. Sogar dieser muss als Modell stehen; mehr Raumgeist als „Raumgast"; denn man sieht es seinen lichtscheuen Augen an, dass gerade da sein Element ist, wo andere Menschen denken: „Da drunten aber ist's fürchterlich!" Doch hatte das grausame Spiel der Zoologen (ich sage das nur für empfindsame Seelen) bald ein Ende, als eine Südostbrise ankam, die uns nun mit einer Geschwindigkeit fortführt, dass unser Dampfer, der uns auf der Fahrt nach Messina wieder einholen will, zu thun haben wird, um uns bei Cap Spartivento zu treffen. Auf der Fahrt dahin sind wir nun, der Curs ist Südwest gerichtet, und ich habe heute schon geschrieben, weil die Officiere uns Naturforschern prophezeiten, dass wir morgen Früh nicht beim Frühstück erscheinen werden. Dann wäre es auch mit dem Schreiben aus. Nun wir wollen sehen.

Im Aeolischen Meer, 7. Mai Abends.

Wir haben die Meerenge von Messina passirt, vor uns liegt die interessante Gruppe der liparischen Inseln, scharf sich abschneidend am goldenen Abendhimmel, der herrliche Kegel des Stromboli, rauchend wie immer, Panaria, Lipari, Vulcano. Morgen Früh sind wir über die Inselgruppe hinaus und dann wird uns die „Lucia" unserem Schicksale überlassen. Sie wird die ersten Nachrichten in die Heimat zurückbringen, daher setze ich die Erzählung unserer Erlebnisse bis heute fort.

Die Officiere hatten richtig prophezeit. Der Wind nahm am 4. Abends mehr und mehr zu, wir machten 7 bis 8 Meilen die Stunde. Die See wurde von Stunde zu Stunde bewegter und versetzte das Schiff, da die Wellen aus Südost von der Seite anschlugen, in die Bewegung, welche man „Rollen" nennt. Der Effect war, dass den 5. Mai die Naturforscher wie verschwunden waren. Nur dann und wann wagte sich eine schwankende Schattengestalt auf's Deck, um frische Luft zu schöpfen. Doch muss ich anmassend genug sein, mich selbst davon auszunehmen, ich habe bis heute nichts von dem gefürchteten Seeübel verspürt und ich glaube nun, dass ein Stück Seemannsnatur in mir steckt. Um Mittag schon waren Cap Stilo und die Gebirge von Calabrien in Sicht, gegen Abend aber Cap Spartivento und der Aetna, dessen schneebedeckter Gipfel von Zeit zu Zeit aus einem dichten Wolkenschleier hervorschimmerte. Am 6. Morgens lagen wir vor dem Eingang in die Strasse von Messina. Da blies aber ein so kräftiger Nordwest heraus, dass wir auch Abends und auch den 7. Morgens noch auf demselben Fleck uns befanden, ohne etwas Anderes ausführen zu können, als auf dem Meere hin und her zu laviren, gerade so, wie man in einem Zimmer auf und ab spaziert. Es war den 7. Morgens wieder ganz windstill geworden, der Aetna aber lag da in der Morgensonne in 30 Seemeilen Distanz ganz rein und klar vom Fuss bis zur Spitze, ein grossartig schöner Anblick. Aller Augen waren auf den zehntausendfüssigen Riesen mit seinem schneebedeckten Haupte gerichtet, als der Freudenruf ertönte: „Lucia" in Sicht! Um 8 Uhr schon war der Dampfer bei uns, nahm, nachdem Ochsen und Kälber, herrliche Erdbeeren und was er sonst für uns aus Corfu mitgebracht hatte, auf die „Novara" transportirt waren, „Novara" und „Carolina" wieder in's Schlepptau und führte uns nun beim herrlichsten Wetter — wir verspürten heute zum erstenmal südliche Wärme — durch die Strasse von Messina und durch die Wirbel der Charybdis, in denen Hunderte von Delphinen spielten, an einem Panorama vorüber, das man sich nicht schöner denken kann. Die Küste von Calabria seconda in vollem Sonnenglanz zur Rechten: sehr ansehnliche, zum Theil noch mit Schnee bedeckte Bergrücken, wunderbar bizarre Felsspitzen und Zacken, tiefeingeschnittene Thalrinnen, an den Abhängen und am Meeresstrande aber zwischen Olivenwäldern freundliche Dörfer und Städte, anmuthige Villen. Wir fuhren so nahe der Küste, dass wir das Thun und Treiben der Menschen beobachten konnten. Die drei stattlichen Schiffe mochten die Aufmerksamkeit Vieler auf sich gezogen haben, denn Hunderte standen in den Strassen und auf den Plätzen von Reggio und Villa St. Giovanni und winkten uns Tücher schwenkend zu. Die sicilianische Küste lag im Schatten, umso schärfer schnitt sich der gezackte Gebirgsrand über Messina mit dem Aetna im Hintergrund am blauen Himmel ab. Alle Fernrohre an Bord wanderten den ganzen Tag von Hand zu Hand, und als wir gegen Abend die Strasse passirt hatten, da konnten wir, rechts an dem Felsschloss Scylla vorbei, die italienische Küste bis zum Monte Bulgario am Busen von Policastro verfolgen und selbst auch den rauchenden Stromboli erblicken.

Von der Strasse von Messina nach Gibraltar.

Gibraltar, den 28. Mai.

Einundzwanzig Kanonenschüsse donnerten den 20. Mai, Mittags 4 Uhr, in der Bucht von Algeciras vom Bord der „Novara" zum Gruss der englischen Flagge in Gibraltar; sie wiederhallten in lang andauerndem Echo von der Säule des Herkules, dem Felskoloss, der — durch Natur und riesige Menschenarbeit zur unbezwinglichen Feste geworden — Land und See beherrschend mächtig zum Himmel ragt, 21 Schüsse vom englischen Fort erwiderten dankend den Gruss der „Novara", die zum erstenmale nach glücklicher dreiwöchentlicher Seefahrt ihre Anker ausgeworfen.

Ehe ich Sie einladen kann, mit mir die Strassen von Gibraltar zu durchstreifen und die herrliche Natur des südlichen Spaniens zu bewundern, muss ich Sie noch ein gut Stück zurückführen bis zu den äolischen Inseln.

Es war uns Allen wohl etwas wehmüthig um's Herz, als am 8. Mai Morgens zwischen Alicudi und Ustica die Bande, welche „Lucia", „Novara" und „Carolina" bisher so fest verbunden, gelöst wurden und die „Lucia", alle Matrosen in den Raaen, zwischen „Novara" und „Carolina" hindurch unter Hurrahs fortdampfte zur Heimat zurück. Ein herzliches Hurrah klang auch von der „Novara" und „Carolina" noch lange nach. Ein sanfter Zephyr kräuselte kaum merklich die Oberfläche des Meeres; es war recht, um Heimweh nach der

„Lucia" zu bekommen, und wie neidisch blickten wir dem neapolitanischen Kriegsdampfer nach, der am 12. unter rauschender Militärmusik auf's höflichste mit der Flagge grüssend ganz dicht an uns vorüberbrauste! Doch erhob sich bald ein frischer Südwind, der uns schon am 10. über Sicilien hinausgebracht hatte in's weite Meer ohne Land in Sicht. Am 11. tauchte die Küste von Sardinien auf, war aber am 12., da jetzt ein sehr frischer Nordwestwind wehte, der uns wieder recht ordentlich herumwarf, bereits verschwunden. Dagegen erschien am 13. die afrikanische Küste, die wir nun ausser an einigen nebeligen Tagen nicht mehr aus dem Gesichte verloren. Da wir besser segelten, als die „Carolina", so war dieser schon am 12. das Zeichen gegeben worden: „Auf Wiedersehen in Gibraltar!"

Doch kam sie erst am 15. uns gänzlich ausser Sicht. Jeden Morgen durchsuchten unsere Fernrohre den Horizont nach der treuen Begleiterin, aber sie war nicht zu entdecken, und erst am 23. warf sie neben der „Novara" vor Gibraltar die Anker aus. Vom 13. bis 17. hatten wir sehr wechselnde Winde, unterbrochen von Windstillen, und sehr veränderliches Wetter, bald trübe und regnerisch, bald heiter. Ganze Schaaren von Reihern und Bienenwölfen, die von Süden nach Norden gezogen kamen, erregten unsere Aufmerksamkeit; viele Unterhaltung bot der zierliche kleine Sturmvogel (Thalassidroma) — auf dem Kielwasser hin und her kreisend und Nahrung suchend — und das Spiel der Delphine. Doch hielten sich die ersteren immer in zu respectvoller Entfernung, um geschossen werden zu können, und die klugen Delphine wussten zu geschickt dem Wurf der Harpune auszuweichen. Dagegen bestätigten sie sich als gute Wetterpropheten, indem wir sicher darauf rechnen konnten, dass der Wind von der Seite komme, wohin sie gezogen waren. Am 16. hatten wir den Meridian von Greenwich passirt und am 18. Morgens bezeichneten zahlreiche Schiffe, 20 bis 30 an der Zahl, die nahe und ferne rings um uns waren, anschaulich genug unsere Position. Wir waren zwischen

Cap de Gata und Cap Figalo in den engeren Golf eingetreten, den das Mittelmeer vor der Strasse von Gibraltar bildet und in welchem sich Alles auf einem engeren Raum sammeln muss, was auf dem weiteren Mittelmeer zerstreut ist. Die spanische Küste kam in Sicht und die Gebirge der Riffpiraten im heissen Afrika lagen noch tief herunter mit Schnee bedeckt vor uns. Am 18. kamen wir an der kleinen Insel Alboran vorbei und am 19. Abends leuchteten uns die Feuer der Leuchtthürme von Ceuta und Gibraltar entgegen. Am 20. in der Früh aber lag dicht vor uns in hellem Morgensonnenglanz der Fels von Gibraltar, wahrlich wie das Piedestal einer Riesensäule in Trümmer zerfallen, ihm gegenüber an der afrikanischen Küste die zweite Säule des Herkules, der Monte Simia (Apes Hill oder Jebel Moussa). Schon in der Früh konnten wir auf der Signalstation am mittleren Felsgipfel von Gibraltar unsere Ankunft durch den Telegraphen melden sehen, und doch wurde unsere Geduld, da es fast windstill war, noch bis 4 Uhr Nachmittags auf die Probe gestellt.

Wir Naturforscher waren die Ersten am Land. Nur wer es selbst erlebt, kann das Wonnegefühl ganz begreifen, das den erfasst, der nach einer längeren Seereise zum erstenmale wieder den Fuss auf festen Grund und Boden setzt und auf Wegen und in Strassen zum erstenmale wieder sich durch das Getriebe der ihren täglichen Geschäften nachgehenden Menschen hindurchwindet. Und zumal in Gibraltar; wenn man sich am alten Molo an's Land setzen lässt und durch das nördliche Thor die Stadt betritt, befindet man sich am Fisch- und Gemüsemarkt mit einemmale im buntesten Menschengewimmel: Fischer, Matrosen, spanische Bauern, spanische Juden, Araber, Mohren, schwarzäugige, keck blickende Spanierinnen, die ruhig ernsten Engländer, Rothjacken, nacktbeinige Schotten. Hier am Nordende der Stadt, wo das eine Festungsthor zum Molo und Hafen hinausführt, das andere — das Landthor — auf die Sandwüste, die als neutral ground zwischen englischem und spanischem Besitzthum die Halbinsel Gibraltar mit dem

Festlande Spaniens verbindet, hier concentrirt sich alles Leben und Treiben. Die Stadt selbst hat ganz das Ansehen mancher italienischen und dalmatinischen Städte. Sie ist terrassenförmig an der Westseite des Felsens hinaufgebaut, an der er sich weniger steil erhebt, als an der Ostseite — hat enge, aber gut gepflasterte Strassen mit wenig ansehnlichen Gebäuden; der Hauptplatz ist der Paradeplatz, eine lange Hauptstrasse mit mehreren parallelen Nebenstrassen führt vom Nordende der Stadt zum Südende, und durch das Südthor hinaus auf den Promenadeplatz und in den „Elliotgarten", eine sehr hübsche Gartenanlage mit einer unbegreiflich geschmacklosen Statue des ruhmvollen Vertheidigers von Gibraltar, Elliot, zwischen den herrlichsten Baumgruppen. Fast feenhaft nimmt sich diese südlichere Vegetation von Wallnussbäumen, Dattelpalmen, Feigen-, Orangebäumen, Agaven, Aloën, von Johannisbrotbäumen und riesigen Cactusarten für ein nordisches Auge Nachts aus bei Gasbeleuchtung. An diese öffentlichen Gärten schliesst sich weiter südlich am Fusse des Windmill-Hillo (Windmühlberges), der südlichen niedereren Terrasse des Felsens, ein zweiter Stadttheil an, bestehend aus den öffentlichen Gebäuden, Kasernen, Arsenal, Hospital u. s. f. Auf der dritten niedersten, am weitesten südlich in's Meer vorspringenden Terrasse steht am Great Europa Point der Leuchtthurm.

Die Stadt Gibraltar bietet dem Fremden, ausser dem bunten Bilde des Lebens und Treibens einer aus so vielen verschiedenen Elementen gemischten Bevöllkerung, auf den Strassen wenig Interessantes. Die Kirchen sind unbedeutende Gebäude, das spanische Theater ist für ein deutsches Ohr und deutschen Geschmack unerträglich und die Gasthäuser sind sehr zweiten Ranges. Ein spanisches und ein englisches Hotel theilen sich in die Fremden, welche aus allen Theilen der Welt immer hier sind; ich habe beide erprobt und muss, was Preise und Bedienung anbelangt, das spanische vorziehen. Das englische Club-House-Hotel ist nur in seiner äusseren

Einrichtung englisch, also wie so Vieles, was in Gibraltar englisch heisst, englisch aussieht oder englisch spricht, nur pseudo-englisch. So sind die gebornen Gibraltaer keineswegs Engländer, sondern nach der Bezeichnung der gebornen Engländer nur „Rock Scorpions", ein Gemisch aus spanischem und englischem Blut. In Gibraltar rechnet man nach Pfunden und Schillingen und muss mit spanischem Silber und Gold zahlen.

Höchst merkwürdig ist aber Gibraltar als Festung, vielleicht die merkwürdigste Festung der Welt, gewiss die unbezwinglichste. England hat hier ein Werk ausgeführt, das zu dem grossartigsten gehört, was man sehen kann. Gibraltar hat gewöhnlich 4000 bis 5000 Mann Besatzung, englische Linien- und Artillerieregimenter in Kasernen und einige schottische Regimenter, die auf dem Gibraltar und Spanien verbindenden Sand-Isthmus ihr Lager aufgeschlagen haben. Festung ist nicht blos die Stadt, sondern die ganze Halbinsel, gegen Osten von Natur durch einen senkrechten 1200 bis 1400 Fuss hohen Felsabsturz — gegen Süd, West und Nord aber ebenso durch Natur wie durch Kunst — Mauern und Forts, bespickt mit Kanonen und Mörsern, schliessen Gibraltar nach diesen drei Seiten ein. Abends $7^1/_2$ Uhr, in jetziger Zeit nach dem Hafenschuss, ist Gibraltar gegen die See hermetisch verschlossen, um 9 Uhr werden auch die Thore, die auf's Land hinausführen, gesperrt. Jedoch feste Mauern, Forts, bombenfeste Kasernen, das Alles haben auch andere Festungen, eigenthümlich sind für Gibraltar seine Felsgallerien und Felsbatterien an der Nordseite gegen Spanien. Der Fels fällt hier von seiner nördlichsten, Rock-Gun genannten, 1337 Fuss hohen Spitze senkrecht ab in's Meer und in die Sandebene, die nichts Anderes ist als gehobener Meeresboden. Von unten bemerkt man an diesem senkrechten Felsabsturz in mehreren Reihen über einander runde Löcher — Schiessscharten — und hat keine Ahnung von der Riesenarbeit, welche Menschenhand in diesem Steinkoloss ausgeführt. Man kann von unten bis über die Mitte hinauf innerhalb des Felsens reiten, durch weite Hallen und Gallerien, die hier ausgesprengt und ausgemeisselt sind, und sieht furchtbare Batterien aufgestellt. Der 26. Mai sollte uns ein grossartiges Schauspiel bieten. An diesem Tage, der Feier des Geburtsfestes der Königin von England, war die ganze Besatzung auf der Ebene unter dem Felsen zur Parade ausgerückt, die Felsbatterien spielten und als von der obersten Spitze bis herab nach einander die Kanonen blitzten und donnerten, wiederhallte der ganze Fels und der Pulverdampf drang allenthalben qualmend hervor, wie Rauch aus einem Vulcane. Was mochten sich die vielen spanischen Officiere gedacht haben, welche in der Suite des englischen Gouverneurs waren, als so der ganze Fels Feuer und Rauch gegen Spanien auswarf? Wir hatten es gut getroffen, denn diese Feier verschaffte uns nicht blos das interessante militärische Schauspiel, sondern Abends auch den Genuss eines glänzenden Balles, den der Gouverneur Sir James Farguson gab — glänzend durch die Schönheit der spanischen und englischen Damen, glänzend durch die mannigfaltigen Uniformen, die vertreten waren: englisch, schottisch, spanisch, österreichisch und französisch.

Auch dem Naturforscher bietet der Fels von Gibraltar manches Interessante. Er besteht aus einem stark zerklüfteten, lichten jurassischen Kalk mit mehreren Höhlen. Die schönste und grösste dieser Höhlen ist die St. Michaelsgrotte an der Südwestseite, eine hübsche Tropfsteingrotte, für deren Zugänglichkeit aber bis jetzt wenig gesorgt ist. Die Zoologen machten an dem Kalkfelsen eine reiche Ausbeute an Schnecken. Unten am Fels sind an der Westseite hübsche Gartenanlagen, an der Ostseite ist er ganz kahl. Der Gipfel aber ist bedeckt von dichtem Buschwerk, einer kleinen Fächerpalme (Chamerops humilis) und den gelben Blüthenbüschen des Pfriemenstrauches. Am südlichsten höchsten Gipfel (1400 Fuss) sollen noch einige Affen vorkommen, die hier ihr Gnadenbrot bekommen, weil sie einst wie die capitolinischen Gänse bei einer Belagerung durch ihre Wachsamkeit sich auszeichneten. Da der Fels so vielfach zerklüftet und durchhöhlt ist, geht weiter die Sage, die Affen seien unterirdisch oder eigentlich unterseeisch durch Höhlen aus Afrika auf diesen südlichsten Punkt von Europa herübergekommen.

Die kurze Zeit des Aufenthaltes der Fregatte gestattete uns kleinere Ausflüge in die nähere Umgebung, in die spanischen Städtchen St. Roque und Algeciras, beide sehr freundliche Städtchen — in Anlage, Bauart der Häuser u. s. f. von specifisch spanischem Gepräge und daher auch beide mit geräumigen Amphitheatern für Stiergefechte. Leider wurde uns dieses Schauspiel nicht zu Theil, dagegen durchstreiften wir in Kreuz und Quer die Kork- und Pinuswälder und sammelten eifrig Käfer und anderes Gethier.

Heute, da ich dieses schreibe, den 28. Mai, sind wir wieder Alle an Bord. Die Fregatte ist segelfertig und wartet nur auf den Wind, der uns aus der Meerenge hinaus in den Ocean führen soll. Leider weht schon seit mehreren Tagen Westwind, 60 Schiffe warten an der Ostseite des Felsens mit Ungeduld auf die Einfahrt in die Bucht und uns kann es ebenso gehen mit der Ausfahrt, da es bei Westwind unmöglich ist, durch die Meerenge zu segeln, zumal auch die Strömung durch die Strasse uns conträr läuft. Der Aufenthalt in Gibraltar hat uns von neuem Gelegenheit gegeben, die Liebenswürdigkeit der Engländer zu erfahren, und die Zuvorkommenheit, mit der sie alle unsere Wünsche zur Besichtigung der Festungswerke u. s. w. erfüllten und alle unsere Pläne unterstützten. Wir sagen den Engländern unseren aufrichtigsten Dank dafür. Mit unserer Abfahrt sagen wir auch Europa Adieu, und meine nächsten Nachrichten werden von Rio Janeiro kommen, wenn nicht das nach den neuesten Zeitungen dort noch immer herrschende gelbe Fieber eine Aenderung im Reiseplan nothwendig macht.

Von Gibraltar nach Madeira.

Der reinste, wolkenlose Himmel wölbte sich über der Bucht von Algeciras, als der Morgen des 30. Mai anbrach. Seit zwei Tagen schon hatten wir vergeblich auf einen Hauch von Osten gewartet. Gegen 11 Uhr endlich erhob sich ein leichter Ostwind, der Anker wurde gelichtet, die Segel gesetzt, wir durchschnitten mit südwestlichem Curs schräg den Busen von Algeciras. Der Augenblick schien für uns gekommen, Europa Lebewohl zu sagen. Alle meine Gedanken waren daher in der Heimat und umso mehr, als mir der Inhalt eines kleinen Packetchens, das von Wien aus die Bestimmung hatte, mir heute übergeben zu werden, grosse Freude bereitete und mich ganz zurückversetzte in den Kreis trauter Freunde.

Jedoch Europa schien von uns nicht lassen zu wollen, ohne uns vorher noch einmal an sich gezogen zu haben zum letzten Scheidegruss — denn siehe da, am Pfingstmorgen, den 31. — anstatt uns auf den hohen Wogen des Atlantic zu wiegen, lagen wir ruhig und still in den spiegelglatten Wässern des Mittelländischen Meeres, 20 Meilen von Gibraltar, ungefähr gerade da, wo wir am 20. Gibraltar zum erstenmale erblickt hatten. Aus Ostwind war wieder Westwind geworden und dann Windstille, und so hatte uns die Meeresströmung, welche durch die Strasse von Gibraltar von West nach Ost geht und die Wasser des Oceans in das Mittelländische Meer sich ergiessen macht, zurückgetragen. Schaaren von Delphinen feierten Pfingsten durch lustiges Tanzen in der See, und die Schiffsmannschaft erschien zum erstenmale in ihrer weissen Sommerkleidung.

In der Nacht auf den 1. Juni erhob sich ein heftiger Westwind, der uns zwischen der spanischen und afrikanischen Küste in langen Gängen hin und her zu kreuzen nöthigte. Da die starke Gegenströmung dem Gegenwinde mithalf, so nützte das Laviren wenig, wir entfernten uns Stunde um Stunde mehr von Gibraltar und waren, um nicht noch weiter zurückgetrieben zu werden, genöthigt, gegen Abend wenige Seemeilen westlich von der Bucht von Malaga vor dem spanischen Castell de Fuengirola Anker zu werfen. Hier lagen wir bis zum anderen Abend, gegen 60 Schiffe theilten mit uns dasselbe Schicksal. Jeden Augenblick gewärtig, wieder in See zu stechen, mussten wir uns mit dem Anblick des Landes vom Schiffe aus begnügen. Ueber dem schönen fruchtbaren Hügelland der Ronda standen die scharfkantigen, gezackten, kahlen Felsmauern der Sierra del Nieve, und der hohe schneebedeckte Gipfel, der hinter der Sierra de Malaga hervorragte, war wahrscheinlich der Mulahacen in der Sierra Nevada. Abends aber vor Sonnenuntergang gab uns die Natur das interessante Schauspiel eines „Seegesichts" zum Besten. Mit einemmale erschienen am fernsten Horizont zahlreiche Schiffe, von denen wir früher nichts bemerkt hatten, und Mast an Mast zeigte sich ihr umgekehrtes Spiegelbild. Ein ganz naher Schooner schien dagegen mit seinen Bramsegeln im Wasser zu fahren. Bald nach Sonnenuntergang verlor sich die Erscheinung. Sie erklärt sich daraus, dass das Wasser und die unmittelbar darüberliegenden Luftschichten mit 14 Grad C. eine viel niedrigere Temperatur hatten, als die höheren Luftschichten mit 28 Grad C.; die Erscheinung war daher auch gerade die umgekehrte von der, die man so häufig über den heissen Sandflächen der egyptischen Wüsten sieht, wo das Spiegelbild der fernen Gegenstände nach abwärts sich abzeichnet und daher die Täuschung entsteht, als lägen spiegelnde Wasserflächen vor dem Auge.

Diese Fata morgana waren die Wendepunkte des Wetters. Eine leichte Ostbrise sprang auf, zuerst sich kaum herauswagend, dann aber immer frischer werdend. Unter Musik wurde die Ankerkette aufgezogen und die „Novara" steuerte in der herrlichsten Mondnacht in ihrer schönsten Toilette, mit allen Leesegeln vor dem Winde laufend gegen Gibraltar.

Am 3. Juni Morgens war der Fels wieder in Sicht, langsam aber sicher die Gegenströmung durchschneidend näherten wir uns — genau um Mittag waren wir dem Leuchtthurm gegenüber. Der Ostwind wurde immer frischer. Was für ein Leben hat er in die Strasse von Gibraltar gezaubert! Vor uns und hinter uns war der ganze Horizont förmlich verstellt von Schiffen, in dicht geschlossenen Reihen segelten sie dem Ocean zu. Wie von einem glänzenden, zahlreichen Geschwader begleitet, fuhr die „Novara" durch die Strasse, stolz sich in der Mitte haltend, da, wo der frischeste Wind wehte, und gegen die stärkste Strömung ankämpfend. Trotzdem überholten wir rasch alle die kleineren Schiffe, welche sich mehr am Land hielten, um die östliche Gegenströmung zu benützen. Wind und Strömung kämpften mit einander an der Oberfläche des Meeres und weisse Schaumwellen tanzten uns lustig aus dem Ocean entgegen.

Um 3 Uhr schwammen wir an Tarifa vorbei aus dem Mittelmeer in den Ocean hinüber. Reichlich wurden wir entschädigt für die Geduldprobe, welche uns die Natur in den letzten Tagen auferlegt hatte; denn gewiss, stolzer kann man die Grenze zweier Meere nicht überschreiten. Mit einer Geschwindigkeit von zehn Meilen durchschnitten wir die grösser und grösser werdenden Wogen des Oceans, dass ringsum weisser Schaum aufspritzte, und bei Tisch erklang in freudiger Begeisterung das Champagnerglas zum herzlichen Gruss der Heimat mit froher Hoffnung der Zukunft.

Divergirend liefen die zahlreichen Schiffe ausserhalb der Meerenge nach allen Richtungen auseinander und mit ihnen entschwanden uns bei Sonnenuntergang die letzten Umrisse des europäischen Continentes.

Die folgenden Tage, den 4. bis 7. Juni, hatten wir überaus schönes, heiteres Wetter, in den Nachten goss der Mond silbernen Lichtschimmer aus über die Wellen des Oceans. Der Wind hielt mit gleichmässiger Stärke an. Die Karte, auf der im „Kanonenzimmer" täglich um Mittag der Punkt aufgetragen wird, auf dem wir uns befinden, zeigte, dass wir jeden Tag innerhalb 24 Stunden um 130 Seemeilen durchschnittlich vorrückten. Wenn man überall auf dem Ocean so ruhige und gleichmässige Fahrt hat, dann haben allerdings die Seeleute mit ihrem Spruch Recht: „Auf dem Ocean kann man sich ausgezogen in's Bett legen, im Mittelmeer nur angezogen, im Adriatischen gar nicht." Die langsamere, gleichmässigere rollende Bewegung des Schiffes auf den breiteren und längeren oceanischen Wellen war auch für Diejenigen für uns, die noch an Seekrankheit litten, viel weniger empfindlich. Ausser einem gewaltigen Pottfisch, an dem wir vorbeifuhren, bot uns der Ocean nichts Neues an interessanten Seethieren und ebenso wenig an anderen bemerkenswerthen Ereignissen. Schon am 8. in der Früh, als es zu tagen begann, weckte uns der Ruf: „Madeira in Sicht!" Eine „steife Brise" hatte uns in der Nacht wider Erwarten unserem Ziele so schnell nahe gebracht. Als es ganz Tag geworden war, waren wir schon mitten zwischen den kleineren östlichen Inselgruppen, die zu Madeira gehören. Porto Santo lag an der Steuerbordseite, Desertas mit seiner spitzen, einem segelnden Schiff ähnlichen, daher auch Ship- oder Sail Rock genannten Felsklippe an der Backbordseite, vor uns Madeira selbst, in Wolken gehüllt. — Die „Carolina" aber, welche, als wir am 30. von Gibraltar absegelten, dort einiger Kranken halber zurückgeblieben war, schwamm hinter uns in unserem Kielwasser; — das war ein Zusammentreffen, als wäre es verabredet gewesen, und wir freuten uns über den hübschen Zufall ebenso wie gewiss auch unsere Kameraden auf der „Carolina". Wir segelten der südlichen Küste von Madeira entlang. Erst als wir das vorspringende Cap Garajao (Brazen Head der Engländer) doublirten, wurde Funchal sichtbar. Wie ein Panoramabild schob es sich von links nach rechts hinter dem Cap heraus und lag endlich ganz ausgebreitet vor uns mit seinen weithin blinkenden, weissen und gelben Häusern und den zahlreichen Villen, die über der Stadt an dem Berg-Amphitheater in den Gärten zerstreut liegen. Unter dem Schutze der Insel hatte der Wind fast ganz aufgehört. Eine leichte Landbrise brachte uns langsam auf den Ankerplatz und einige Minuten vor 10 Uhr fiel der Anker rasselnd in 32 Faden Tiefe gerade südlich von Loo Rock, der vierseitigen schwarzen Basaltfelsklippe mit einer Bastion darauf, die für die Rhede von Funchal so charakteristisch ist. Wir sahen hinter der zerbrochenen und eingefallenen Bastionsmauer die portugiesischen Kanoniere ihre Batterie laden. Nachdem die Sanitätscommission den Gesundheitspass der „Novara" in Empfang genommen, donnerten zum Gruss der portugiesischen Flagge unsere 21 Schüsse, die vom Loo Rock erwidert wurden. Eine amerikanische Corvette, welche vor Anker lag, begrüsste die Commodoreflagge mit 13 Schüssen. Nachdem diese von der „Novara" erwidert waren, stiegen wir an's Land.

Madeira.

Madeira ist eine Gebirgsinsel in vollem Sinne des Wortes. Fast senkrecht steigen die Ufer ringsum in die Höhe, an der Nordseite 1000 bis 2000 Fuss hoch, und ein weisser Ring schäumender Wogen umgürtet das grüne Eiland, dessen mittlerer Rücken 5000 Fuss, in einzelnen Spitzen über 6000 Fuss hoch aufragt, fast immer in Wolken gehüllt. So viele Ortschaften auch auf Madeira den Namen „Porto" führen, „Porto da Cruz", „Porto Sao Jorge", „Porto Nova" u. s. f., so gibt es doch auf ganz Madeira keinen eigentlichen Hafen. Nur die Bai von Funchal bietet grösseren Schiffen Ankerplätze, ist jedoch bis heutigentags eine offene Rhede, allen Südwest-, Süd- und Südostwinden völlig preisgegeben. Eine Allarmkanone steht deshalb auf Loo Rock immer bereit, den ankernden Schiffen das Zeichen zu geben, wenn sie sich, um nicht an den Strand geworfen zu werden, auf die offene See flüchten müssen. Selbst bei vollkommener Windstille ist die See auf der Rhede von Funchal bewegt, die langen oceanischen Wellen verursachen an dem aus Basaltgerölle bestehenden, ziemlich steil ansteigenden Landungsplatz eine starke Brandung. Ich war, als ich zum erstenmale an's Land stieg, sehr begierig auf den oft beschriebenen Act des „an's Landgesetztwerdens". Ich hatte mir eine von den gelb und grün angestrichenen, sehr niedlich aussehenden Funchaler Barken genommen, von denen die „Novara", sobald sie geankert hatte, umschwärmt war — Barken mit keck aufrechtstehenden Hinter- und Vordersteven, die ganz an die Form chinesischer Fahrzeuge erinnern. Neben einem kräftigen Portugiesen sass auf der Ruderbank ein echter Mulattenbursche mit wolligem schwarzen Haar, der so recht das Gepräge der Mischung aus portugiesischem und Negerblut an sich trug.

Ich erwähne solche kleine Züge, weil man Alles das beim Betreten eines neuen Bodens, auf dem es als erstes Fremdartiges entgegentritt, mit besonderem Genuss beobachtet und sich dann später immer wieder daran erinnert. So kommt mir unsere erste Landungsscene auf Madeira jetzt auf den wogenden Wellen des Oceans in der Aequatorialgegend unwillkürlich in die Feder. Wenige Klafter vom Ufer entfernt wurde das Boot gedreht, so dass es mit seinem Hintertheile gegen das Ufer stand. Ein hoher Wellengang wurde abgewartet und mit diesem das Boot möglichst weit an's Ufer hinausgerudert, bis es festsass. Ein paar sonnverbrannte, nacktbeinige Männergestalten traten in die Brandung entgegen, fassten das Boot bei seinem Hintersteven und zogen es nun mit Hilfe einer zweiten brandenden Woge unter Lärmen und Schreien an's Ufer. Schienen zu beiden Seiten des Kiels dienen dazu, dass das Boot am Lande nicht umfällt. Hier ist man alsbald von einem Haufen von Männern und Burschen umringt, die alles Mögliche, Pferde, Maulthiere, Schlitten etc. etc., anbieten. So viel konnte ich aus ihrem portugiesischen und englischen Kauderwälsch heraushören. Wir gaben unsere Bagage ein paar rüstigen Burschen. Unser Ziel war Miles English Family Hotel, das uns sehr empfohlen worden war. Aber dahin war es noch weit.

Die Landung auf Madeira hat nicht blos natürliche Hindernisse. Schon auf der Fahrt von der „Novara" an's Land hatten wir das ausgespannte Tau zweier portugiesischer Wachschiffe passiren müssen, und nun am Lande schickten sie uns von Haus zu Haus, von Amt zu Amt, um unsere Bagage zu visitiren. Da waren Beamte an Tischen, Beamte an hohen Tribunalen mit grün überzogenen Tischen, wie in einem Gerichtssaale, mit ungeheuer grossen Büchern vor sich, in die sie emsig eintrugen. Endlich, nachdem wir fünfmal hin- und hergeschickt waren, untersuchte uns in einem Hofraum ein alter, freundlicher Mann einen Koffer, liess dann das Uebrige unberührt und uns passiren. Später war von Seite der „Novara" veranlasst worden, dass wir ungehindert passiren konnten. Die Zollschranken sind auf Madeira sehr streng, da Tabak, Seife u. dgl. Monopole der Regierung sind und über Ein- und Ausfuhr von Wein (erstere ist eigentlich, um dem guten Ruf von Madeira nicht zu schaden, ganz verboten) strengste Controle gehalten wird. Nicht blos Madeira als Insel ist nach aussen so abgesperrt, sondern die Stadt Funchal gegen Madeira selbst. Anstatt Funchal zu einem Freihafen zu machen und dadurch sein Emporblühen zu ermöglichen, ist es durch das strengste Absperrungssystem zurückgehalten. Madeira liegt auf der Route aus der Nord- und Ostsee nach Südamerika so bequem halbwegs, ist eine an natürlichen Producten reiche Insel, hat das beste Klima der Welt zur Erholung und Erfrischung und vortreffliches Quellwasser. Wäre Funchal dazu ein Freihafen, der den dort ankernden Schiffen alle nöthigen Vorräthe bieten würde, — wäre die unsichere Rhede durch Benützung der natürlichen Verhältnisse, indem man Look Rock durch einen Molo mit dem Lande verbände, zu einem sicheren Hafen umgestaltet, — so müsste Funchal eine reiche, blühende Stadt sein, und eine Menge neuer Erwerbsquellen müssten sich dem Volke von Madeira eröffnen. Jetzt ist Funchal nichts als der Weinkeller für Madeira, eine nothdürftige Kohlenstation, ein Erfrischungs- und Erholungsort oder aber die

Grabstätte für lungenkranke Europäer. Und in den Bergen darbt das Landvolk in bitterster Noth und Armuth, da die Traubenkrankheit seit fünf Jahren jede Weinernte zerstört hat. Ein hoher, schornsteinartiger, halbverfallener Thurm, der vor den Mauthgebäuden am Meeresufer steht und das Erste ist, was Einem bei der Annäherung an Funchal in die Augen fällt, erschien mir recht als Wahrzeichen von Funchal. Ein Kaufmann, so sagte man mir, wollte hier einen immensen Krahn bauen zum Ein- und Ausladen der Waaren. Einmal im Jahrhundert eine Idee, und diese zur unrechten Zeit und schlecht ausgeführt und vereitelt!

Uebrigens macht Funchal mit seinen Umgebungen einen sehr angenehmen und befriedigenden Eindruck. Die ganze Stadt, Häuser wie Strassen, sind ausserordentlich rein gehalten. Dass zwischen dem kleinen Basaltgerölle, mit dem Funchal und überhaupt alle Strassen auf Madeira mosaikartig gepflastert sind, Gras wächst, beweist eben nur die Ueppigkeit des Klimas von Madeira, die selbst aus Steinen Vegetation hervorzaubert. Diese Art der Pflasterung ist für den Fussgänger auf Madeira ebenso unangenehm, wie in der alten deutschen Reichsstadt Augsburg, wo man über ganz ähnliches spitzes Kieselgerölle gehen muss. Aber auf Madeira geht ausser dem Landvolke Niemand zu Fuss, und für die steilen Gebirgswege ist diese Art der Pflasterung eine ausserordentlich zweckmässige. Man reitet auf so gepflastertem Wege auf den vortrefflichen Reitpferden, die man in Funchal bekommt, steile Abhänge im Galopp hinauf und im Trab herab, — wo man zu Fuss Mühe hat, hinauf- oder herabzukommen, ohne bergab zu rutschen, und wo es, wenn man sich auf einen Schlitten setzt, mit Eisenbahngeschwindigkeit herabgeht. Auf Madeira wird nicht gefahren auf Wagen mit Rädern, sondern jahraus, jahrein ohne Schnee Schlitten gerutscht. Der Wagen, in welchen die vornehmen Damen in Funchal zum Balle fahren, ist eine altmodische viersitzige Kutsche auf einem Schlittengestell, mit zwei Ochsen bespannt. Auf Schlitten von anderer Form,

Hemmschuhen in grossem Massstabe, wird der Wein über die Berge geschleppt, und auf zweisitzigen Schlitten, die man sich auf die Höhe der Berge bestellt, rutscht man, von Excursionen heimkehrend, mit rasender Geschwindigkeit über die platten Basaltgerölle nach Funchal herab. Nur eine einzige Strasse auf Madeira, die New-Road, welche von Funchal westlich etwa anderthalb Stunden weit gegen Cama dos Lobos führt, ist eine Strasse nach unseren Begriffen, und zwar ganz vortrefflich angelegt. Diese neuangelegte, eben fortführende Strasse dürfte, wenn die reichen Funchaler Lust zum Spazierenfahren haben, Veranlassung werden, dass man in Funchal bald auch Wagen mit Rädern sieht. Die bequemste und gebräuchlichste Art für den Städter, Gebirgspartien zu machen, ist, sich in einer Hängematte (Hammock) tragen zu lassen. Wir hatten hinlänglich Gelegenheit, die Stärke und Ausdauer solcher Hammockträger zu bewundern, die mit ihrer Last die steilsten Berge hinauf auf den schlechtesten Steigen vorwärtsschreiten, dass selbst ein geübter Bergsteiger ihnen nur schwer folgt.

Aber zurück nach Funchal.

Vom gewöhnlichen Landungsplatze führt eine hübsche, schattige Platanenallee auf den Hauptplatz. Links steht das festungsartige Gouvernementsgebäude, rechts am andern Ende des Platzes die Kathedrale — ein Bauwerk aus einem Gemisch von Gothisch, Byzantinisch und Rococo ohne Wirkung. Dieser Hauptplatz, mit schattigen Baumgängen besetzt, ist zugleich der Promenadeplatz. Während unserer Anwesenheit spielte hier einen Abend eine sehr gut eingeübte portugiesische Militärmusik, einen zweiten Abend die vereinigte Musik der „Novara" und „Carolina". Da war die ganze gute Gesellschaft versammelt und besonders die „schöne Welt". Ein gemüthlicher Ball, den C. B....., der provisorische österreichische Consul auf Madeira uns veranstaltete, gab uns noch besser Gelegenheit, die Damen von Funchal kennen zu lernen. Die Natur scheint das Füllhorn der Schönheit in zu reichem Masse ausgeschüttet zu haben, um die „Perle des Oceans", wie ein

Dichter Madeira nennt, mit herrlichen Blumen und Blüthen zu schmücken, — es blieb ihr nichts mehr übrig für die „Gehilfin des Mannes". Das ist ein vielleicht etwas indiscretes, aber wahres Urtheil, das jedoch — ich sage dies mit angenehmen Erinnerungen — einige wesentliche Ausnahmen gestattet und zum Glück für uns gerade in den Kreisen, mit welchen wir am meisten in Berührung kamen. Auch unter dem Landvolke sieht man wohl schöne, kräftige Männergestalten, aber fast nur hässliche Frauen.

Funchal soll gut eingerichtete öffentliche Spitäler und Unterrichtsanstalten und ein Waisenhaus besitzen. Was auf Madeira sehr auffällt, ist, dass man nirgends Heiligenbilder, Kreuze oder ähnliche Denkmale aufgestellt findet. Die Kirchen sind ziemlich zahlreich, alle solid gebaut und von sehr freundlichem, reinlichen Ansehen. Ganz Madeira ist in Kirchsprengel eingetheilt. Die Geistlichen lernte ich als freundliche und aufmerksame Wirthe kennen. Klostergeistliche gibt es nicht, nur Nonnenklöster sind geduldet. Der Umzug am Frohnleichnamsfest soll, wie man mir erzählte, an Glanz Alles übertroffen haben, was man sonst bei kirchlichen Processionen zu sehen gewohnt ist. Alle Pferde, die Funchal aufzuweisen hat, waren mit im Zuge und trugen Ritter in Harnischen und Ritter in altportugiesischer Tracht. Diese Pracht übt ihre Anziehungskraft auf die ganze Insel aus. Denn aus allen Theilen sahen wir das Landvolk in ganzen Schaaren zum Frohnleichnamstag nach Funchal ziehen.

Der schönste Schmuck der Umgebung von Funchal sind die herrlichen Gärten, in denen tropische und subtropische Gewächse aus allen Theilen der Welt üppig gedeihen. Der englische Friedhof ist ein herrlicher botanischer Garten. — Madeira heisst auf Deutsch Bauholz oder Nutzholz und wurde so genannt wegen des vortrefflichen Holzes, das jene Wälder lieferten, welche die Insel bei ihrer Entdeckung bekleidet hatten. Schlechte Wirthschaft und ein sieben Jahre lang dauernder Waldbrand sollen die Insel so baumlos gemacht haben, wie sie jetzt erscheint. Nur in den unzugänglichsten Schluchten findet man noch Reste von Lorbeer-Urwäldern. Der Drachenblutbaum, der auf dem benachbarten Teneriffa durch seine riesigen Dimensionen zu so grosser Berühmtheit gelangte, ist auf Madeira fast ganz verschwunden. Die Zuckerrohr-Cultur, welche in früheren Jahrhunderten das Haupterträgniss von Madeira lieferte, hat fast ganz aufgehört. Die Weincultur, welche ihr folgte, scheint ihren Todesstoss durch die nun schon fünf Jahre andauernde Traubenkrankheit, welche die Bevölkerung in Noth und Elend stürzte, erhalten zu haben. Was nun? Tabak dürfen die Maderenser nicht bauen, das ist Monopol der Regierung. Sie machen nun mit Cochenille einen Versuch. Mais, Roggen, Weizen, Gerste, Kartoffel und Yamswurzel sind die Hauptnahrungsmittel, welche der Boden erzeugt, aber lange nicht reichlich genug, um eine Bevölkerung von ungefähr 120.000 Einwohnern zu ernähren. Grosse Quantitäten Getreide müssen eingeführt werden. Die Noth trieb Viele zur Auswanderung, bis 1855 sollen schon 40.000 Menschen, theils nach Brasilien, theils nach den westindischen Colonien ausgewandert sein. — Gerechnet wird auf Madeira nach Reis (1000 = 1 Dollar), die cursirenden Silber- und Goldmünzen sind theils englisch, theils amerikanisch, — das einzige portugiesische Geld, das ich zu Gesicht bekam, sind kleine Kupfermünzen bis zu 20 Reis mit dem Stempel „pecunia Maderensis".

Aber genug von alledem, ich möchte ein anderes Bild vor Ihnen aufrollen, ein Bild von der herrlichen grossartigen Natur von Madeira.

Von Madeira nach Rio Janeiro.

Den 17. Juni Morgens 10½ Uhr lichteten wir in Funchal-Bai die Anker und steuerten mit einer schwachen Landbrise südwärts. Mit uns stach auch die „Carolina" in See und die amerikanische Corvette „Dale", ein Stationsschiff, welches an der afrikanischen Küste zu kreuzen hat. Wir entfernten uns nur langsam von Madeira, und da in der Nacht Windstille eingetreten war, verloren wir es erst am 18. Nachmittags ganz ausser Sicht — das schöne Eiland, an das gewiss Jeder von uns mit Vergnügen und Befriedigung zurückdenkt. Ein weiter Seeweg von nicht weniger als 4000 Seemeilen (60 = 1 Grad) lag vor uns, die Ueberfahrt von einem der Vorposten der alten Welt in die neue, die Fahrt aus der nördlichen Hemisphäre in die südliche. Die Monate Juni und Juli gelten so ziemlich für die ungünstigsten, um eine schnelle Reise nach Rio zu machen. Wir machten uns auf 40 Tage gefasst, während man in anderer Jahreszeit, besonders im Januar, Rio von Madeira aus in 25 Tagen erreichen kann. Mich schreckte der Gedanke an eine so lange Fahrt keineswegs. Wo, wie auf unserer Reise, die Scene bei jeder Landung immer eine so total veränderte ist, da ist eine Pause zwischen den einzelnen Acten des Schauspiels sehr nothwendig, um die Eindrücke, durch die man selbst bei kurzem Landaufenthalt förmlich überschüttet wird, zu verarbeiten und sich fertig und gerüstet zu machen für neue. Ueberdies versprach die Reise durch den Ocean über den Aequator des Interessanten genug zu bieten, um gegen Langeweile gesichert zu sein. Und ich gestehe offen, obgleich wir heute, den 25. Juli, da ich dieses schreibe, bereits 38 Tage in See sind — immer zwischen Himmel und Wasser, ohne auch nur einmal Land gesehen zu haben — so sind mir doch der Stunden bis heute eher zu wenig als zu viele gewesen.

Ein berühmter englischer Reisender, welcher die Meere der Erde nach allen Richtungen durchschifft hat, fragt: „Und welches sind die vielgerühmten Herrlichkeiten des unbeschränkten Oceans?" und antwortet: „Eine langweilige Oede, eine Wasserwüste." Das ist gewiss wahr, und dem Menschen wäre es nie eingefallen, durch die Oceane zu schiffen, wenn es möglich wäre, auf festem Grund und Boden ebenso schnell, sicher und wohlfeil von einem Punkte der Erde zum andern zu gelangen. Das Meer ist sicherlich weit schöner und grossartiger vom Lande aus gesehen, als vom Meere, wo der enge Gesichtskreis von höchstens 12 bis 16 Meilen Durchmesser nichts weniger als den erhabenen Eindruck einer unendlichen Wasserfläche macht.

Es gibt allerdings entzückende Scenen zur See, und ich hoffe oftmals Gelegenheit zu haben, Ihnen solche zu beschreiben, — aber wer Genuss nur in dem findet, was den Sinnen, besonders dem Auge und dem Gefühle schmeichelt, der wird seine Rechnung nimmermehr zur See finden. Wie die Thiere des Meeres mit Hunderten von Fangarmen versehen sind, um aus dem Meere die Nahrung an sich zu ziehen, so muss auch der Mensch alle seine Fühler ausstrecken, die ihm die Natur und die Cultur an die Hand gegeben, — mag er sie nun als Barometer und Psychrometer in die Luft, als Thermometer, Netz, Angel und Tiefloth in das Wasser hängen, als Fernrohr nach dem Himmel richten oder als Magnetnadel zur Erde neigen, — dann wird ihm auch die Wasserwüste interessant und genussreich werden. Aus der Erkenntniss muss der Genuss entspringen, die Sinne werden dann sicherlich mit dem Verstand gemeinschaftliche Sache machen, um sich auf der öden Wasserfläche zu unterhalten. So muss man selbst zum tausendarmigen Polypen werden, um in der See ein lebenswerthes Element zu finden und eine Seefahrt nicht blos für ein Mittel zum Zweck oder gar für eine verlorene Lebenszeit zu halten.

Entschuldigen Sie diese lange Einleitung, ebenso lange aber war die Einleitung zu unserer Reise von Madeira nach Rio. Es waren 11 Tage der Windstille, abwechselnd mit schwachen, veränderlichen Süd-, West- und Südwestwinden, die uns ruckweise in diesen 11 Tagen von 32 Grad auf 27 Grad nördlicher Breite brachten; wir befanden uns in den „Rossbreiten" (Horse latitudes), von den Seeleuten so genannt, weil Schiffe, die mit Pferden an Bord nach Westindien fuhren, hier oftmals genöthigt waren, die Pferde wegen eingetretenen Futtermangels über Bord zu werfen.

Wissenschaftlicher ausgedrückt sind es die Calmen des Krebses. Es ist dies eine Zone von Windstillen nahe dem Wendekreise des Krebses, welche das Gebiet des Nordost-Passates nördlich abgrenzt und ihre Entstehung zwei in entgegengesetzter Richtung ziehenden, höheren Luftströmen verdankt; der eine dieser Ströme kommt vom Nordpol, der andere vom Aequator, — beide begegnen sich, heben einander auf und verursachen eine Anhäufung der Atmosphäre, einen Luftwall, der sich durch einen besonders hohen Barometerstand in dieser Gegend zu erkennen gibt. Aus dem unteren Theil dieses Walles von Calmen treten zwei Oberflächenströme hervor, der eine zieht als Südwestwind dem Pole, der andere als Nordost-Passat dem Aequator zu. Täglich und stündlich hofften wir auf diesen Nordost-Passat und endlich am 27. Juni trat er gerade in dem Augenblick ein, als ein ausgesetztes Boot beschäftigt war, eine Leine von 4050 Faden (d. i. 20.250 Fuss) Länge wieder aufzuwinden, an der ein Brooke'sches Senkloth in die unermesslichen Tiefen des Oceans gesenkt worden war, ohne Grund zu finden. Das Senkloth mit einem grossen Stück Leine ging dadurch verloren. Aber der ersehnte Passat war da, wir flogen über den Ocean dem Aequator zu, täglich an 150 Seemeilen zurücklegend. Mit dem Eintreten des Passates wurde das Meer, das uns in der Region der Calmen ausser den sogenannten „Seeblasen" (Physalia) und anderem kleineren Gethier nichts Lebendiges gezeigt hatte, mit einemmale wieder belebt. Delphine tummelten sich wieder um das Schiff, Boniten (Scomber Pelamys) erschienen in ganzen Schaaren und mussten oftmals, mittelst der Harpune erspiesst, auf unsere Tafel wandern. Das meiste Interesse jedoch haben für den, der das erstemal ein tropisches Meer befährt, die fliegenden Fische. Wir sahen sie schon gleich den ersten Tag, als wir im Nordost-Passat fuhren, und seither fast jeden Tag. Sie sind in der That zwischen den Wendekreisen eine alltägliche Erscheinung, wenn man sich die Mühe nicht verdriessen lässt, auf Deck durch einige Stunden aufzupassen. Bald einzeln, bald in ganzen Schaaren zu vielen Hunderten schiessen sie pfeilschnell aus der bewegten Oberfläche des Meeres hervor, meist gegen den Wind fliegend, ungefähr 6 Fuss über der Oberfläche des Meeres. So fliegen sie oft 1 bis 2 Kabellängen (600 bis 1000 Fuss) weit; der Flug ist, wie unsere Zoologen bemerkten, ganz der der Heuschrecken, die Brustflossen sind in fortwährender, schnell vibrirender Bewegung und das Thier kann mitten im Fluge in kurzem Bogen plötzlich umwenden und nach entgegengesetzter Richtung fortfliegen, ohne vorher wieder in's Wasser zurückzufallen. Wir haben dies oftmals beobachtet und auch die Ursache des plötzlichen Umkehrens war sehr klar. Nur Angst, keineswegs Lust oder Bedürfniss treibt die Thiere aus ihrem flüssigen Element. Ihr Hauptfeind scheint die Bonite zu sein. So oft fliegende Fische erschienen, waren auch die Boniten da; oft sahen wir diese, wie sie aus dem Wasser hervorschossen, um nach einem fliegenden Fische zu schnappen; war es nicht gelungen, ihn zu erhaschen, so konnte man sehen, wie sie unter dem Wasser in der Richtung des fliehenden Feindes forteilten. Der fliegende Fisch bemerkt aber die Bonite so gut wie diese ihn und lenkt deshalb oft plötzlich im Fluge ab, um den Verfolger irre zu machen. Nördlich vom Aequator war es immer die kleinere Art (Exocoetus volitans), die wir sahen, südlich erschien auch der grössere Exocoetus exiliens. Bei kleineren Schiffen fallen des Nachts oft viele auf Deck. Bei der „Novara", deren Bordwand gegen 20 Fuss über dem Wasserspiegel hoch ist, war das nicht möglich, dennoch geriethen einige, die auf die „Rüsten der Wanden" niederfielen, in unsere Hände und wanderten in die Weingeistflaschen der Zoologen.

Von dem vielgerühmten herrlich blauen Himmel unter den Tropen und von der klaren, durchsichtigen Luft kann ich zu meiner eigenen Verwunderung bis jetzt gar nichts sagen. Wir hatten zwar sowohl im Nordost-Passat nördlich von der Linie, wie im Südost-Passat südlich derselben beinahe immer heiteres Wetter und Sonnenschein, aber der Himmel war auch immer wie mit einem ganz dünnen Flor überzogen und die Farben erschienen bei Tag oder nach untergegangener Sonne nie rein und tief, sondern meistens etwas matt und opalartig. Erst als wir in die Nähe des amerikanischen Festlandes kamen, zeigten sich zumal am Abend- und Morgenhimmel tiefere und vollere Farbentöne, deren Glanz überraschend ist. Noch mehr aber werden Sie sich verwundern, dass ich allen Ernstes behaupte, Sie in Wien haben gewiss grössere Hitzegrade zu erdulden gehabt als wir, die wir die Linie passirt haben und die Sonne senkrecht über unseren Häuptern hatten als schattenlose Individuen. Doch bevor ich in diese physikalischen Details eingehe, will ich Einiges über die Route erzählen, welche die „Novara" in die südliche Hemisphäre eingeschlagen hat.

Das grosse Weltmeer hat seine Land- und Heerstrassen, seine „Kaiserstrassen", so gut wie das Festland. Und wenn auch keine Meilenzeiger angebracht und keine Schlagbäume aufgestellt sind, so folgen die Schiffe diesen Hauptstrassen doch so genau, dass sie auf denselben einander begegnen und ausweichen müssen. Durch den Atlantic führen über die Linie für Segelschiffe zwei solche Hauptstrassen, eine alte und eine neue, zwischen beiden ist eine Art Mittelweg ausgetreten. Nur die Dampfschiffe geniessen das Vorrecht, auf gerader Linie über Haiden und Puszten hinwegzusteuern. Die alte Route führt westlich der canarischen und capverdischen Inseln, entweder in Sicht derselben oder in geringer Entfernung, weiter zwischen 20 bis 23 Grad westlich von Greenwich über den Aequator und sucht der Gefahr auszuweichen, durch die starke westliche Aequatorialströmung bei Südost-Passat über Cap Roque*) hinweggeführt zu werden. Dagegen müssen Schiffe, welche diese Route einschlagen, unmittelbar nördlich des Aequators eine breite Zone von Calmen durchschneiden, deren Bereich die Form eines Kegels hat; die breite Basis desselben stösst an die afrikanische Küste, die Spitze aber liegt westlich,

*) An der brasilianischen Küste nördlich von Pernambuco.

ungefähr im 30. Grad von Greenwich. Maury nennt diese Calmenregion an der afrikanischen Küste, welche durch die, den Zug der Passate neutralisirende Einwirkung der afrikanischen Sandwüsten entsteht, den „Leichenacker des Atlantischen Oceans". Maury, ein amerikanischer Seeofficier, hochverdient um die Schifffahrt durch seine Wind- und Strömungskarten und neuerdings auch dem deutschen Publicum durch seine „Physische Geographie des Meeres" bekannt geworden, hat deshalb schon im Jahre 1847 eine neue Route vorgeschlagen, welche er allen Schiffen anräth, die aus Europa oder Nordamerika kommend in was immer für einen Theil der südlichen Hemisphäre fahren wollen. Auf dieser neuen Route sucht man jene Calmengegend in der Nähe der afrikanischen Küste nördlich vom Aequator ganz zu vermeiden, indem man sich von 10 Grad nördlicher Breite an bis zum Aequator, d. i. in den Breiten, in welchen man die Nordost-Passate verliert und in die Südost-Passate kommt, möglichst in der Nähe des 30. Längengrades westlich von Greenwich hält. Weiter östlich setzt man sich den hartnäckigen Windstillen, weiter westlich der Gefahr des Cap Roque aus, — in der Länge von 28 bis 33 Grad aber vermeidet man in gleicher Weise beide Uebel. Man hat nur die schmale Zone des Aequatorial-Doldrums zu durchschneiden, über welche leichte und veränderliche Winde, Südwest-Monsune, gewöhnlich schnell weghelfen. Diese Route ist nun in der That seit Maury's Vorschlag von sehr zahlreichen Schiffen befolgt worden, und es ergab sich für die Reise von den Vereinigten Staaten nach der Linie ein durchschnittlicher Vortheil von 10 Tagen zu Gunsten der neuen Route (31 Tage) gegen die alte (41 Tage) und ebenso ein durchschnittlicher Vortheil von einer Woche für die Reise von Europa nach der Linie.

Die „Novara" schlug Maury's neue Route ein, und befand sich demgemäss im 10. Grade nördlicher Breite auf dem 30. Grad westlich von Greenwich. In 8 Grad nördlicher Breite verloren wir am 5. Juli Abends den Nordost-Passat, das heitere Wetter hatte ein Ende und dunkle Wolkenmassen standen bei Sonnenuntergang drohend am ganzen Himmel. Eine Sündfluth von Regen, aber ohne Blitz und Donner (wir haben auf unserer ganzen Reise noch kein Gewitter gehabt und ausser bei Triest nicht einmal eines am Horizont gesehen) ergoss sich über uns in der Nacht auf den 6. Juli bei vollkommener Windstille. Da heiterte sich am Morgen der Himmel plötzlich wieder auf und der Südost-Passat war da. Ein paar Stunden Windstille noch abgerechnet, die wir am 7. und 8. Juli hatten, bis uns der anfangs nur stossweise blasende Südost-Passat zu 7 Grad nördlicher Breite gebracht hatte, war jene Nacht Alles, was wir von den gefürchteten Aequatorial-Calmen und von den unheimlichen Gewitterstürmen und Platzregen des „äquatorialen Wolkenringes" zu erleben hatten. Aber wir waren eigentlich zu glücklich, denn wir hatten nach den Erfahrungen anderer Schiffe recht, einige Tage Südwest-Monsune zu erwarten, statt dessen kamen wir aus dem Nordost-Passat unmittelbar in den Südost-Passat, der uns immer weiter westlich führte, so dass wir in der Nacht vom 14. auf den 15. Juli die Linie in 33 Grad 50 Minuten westlich von Greenwich passirten. Das hatten wir nun. So geht es, wenn man die guten, alten Erfahrungen beiseite setzt und neuen Theorien folgt, mag Mancher denken. Denn nun schienen wir allen Schrecknissen der alten Seefahrer, der Aequatorialströmung und dem gefürchteten Cap Roque, unabweislich anheimgefallen.

Doch ehe ich Ihnen erzähle, worin alle diese Schrecknisse in Wirklichkeit bestanden, noch Einiges von „der Linie". Achtmal hatten wir während unserer Reise die Linie zu passiren, das erstemal wäre es glücklich vollbracht. Wir hatten zwar Niemanden an Bord, den wir auf einen im Gesichtsfeld eines Fernrohres ausgespannten Faden hätten verweisen und sagen können, dass man die Linie wirklich sehe, — dagegen kam es doch vor, dass einige dii minorum gentium sich allen Ernstes nach dem besten Hôtel am Aequator erkundigten. Neulinge waren wir indess, ausser einigen Officieren, dem Hochbootsmann und einigen

Steuerleuten, für die Linie Alle, und so war es denn nicht mehr als recht und billig, dass am 14. Abends der Hochbootsmann als Meergott Neptun verkleidet mit einem astronomischen Gehilfen auf Deck kam, mit einem riesigen Sextanten die Mass nahm und uns die Linie auf einer Karte auszog. Ströme von Wasser ergossen sich, als er kam, von allen Masten und an allen Ecken und Enden, alle Feuerspritzen waren thätig, bis er unter „Blaufeuer" wieder verschwand. Ein brennendes Fass, das in's Meer geworfen war, zeigte den Weg an, den er von uns zur „Carolina" genommen. Das war aber erst das Vorspiel. Neptun hatte sich auf den andern Tag, den 15., zur Vornahme einer allgemeinen Taufe angekündigt und in der That erschien er des andern Tages um Mittag zum zweitenmale mit seiner Frau Gemahlin und seinem Herrn Sohn zu Wagen mit grossem,. phantastisch aufgeputztem Gefolge und seinen Helfershelfern, die Musik voran. Hund „Morok", als er die vielen halbnackten, bunt bemalten Gestalten sah, musste glauben, das Schiff sei von Wilden überfallen, denn wüthend sprang er überall herum, und war kaum zu beruhigen. Unbarmherzig schleppten die Häscher Neptun's Jeden vor dessen Thron, und wer nicht mit klingender Münze sich loskaufte, wurde rasirt und mit Strömen von Wasser abgewaschen. Doch die Stunde schlug und ein einziges Commandowort des Schiffslieutenants bannte die ganze tolle Schaar, wie mit einem Zauberschlag war Alles verschwunden und die Ordnung des Schiffes herrschte wieder, wie zuvor. Das war die Taufe am Aequator, — so ist's alter Seemannsbrauch an der Linie, die zwei Hemisphären von einander scheidet.

Nun aber die tropische Hitze! Schon am 30. Juni im 22. Grad nördlicher Breite stand uns die Sonne senkrecht über dem Scheitel, und doch stieg die Lufttemperatur nicht über 20 Grad R., die des Wassers nicht über 19 Grad R., beide nahmen von da an, wie das von den Officieren geführte meteorologische Journal zeigt, wohl noch zu, erreichten aber im 6. Grad nördlicher Breite schon ihr Maximum, die Lufttemperatur mit 23 Grad R., das Wasser mit 22 Grad R. Seither haben wir fortwährend niedrigere Temperaturen um 20 Grad R.; denn jetzt befinden wir uns mitten im tropischen Winter, in der Jahreszeit, welche unserem Januar entspricht. Habe ich also nicht Recht, wenn ich sagte, Sie in Wien haben gewiss schon höhere Wärmegrade gehabt? Der Unterschied ist nur der, dass bei uns Tag und Nacht in Luft und Wasser fast dieselbe Temperatur herrscht, höchstens um 2 bis 3 Grad schwankend; und so können wir allerdings sagen, dass es bei uns wärmer ist und dass man sich recht gern Morgens und Abends unter das in der Batterie eingerichtete Sturzbad stellte und sich dann und wann einmal wieder vom Passat auf Deck recht abblasen liess.

Wir sind also jetzt auf der südlichen Hemisphäre.

Jeden Abend glänzt uns neben dem dunklen Fleck des Kohlensackes das südliche Kreuz entgegen, und all die herrlichen Sternbilder in seiner Nähe, der Centaur, Scorpion u. s. w. und die hellglänzende Milchstrasse mit ihren Sternnebeln, die alle zusammen die Pracht des südlichen Himmels ausmachen. Der Polarstern ist uns längst verschwunden. Heute den 25. Juli, da ich dieses schreibe, haben wir glücklich auch Cap Augustin, den östlichsten Punkt von Südamerika passirt, und dem letzten Stück der Reise nach Rio stehen nun keinerlei Hindernisse mehr im Wege. Wie wir vom Aequator glücklich bis hierher gekommen, ist schneller erzählt, als es ausgeführt war. Denn der Südost-Passat und die Aequatorialströmung mit 30 Meilen Geschwindigkeit im Tag waren allerdings beträchtliche Hindernisse, um von unserem Durchschnittspunkt der Linie Cap Roque und Cap Augustin zu passiren, aber die „Novara" hatte sie alle standhaft und kühn überwunden. Sie durfte sich nur das „über Stag Gehen" nicht verdriessen lassen. Mit abwechselnden Gängen nach Ost und Südsüdwest wurde Alles glücklich bewältigt. Vom 18. auf den 19. kreuzten wir zwischen Fernando de Noronha und den westlicher gelegenen Roccas hindurch, ohne jedoch diese Inseln zu Gesicht zu bekommen. Nur Schaaren von Seevögeln deuteten ihre Nähe an. Am 20.

passirten wir die Breite von Cap Roque, am 25. die Breite von Cap Augustin, und in acht Tagen spätestens hoffen wir in die Bucht von Rio einzulaufen, in den „schönsten Hafen der Welt".

Den 5. August Abends.

Rio Janeiro, die Kaiserstadt, mit all ihrer Pracht und Herrlichkeit, die hohen Felskegel des Corcovado und Tejuca im Hintergrunde, liegt vor meinen Augen, — lustige Musik tönt rings um uns vom Deck der Kriegsschiffe, — französische, englische, amerikanische, spanische, brasilianische, die mit uns in der herrlichen Bucht liegen, welche gross genug ist, um die Kriegsflotten der ganzen Welt aufzunehmen. Am 50. Tage nach unserer Abfahrt also haben wir das Ziel erreicht und begrüssen freudig den neuen Continent.

Das letzte Stück unserer Reise hatte sich noch wider Erwarten verlängert, denn wir verloren den Südost-Passat schon am 29. Juli in 16 Grad südlicher Breite und hatten dann mehrere Tage Windstille auszuhalten, — die Calmen des Steinbockes — bis wir dem Festlande so nahe waren, dass abwechselnde Land- und Seebrisen uns weiter führten. Unsere Musikbande spielte indess fleissig ihre „Novara-Polka", den „Mutterkuss in öder Waldesnacht" — ein Titel für ein Quodlibet, das der Phantasie des Capellmeisters auf den Wogen des Oceans entsprungen — und wie die Stücke alle heissen. Ein andermal bot ein treibender Walfisch-Cadaver einige Abwechslung, dessen eigentliche Natur, als die Masse zuerst gesehen wurde, lange räthselhaft blieb und die abenteuerlichsten Hypothesen veranlasste. Es wurde ein Boot ausgesetzt und wir hatten das Schauspiel von Hunderten von Haien, die an dem stinkenden Cadaver, wie am besten Leckerbissen, herumzerrten. Zwei Tage darauf wurde ein Delphin harpunirt. Die Nähe des Landes brachte viele Seevögel zum Schiff, darunter besonders die grossen Sturmvögel (Procellaria gigantea), von denen auch glücklich zwei Exemplare geschossen wurden. So bot das letzte Stück der Fahrt manche Abwechslung und

Unterhaltung. Am 3. und 4. August mussten wir gegen widrige Winde um Cap Frio laviren. Am 5. aber führte uns ein günstiger Südostwind der Küste entlang zwischen der Insel Pays zur Rechten und Raza zur Linken, an dem Fort Santa Cruz vorbei und dem Zuckerhutberg gegenüber in die Bucht von Rio Janeiro, wo um 2 Uhr 50 Min. Nachmittags die Anker fielen.

So landeten wir glücklich nach 50tägiger Seefahrt im Hafen der Kaiserstadt von Brasilien.

Brasilien! Seine bunten Schmetterlinge und Käfer, seine Kolibris und Papageien erregen schon in der Phantasie des Knaben die Vorstellung von einem naturwissenschaftlichen Eldorado. Aber Brasilien ist so gross, fast wie ganz Europa. Was wird uns der eine Punkt bieten? Darüber hoffe ich Ihnen in meinem nächsten Brief, der vom Cap der guten Hoffnung kommen wird, schreiben zu können. Wir werden wohl drei Wochen hier bleiben und wurden gleich bei unserer Ankunft durch die frohe Nachricht beruhigt, dass das gelbe Fieber gänzlich aufgehört habe.

Ein Ausflug auf den Pico Ruivo auf Madeira.

Den Glanzpunkt unseres Aufenthaltes auf Madeira, während die „Novara" und „Carolina" in der Bai von Funchal vor Anker lagen, bildete ein mehrtägiger Ausflug an die romantisch schöne Nordseite der Insel, zu dem der Commodore seinen Stab und die Gelehrten der Expedition eingeladen hatte. Es war eine glänzende Cavalcade von nicht weniger als 22 Reitern, welche am frühen Morgen des 10. Juni von Funchal gegen Nostra Senhora del Monte hinaufsprengte und von da weiter über den Poizo Pik und durch die Schluchten des Metade und Ribeiro Secco nach St. Anna. Das ursprüngliche Ziel dieses Ausfluges war der Pico Ruivo, der höchste Berg der Insel. Der anstrengende achtstündige Ritt hatte zwar die des Reitens weniger Gewöhnten in ihrem Entschlusse wankend gemacht, nichtsdestoweniger wurde er von der Mehrzahl ausgeführt, und indem ich Ihnen diesen Ausflug beschreibe, will ich zugleich versuchen, Ihnen ein Bild von dem Naturcharakter von Madeira zu geben.

Morgens 2 Uhr den 11. Juni standen 12 Pferde gesattelt vor Acciaioli's Hotel zu St. Anna und eine Viertelstunde darauf ritten wir 12 Mann hoch, gefolgt von den Pferdeknechten, einigen Trägern mit Instrumenten, Botanisirbüchsen u. s. w. und einem mit Lebensmitteln schwer beladenen Maulthiere, in munterem Schritte bergan. Die Natur lag noch in tiefem Schlaf, es war ruhig und stille in der Luft, auf dem Meere und in den Bergen, eine herrliche Mondnacht. Der volle Mondenschein liess uns die Hecken und Gebüsche von Rosen, Fuchsien und Hortensien erkennen, welche den Reitpfad einfassten, und dann und wann erschienen unter den Thüren der Strohhütten, an denen wir vorbeikamen, weisse Gestalten, neugierig der Reiterschaar nachblickend, die so früh auf dem Wege war.

Der Weg führte eine Zeit lang eben fort, dann über einen Bach und von hier ununterbrochen in mannigfaltigen Windungen steil bergan, bald auf erdigem Grund als Hohlweg in weichen Tuffmassen tief eingeschnitten, bald auf dem harten Stein basaltischer Gangmassen oder auf dem festen Felsgrund erkalteter Lavaströme. Nachdem wir aus Schluchten und Hohlwegen heraus, an steilen Felswänden und tiefen, im Dunkel der Nacht unter uns liegenden Abgründen vorbei, freiere Höhen erreicht hatten, da sahen wir hinter uns aus dem Ocean die Sichel der Venus auftauchen, rothschimmernd wie ein Leuchtfeuer, über ihr stand hellglänzend der Jupiter. Der erste dämmernde Lichtschein zeigte sich am Horizont. Aus den Thälern herauf klang die kräftige Baritonstimme des Cochinchina-Hahnes und in den Lorbeerwäldern ertönte der Morgengesang der Amsel. Heimatliche Erinnerungen wurden wach und mir war zu Muthe, als wäre ich im deutschen Mittelgebirge, — im Riesengebirge, früh Morgens auf dem Wege nach der Koppe. An's Riesengebirge erinnerte mich auch die ganze Scenerie der Bergmassen und die tiefen Thalschluchten, so lange Dämmerlicht die freilich ganz verschiedene Vegetation bedeckte. Aber der Blick rückwärts zeigte nicht die rauchenden Schornsteine von Schmiedeberg und Warmbrunn, er schwebte über ein rauchendes und dampfendes — Weltmeer. Es war nicht anders, denn aus den erwärmten Fluthen des Oceans stiegen die Dünste auf und verdichteten sich in den höheren, kälteren Luftschichten zu Nebelwolken, die nun wie ein zweites Meer über dem Meere lagen, tief unter uns ausgebreitet mit wellig-hügeliger Oberfläche, wie ein vom Sturm bewegtes Meer. Nur an den Gehängen der Berge hin und durch die Schluchten hinab konnte man zwischen Nebel und Festland hindurch sehen bis herab zum ruhigen Spiegel der See.

Um 4 Uhr machten wir bei einer einsamen Strohhütte, Choupana genannt, Halt — auf 4400 Fuss Meereshöhe; wir zogen es vor, auf dem schmalen steinigen Pfade, der von hier aus weiterführt, zu Fusse zu gehen und liessen unsere Pferde zurück.

Wir hatten eben einige steile Basaltfelsen erklommen und standen auf einer freien Höhe, als die Sonne aufging. Wie tausend alpenglühende Schneegipfel, so glänzten die Wolkengipfel unter uns, als die ersten Strahlen der Sonne sie trafen, ein Anblick, unbeschreiblich in seiner Eigenthümlichkeit und Pracht. Und wie die Sonne höher stieg und Licht und Schatten das Relief deutlicher zeichnete, da thürmten sich die Hügel zu Bergen aus Nebel auf, bis endlich, als die Sonne höher stand, das Ganze wieder in sich zurücksank zu einer gleichmässig beleuchteten ebenen Schichte, die anfangs höchstens 1000 Fuss über dem Meere lag, dann aber mit dem Tag höher an den Bergen und an den Schluchten heraufstieg und später am Pico Ruivo uns selbst einzuhüllen drohte. Es ist dies eine Erscheinung, die sich auf Madeira gerade im Monat Juni fast täglich wiederholt, weshalb man auch Partien in's höhere

Gebirge am frühen Morgen unternehmen muss, wenn man Aussicht geniessen will.

Der Weg führte weiter an einem steilen Abhang mit einem schütteren Bestande von knorrigen Tilbäumen (Oreo daphne foetens Nees). Ueber sich hat man in horizontaler Lagerung einen säulenförmig zerklüfteten Basaltstrom, und bald kommt man zu der Stelle, Homem-em pé genannt, d. i. der aufrechte Mann; es ist dies eine malerische Gruppe von Basaltsäulen, die 40 Fuss hoch isolirt aus dem schönen Grasteppich senkrecht hervorstehen, der den Abhang überzieht; in den Klüften hat ein uralter Lorbeer Wurzeln geschlagen, der letzte seines Geschlechtes in dieser Höhe. Man steigt den Abhang hinauf und hat damit den ebenen Wiesgrund des Barreiro oder Encumiada Baixa erreicht. Das Auge haftet trunken an dem Anblick, der sich hier eröffnet, wo man über eine unermesslich tiefe Schlucht, die senkrecht in die Tiefe geht, auf einen majestätisch zum Himmel ragenden Felskamm blickt. Aber wir eilen weiter über die Fläche, dann über ein schlackiges Lavafeld hin zu dem zerrissenen Basaltgipfel, der vor uns liegt, zu dem Encumiada alta (nach meiner Messung 5883 englische Fuss hoch). Hier erst überlassen wir uns auf sicherer Höhe über gähnenden Abgründen und unter tiefblauem Himmel im Glanze der herrlichsten, reinsten Morgensonne und ihrer angenehm erwärmenden Strahlen ganz den grossartig schönen Eindrücken, die in das Auge strömen, und erfreuen uns an dem Genusse eines kräftigen Gabelfrühstücks, das nach vierstündiger Bergfahrt vortrefflich mundet. Wahrlich, die Natur hat hier aus Erde, Stein und Vegetation Formen und Farben zu einer Scenerie zusammengestellt, zu einem Gemälde, das mit zauberhaft anziehender Kraft auf die Sehnerven wirkt, wie ich es nie gefühlt. „Das heisst, es nobel geben", meinte unser munterer Maler, machte seine Mappe zurecht und legte seine Farben aus. Ich will versuchen, in Worten zu geben, was wir sahen.

Südwärts vor uns liegt ein gewaltiges Bergjoch mit wild zerbrochenen Felsgipfeln und Zacken, die Torres (Thürme) und Torrinhas (Thürmchen) genannt, 6000 Fuss hoch aufragend über den Spiegel des Oceans, dessen horizontale Linie durch das am blauen Himmel scharf ausgeschnittene Profil dieser kühnen Felsnadeln unterbrochen wird. Links senkt sich das Bergjoch mehr und mehr in runden Formen und weniger gebrochenen Linien, rechts aber fällt es in Terrassen mit senkrechten, 1000 Fuss hohen Felswänden steil ab und verbindet sich durch einen schmalen, unzugänglichen Felsgrat mit dem gewaltigen kuppelförmigen Gipfel des Pico Ruivo. Alles das liegt vor dem Auge in einer Luftdistanz von höchstens einer halben Stunde. Aber tiefe Risse und Rinnen laufen aus allen Felswinkeln herab und vereinigen sich unter unseren Füssen in einem 3000 Fuss tiefen, finsteren Abgrund, der den Anfang der Schlucht des Ribeiro Secco bildet. Rechts und links, vor- und rückwärts gähnen ähnliche Abgründe, und wo das Auge nicht mehr hinreicht, da deuten dunkle Schatten, die an den Wänden aufsteigen, den tiefen, kraterähnlichen Kessel des Curral an und die Felsrinnen des Metadeflusses und des Ribeiro Frio. Es ist, als wäre die ganze Insel bei furchtbaren Erderschütterungen von ihrem Centrum aus nach allen Richtungen zersprungen und zerborsten, als wären ganze Berge in die Tiefe versunken oder durch die Gewalt der Sturzbäche, die in den Rissen ihren Weg fanden, in Schutt verwandelt und als Sand und Gerölle im wogenden Ocean verschwunden. Der amerikanische Geologe Dana erwähnt, dass ihn diese wild zerrissenen Bergmassen an die Kraterwände des Kilaueah auf Hawaii erinnerten.

Das sind nur die allgemeinen Formverhältnisse. Aber wenn man nun den Blick herabgleiten lässt von den sonnigen Höhen in die schattigen Tiefen, welche Pracht an Formen und Farben auch im Detail! Oben an den Torres und Torrinhas ist Alles kahler, nackter Fels, — kein Grashalm, kein Strauch. Die grelle Steinfarbe ist nur von einzelnen weissglänzenden Schneestreifen in tiefen, schattigen Einschnitten unterbrochen. An den höchsten Gipfeln lagern fast horizontal ausserordentlich regelmässige Schichten. Sie heben sich scharf von einander ab durch die mannigfaltigste Nuancirung ihrer Farbentöne. Schwarzgraue Schichten vulcanischer Asche wechseln mit intensiv rothen, gelben und violetten Schichten vulcanischer Tuffe, Schlacken, Lapilli und Bomben und mit braunen oder grauen Conglomeraten.

Diese ganze ungeheure Masse vulcanischen Auswurfes und vulcanischen Trümmergesteines ist durchsetzt und durchbrochen nach allen Richtungen von Adern und Gängen fester, basaltischer Lava. Hier ragen mitten aus erdigen Tuffen zuckerhutförmige Basaltkegel auf, mit der regelmässigsten senkrecht stehenden Säulenbildung, einst in zähflüssigem Zustand aus dem Erdinnern heraufgepresst in reiche umhüllende Masse, jetzt aber blossgelegt wie ein Knochengerüste von seiner fleischigen Hülle. Das sind nicht kleine Hügel, sondern ganz gewaltige Berge, zum wenigsten so hoch und so dick wie der vielberühmte „Borzen" bei Bilin im böhmischen Mittelgebirge, auch in der Form dem „Biliner Stein" ausserordentlich ähnlich, wie ich ihn noch kürzlich im Studirzimmer Alexander v. Humboldt's abgebildet sah. Dort laufen schmale Basaltgänge, wie künstlich aufgebaute Mauern hervorragend, von der Thalsohle bis zum Gipfel und enden am obersten Kamm in schneidig hervorstehenden Felszähnen. Bald laufen sie senkrecht in die Höhe, bald schief in den mannigfaltigsten Richtungen sich durchkreuzend und verwerfend und dadurch die relative Folge ihrer Emportreibung bezeichnend. Andere Gangmassen erreichen nicht die ganze Höhe, sondern breiten sich nach rechts und links zwischen den Tuffschichten als mächtige, horizontale Lavaströme aus. Sie haben ihre ganze Unterlage zu einer Masse von ziegelrother Farbe verbrannt und bilden da, wo sie am Gehänge des Bergjoches zu Tage treten, charakteristisch vorspringende Felsterrassen, aus deren unterem Rand über den undurchdringlichen Tuffschichten klare Quellwasser hervorsprudeln. Sehr schön sieht man solche horizontale Seitenströme sich abzweigen von der mächtigen

Gangmasse, die zum Torres aufsteigt und, oben sich ausbreitend, die steinerne Stirne des Gipfels bildet.

So ist an den lothrechten Wänden das ganze innere Gerüste des Berges blossgelegt, ein geologischer Durchschnitt, wie ihn die glühendste plutonische Phantasie nicht mannigfaltiger und instructiver ersinnen kann.

Wie oben die rothen Farbentöne, so herrschen unten die grünen. Von da an, wo die ersten Quellwasser aus den Spalten der Basaltströme hervorbrechen, ist Alles und Alles mit einem dichten grünen Teppich überzogen. Das sind die berühmten grünen Schluchten von Madeira, wo selbst an 1000 Fuss hohen senkrechten Felswänden kein Zoll breit Stein hervorschaut und welche dem Botaniker so reiche Ausbeute gewähren und selbst den Nichtbotaniker mit Bewunderung und Entzücken erfüllen. Madeira hat verhältnissmässig wenig üppigen, grossen Baumwuchs. Ausser Kastanienbäumen, welche — da sie als Weinrebenpfähle dienen müssen — meist nach Art unserer Pappeln und Weiden verstümmelt und zugestutzt sind, und drei Arten von Lorbeerbäumen (Til, Vinhatico und Lauro der Maderenser)*), welche in den unzugänglichen Schluchten noch die einzigen Urwälder auf Madeira bilden und da bisweilen eine ausserordentliche Grösse erreichen, gibt es auf der Insel wenig andere Bäume, die in der Physiognomie der Landschaft eine Rolle spielen. Was jene dichte grüne Decke bildet, sind meist Gräser, Farne und Sträucher, welche letztere freilich zum Theile baumgross werden. Aber eben, weil es hauptsächlich kleiner Pflanzenwuchs ist, der so üppig wuchert, so hat man den Eindruck, als wären es Polster von riesigen Moosgattungen, die so reich über alle Felskanten gelegt sind, oder als wären es Wollen- und Sammtteppiche, welche an den Felswänden ausgespannt sind. Die verschiedenen Töne des Grün lassen alsdann recht charakteristisch die einzelnen Pflanzenregionen erkennen.

---

*) Oreo daphne foetens Nees, Persia indica, Spreng. Laurus Canariensis, Webb.

Zu unterst in den Thälern und an den Gehängen erblickt man neben dem schwarzen Strich von Basaltgeschieben, der das Bett des im Sommer fast gänzlich ausgetrockneten, im Winter aber oft zum wildesten und verheerendsten Gebirgsstrom angeschwellten Flusses bezeichnet, die ärmlichen Strohhütten des Landvolkes von Madeira, umgeben von Weingärten und Aeckern, auf denen Korn, Kartoffel, „Yam" (Arum antiquarum) und in den tiefsten Regionen auch einzelne Bananenstauden gepflanzt sind. Die Cultur zieht sich bis auf 2000, selbst 3000 Fuss Meereshöhe. Wo an den steilen Abhängen eine kleine Terrasse gebildet ist, und wäre sie nur eine Quadratklafter gross, da ist sie bebaut. Kleine Pimisbestände bezeichnen fast genau das obere Ende der Cultur. Ueber dieser unteren Region folgt die Mittelregion der Gebüsche und Lorbeerwälder. Vaccinium maderense, Erica und Genista-Arten, über mannshoch werdend, verdrängen wuchernd jede andere Pflanze, und im Juni, wenn der Ginster blüht, zieht sich ein goldgelbes Band wie ein Gürtel zwischen 3000 bis 4000 Fuss Meereshöhe um Madeira, an der Südseite etwas höher ansteigend als an der Nordseite. Uns schimmerte dieses goldene Band von den sonnigen Bergrücken mit der frischesten Farbe entgegen und neben ihm in den schattigen Schluchten lagen die dunkel schwarzgrünen Massen der immergrünen Lorbeerwälder. Ueber ihnen erst ist der eigene flache Boden für Erica arborea, wo sie mit lichtgrüner, matter und trockener Farbe, die gegen das saftige Grün des Lorbeers grell absticht, die Stelle des Knieholzes unserer Mittelgebirge vertretend, zu Bäumen anwächst von erstaunlicher Grösse, mit knorrigen, am Boden hingestreckten Stämmen. So steigt sie, begleitet von mehr und mehr verkümmerndem Ginster und von Pteris aquilina bis zum obersten, 6000 Fuss hohen Gipfel des Pico Ruivo auf, von dem wir von unserem Lagerplatz aus noch durch einen tiefen Sattel getrennt sind. Durch Erikengebüsch und über Basalt-Blockwerk führt ein steiler, schlechter Weg hinab zu dem schmalen Felsgrat, welcher den Sattel bildet. Rechts sieht man in die tiefe Schlucht des Ribeiro de Sante Jorge, links in die Schlucht des Ribeiro Secco, und unter einer Basaltmauer auf diesem Uebergang zum Pico Ruivo ist die Stelle, wo man bewundernd vor 30 bis 40 Fuss hohen Ericabäumen mit Stämmen von 2 und 3 Fuss Durchmesser steht. Wilkes in der „U. St. Exploring Expedition" hat diese Partie abgebildet.

Ein steriles Steinfeld gelber und rother Schlacken, Lapilli und vulcanischer Bomben in ihrer charakteristischen, birnförmigen Gestalt zieht sich von hier bis zum Gipfel des Piks und hat diesem wohl den Namen Pico Ruivo (Rothhorn) gegeben. Eine mit rothen Schlackenmassen bedeckte Felsplatte von säulenförmig abgesondertem, olivenreichem Basalt bildet dessen Plattform. Beim Aufsteigen zur Höhe drang mir aus dem Felsgeklüfte ein unheimlich klagender Ruf entgegen, das einzige Zeichen eines lebendigen, thierischen Wesens in diesen Höhen, ob eulenartig oder katzenartig, das blieb mir unklar.

Was soll ich aber sagen von alldem, was vom Gipfel des Pico Ruivo unter den Füssen und vor den Augen liegt? Man steht inmitten der grossartigen Gebirgsscene auf einem weit über alle Wolken erhabenen Gipfel, über gähnenden Abgründen und schaut durch die nach allen Richtungen ziehenden grünen Schluchten und Thäler hinweg über die stolzen Felsgipfel des Pico Gran de Canario, Avieiro, Antonio und wie sie alle heissen, die da stehen, sichtbar vom Fuss bis zum Gipfel in majestätischer Grösse — man schaut hinaus auf den blauen Ocean, weit hinaus über die Eilande Porto Santo und Desertas bis dahin, wo Himmel und Ocean in einander fliessen ohne Grenze, und wo doch noch ein Raum sein muss, auf dass unser Schiff den Weg finde, — an den Erdball geheftet, und den Himmel günstig über sich —, um zu ferneren Gestaden zu gelangen, wo Neues und vielleicht noch Grösseres unser wartet.

Barometer und Thermometer waren abgelesen*), Büchsen und Taschen gefüllt mit Pflanzen und Steinen, wir traten den

*) Meine Messung ergab 6172 englische Fuss = 5952 Wiener und = 5792 Pariser Fuss und ist fast genau das Mittel aus den letzten Messungen

Rückweg an. Trällernd und eine mir ganz unverständliche Strophe in halb singendem und halb kläglich jammerndem Ton immer wiederholend, trotz der schweren Last auf ihren Schultern, schritten unsere Maderenser, mit ihrer blauen, langgezipfelten oder eigentlich gespitzten Kapuze auf dem Kopfe, rüstig voran. Wir hatten bald unsere Pferde wieder erreicht und nun ging es rasch hinab durch die Wolkenschichte zurück nach St. Anna.

Ein vortreffliches Diner vereinigte wieder unsere ganze Gesellschaft. Der Commodore lud uns nach Tisch zu einem Spaziergange gegen Porto Santo Torye hinab ein, um mit ihm die Freude über all das, was die herrliche Natur hier bietet, zu geniessen. Wir standen bewundernd vor den Lavaströmen, aus deren Rissen überrall die herrlichen Rosetten von Sempervivum tabulae forme hervorwuchsen, — wir brachen Hortensien, Fuchsien und Heliotrope aus den Gebüschen und der Commodore selbst war bald mit dem geologischen Hammer, bald mit dem Schmetterlingsnetz voran. So kehrten wir im Innersten befriedigt in später Abenddämmerung zurück zum Hôtel.

Wie contrastirten da mit unseren freudigen Gefühlen die Jammergestalten von Hunderten von Siechen, Elenden und Armen, die sich versammelt hatten und uns um eine kleine Gabe anflehten!!

Rio de Janeiro.

Die Stadt.

Auf hoher See, halbwegs zwischen Amerika und Afrika, will ich — eingeschlossen in meine Cabine — die Gedanken, welche schon längst unserer Fahrt vorangeeilt sind nach dem Cap

der Officiere unter Capitän Wilkes (1833), 6237 englische Fuss, und unter Capitän Ross (1839), 6103 englische Fuss.

der guten Hoffnung, wieder zurücklenken nach der grossen Wendekreisstadt und ihrer herrlichen Natur, um Ihnen von den Eindrücken Einiges zu erzählen, die mir der Aufenthalt vom 6. bis 30. August gegeben hat. Aber was soll ich Ihnen schreiben von Rio de Janeiro? Die Bilder ziehen ebenso bunt und rasch an mir vorüber, wie ich sie gesehen. Die Stadt liegt wieder vor mir in ihrem Lichtglanze von tausend hellleuchtenden Gasflammen, die sich im Meere spiegeln, wie ich sie am ersten Abend sah. Und diese Lichter, die der Mensch angesteckt, erinnern mich an die Millionen fliegender Lichtpunkte in Berg und Wald, welche die Natur erfunden hat, und an die Milliarden leuchtender Atome, welche an den Ruderschlägen des Bootes, das mich in später Nacht an Bord brachte, aufspritzten. — Ich kann Ihnen Rio de Janeiro, die Stadt, die Natur, die Menschen, weiss, schwarz, braun und gelb, nicht beschreiben. Es ist besser, sie kommen selber hierher und schauen sich das Alles mit eigenen Augen an. Ich kann Sie, indem ich Ihnen Einiges erzähle, höchstens dazu ermuntern, einmal einen nordischen Winter mit einem Sommer unter den Tropen zu vertauschen, und das in Rio, wo Ihnen von den gewohnten Bedürfnissen des civilisirten Lebens nichts abgehen wird, und wo Sie, so wie wir, im Kreise liebenswürdiger deutscher Landsleute sich bald ganz heimisch fühlen werden.

Wenn Sie vom Ankerplatz der Kriegsschiffe, etwas südlicher gelegen, als jener der Kauffahrteischiffe, an's Land steigen und sich durch das Menschengedränge auf der Landungsbrücke und vor dem Hôtel Pharoux hindurchgearbeitet haben, so befinden Sie sich auf dem Largo do Paço (Palastplatz). Links steht das kaiserliche Palais, rechts am Strand die öffentliche Markthalle (Mercado); zahlreiche Fiaker, theils mit Pferden, theils mit Maulthieren bespannt, haben auf dem Platze ihren Stand, Sie sehen vierspännige Omnibusse, oben und innen voll besetzt, am oberen Ende des Platzes hineilen, und das ganze geschäftige Leben und Treiben einer grossen europäischen Stadt tritt Ihnen in allen Zügen entgegen, und wenn Sie dann rechts in die Rua direita einbiegen und von da weiter in die Rua do Ouvidor, so kommt Ihnen in grossartigen eleganten Gewölben und Auslagen aller europäischer Luxus wieder vor Augen, als wären Sie auf dem Graben oder Kohlmarkt in Wien, auf den Boulevards in Paris oder am Strand und in Regent-Street in London.

Das war gerade der Weg, den ich einschlug, als ich in Rio de Janeiro zum erstenmale an's Land stieg. Ich nahm in der Rua do Ouvidor im Hôtel de l'Europe, das mir als das beste Hôtel der Stadt anempfohlen war, mein Logis. Es ist ein französisches Hôtel, das jedem Fremden als erstes Absteigequartier in Rio unbedingt anempfohlen werden kann. Jedoch mir wurde bald so unheimlich in den engen schmutzigen Strassen der Stadt, die schwüle, von dem menagerieartigen Geruch des Carne Secco erfüllte Luft war mir so drückend, dass ich mich, nachdem ich die ersten nothwendigen Besuche in der Stadt abgemacht, nach einer Wohnung auf dem Lande umsah. Ein deutsches Haus, nach Art der englischen Bordinghäuser eingerichtet, war mir empfohlen worden. Es führt allgemein den sonderbaren Namen „Deutsche Menagerie", da fortwährend viele Deutsche, hauptsächlich junge Kaufleute dort wohnen. Am Ende der Vorstadt Catumby grande, am Fusse des Corcovado, in einem reizenden Thale gelegen, ein stattliches Haus, ein grosser Garten dabei, ein grosses Wasserbassin mit frischem Quellwasser zum Baden, eine aufmerksame und liebenswürdige Hauswirthin, wackere deutsche Landsleute, die mit Rath und That mir an die Hand gingen, was wollte ich mehr haben? In der That, ich und mein College Z., wir preisen uns glücklich, während unseres Aufenthaltes in Rio deutsche Menagerie-Mitglieder geworden zu sein, und sollten diese Zeilen den Weg finden bis nach Catumby grande Nr. 28, so mögen sie unseren Landsleuten ein Beweis sein, dass wir freundlich und dankbar ihrer gedenken. Von hier aus machte ich meine Ausflüge hinaus in Berg und Wald, oder ging, um andere Geschäfte auszuführen nach der Stadt. So lebte ich wie

Jeder in Rio de Janeiro lebt, dem es seine Mittel erlauben, draussen auf dem Lande in der herrlichen Natur, fern von dem bunten Getriebe der Stadt, in der man nur den Tag über während der Geschäftsstunden zubringt.

Darum hat auch Rio de Janeiro, obgleich es nur wenig über 200.000 Einwohner zählt und darunter gegen 80.000 Sklaven, eine Ausdehnung, die der von Wien fast gleichkommt. Von meiner Wohnung bis auf den Palastplatz hatte ich gerade eine Stunde zu gehen und bis zu der Wohnung meiner anderen Collegen in Larangeiras war es eine volle deutsche Meile Weges. Die eigentliche Stadt bildet zwischen dem Meeresstrand und dem Campo de Santa Anna (oder Praça de acclamaçao) ein grosses Viereck von nicht ganz einer halben Stunde Länge und Breite, von engen, rechtwinkelig sich schneidenden Strassen ziemlich regelmässig durchschnitten. Neben den wichtigsten öffentlichen Gebäuden, wie das National-Museum, das Museum der schönen Künste, die k. Militär-Akademie, das k. Marine-Arsenal, das Zollhaus, der Mercado, der kaiserliche Palast, die Deputirten-Kammer und mehreren Kirchen, sieht man in der Stadt fast nur Verkaufsmagazine und die Comptoire der Kaufleute. Von der Stadt dehnen sich nun aber die langen Arme der Vorstädte nach allen Richtungen aus, am Strand hin einerseits nach St. Cristoph, dem Wohnsitz des Kaisers, der hier seinen Winterpalast hat, andererseits nach der reizenden Bucht von Botafogo und rückwärts in den zum Corcovado führenden Thälern die Vorstädte Larangeiras, Catumby und gegen die Tejuca hinaus Eugenhovelho und Andarahy. Niedliche Landhäuser, oft im buntesten, bizarrsten Styl ausgeführt, kleine Paläste und einfache Wohnhäuser wechseln in diesen Vorstädten mit hübschen Gartenanlagen. In der Stadt weilt der Kaufmann, der Fabrikant und überhaupt, wer Geld hat, nur so lange es die täglichen Geschäfte des Berufs erfordern. In der Vorstadt, auf dem Lande hat er sein Wohnhaus, da lebt seine Familie, in deren Kreis er jeden Abend zurückkehrt.

Und unter diesen Vorstädten sind besonders die gegen Botafogo hinaus gelegenen Caminho novo und Catete das vornehme diplomatische Viertel und der Sitz der Geldaristokratie. Eine Stadt von so grosser Ausdehnung wie Rio braucht vor Allem hinreichende Verkehrsmittel. Dafür ist in der That auch vortrefflich gesorgt. Vom frühesten Morgen bis zum Abend sieht man kleine Dampfer auf der Bai hin- und herfahren und an den verschiedensten Punkten der Stadt und der Vorstädte anlegen; ebenso existiren auf den Hauptverkehrslinien am Lande regelmässige Omnibusfahrten, und mit Lohnfuhrwerk ist Rio de Janeiro vielleicht mehr versehen, als irgend eine andere Stadt. Nicht nur stehen an allen Plätzen zweispännige Fiaker und einspännige „Tilburys" in grosser Menge, sondern die Stadt besitzt ausserdem noch eigene Miethanstalten im Styl der Pariser Remisen, aber nur weit grossartiger, wo man sich Wagen, Maulthiere und Pferde bestellen kann, so elegant man es haben will. Man sollte glauben, bei solcher Concurrenz müsste das Fahren oder Reiten in Rio eine sehr wohlfeile Sache sein, und doch kann man nicht von einem Hause zum andern fahren, ohne 1 Mil-Reis (= 1 fl. 12 kr. C.-M.) bezahlen zu müssen. Wo man einem Wiener Fiaker 1 fl. bezahlen würde, muss man in Rio 4 bis 5 Mil-Reis bezahlen; 5 Mil-Reis (= 6 fl. C. M.) sind die Taxe für eine Stunde Fahrt mit einem Fiaker in Rio. Unsere Wiener Fiaker könnte das Auswandererfieber befallen, wenn sie das lesen. Da aber alle anderen Lebensbedürfnisse in ähnlichem Verhältnisse theuer sind, so wird man sich nicht mehr über die theuren Fiaker verwundern, sondern überhaupt über die Kostspieligkeit des Lebens in Rio, die das Mass selbst der theuersten europäischen Städte weit übersteigt. Beispielsweise im Mercado, der öffentlichen Markthalle, kostete ein Ei 5 bis 6 kr. C.-M., ein Indian 20 Francs, und wenn man sich gegen die Verkäuferin über den immens erscheinenden Preis eine Bemerkung erlaubt, so kann man von einer solchen schwarzen Fratschlerin, die hier eben so dick und feist sind, und mit demselben unvergleichlichen Mundstück begabt wie in Wien, eine Sündfluth von Grobheiten über sich ergiessen hören, ganz als wäre man auf dem Naschmarkt oder auf der Seilerstätte. Dabei schaut der kleine schwarze Sprössling, den sich die Negerin nach üblicher Sitte hinten an den Rücken gebunden, bald rechts bald links höhnisch hervor. — Uebrigens ist die Theuerung in Rio de Janeiro, die den deutschen Gelehrten nur zu sehr an den Satz errinnert: „Man wandelt nicht ungestraft unter Palmen", leicht erklärlich, wenn man bedenkt, dass alle Bedürfnisse des civilisirten Lebens, sogar Mehl, Butter, Kartoffeln aus Europa bezogen werden müssen und meist einen sehr hohen Eingangszoll, — einzelne Artikel, wie Möbel, Wein, 50 bis 80 Percent des Werthes, — bezahlen. Das Budget des Staates ist eben fast ausschliesslich auf die jährlichen Zolleinnahmen basirt. Dazu kommt, dass seit Aufhebung der Sklaveneinfuhr mehr und mehr der Mangel an Arbeitskräften fühlbar wird, was auch die Arbeit im Lande selbst ungemein vertheuert.

Um jedoch auf den Punkt zurückzukommen, von dem ich ausging, — an dem theuren Preis allen Fuhrwerks ist grösstentheils auch der miserable Zustand der Strassen schuld. Wenn man von den grossen Summen hört, die für Strassenpflasterung in Rio schon verausgabt wurden (z. B. in den letzten $1^1/_2$ Jahren nicht weniger als 1000 Conto de Reis, d. i. über 1 Million Gulden C.-M.), so wundert man sich mit Recht, so wenig gut gepflasterte Strassen zu finden. Ich glaube, Botaniker und Zoologen können in den Pfützen stagnirenden Wassers, die selbst in den belebtesten Strassen der Stadt nirgends fehlen, reiche Ausbeute finden. Von den Vorstädten will ich gar nicht reden. Dass aber selbst auf Omnibuslinien, wie zu dem botanischen Garten, nach kurzem Gewitterregen der Weg so grundlos wird, dass, — was ich selbst bei einer Fahrt vom botanischen Garten herein miterlebte, — die ganze Gesellschaft dreimal nach einander aussteigen musste, mitten im tiefsten Koth, aus den die vier kräftigen Maulthiere nur mit grösster Anstrengung den leeren

Wagen herauszuziehen im Stande waren, — das sollte man nicht für möglich halten. Die seltsamste Scene, die uns jedoch in dieser Art passirte, war bei der Heimkehr von einem sehr heiteren Ballabend, der uns zu Ehren in Larangeiras gegeben wurde. In tiefster Nacht, Morgens um 3 Uhr, blieb die ganze Gesellschaft so gründlich im Koth stecken, dass nichts Anderes zu thun war, als die Schönen, mit denen man eben noch im eleganten Salon lustig herumgewalzt, eben so lustig nun auf seinen Armen durch den Morast zu tragen.

Um jetzt aber auch eine gute Seite von Rio zu erwähnen, muss ich sagen, dass hier für zwei weitere Hauptbedürfnisse einer grossen Stadt, für Licht und Trinkwasser, auf die vollkommenste Weise gesorgt ist. Die erst seit Kurzem bestehende Gasbeleuchtung in Rio (das Gas wird aus englischen Kohlen bereitet) ist so glänzend, dass wir am ersten Abend, als wir die beleuchtete Stadt vom Meere aus daliegen sahen, glaubten, es finde aus irgend welcher festlichen Veranlassung eine besondere Illumination statt. Diese Gasbeleuchtung erstreckt sich bis in die äussersten Vorstädte, ohne dass, wie bei uns zu Lande, ein theoretisch-astronomischer Contract mit dem Monde auf Theilung des Beleuchtungsgeschäftes geschlossen wäre, obgleich hier neben dem Mond Morgens und Abends auch die Venus mit mondhellem Glanze leuchtet und ausser den Gestirnen auch das zahllose Heer von Leuchtkäfern, zumal die grossen Elateren, bei deren Lichtschein man bequem lesen kann, einer sorgsamen Stadtverwaltung Gelegenheit zu Ersparnissen geben könnte.

Die grossartigen Wasserleitungen, die alle Theile von Rio wahrhaft verschwenderisch mit dem besten Trinkwasser versehen, sind allbekannt. Rio hat darin einen Vorzug nicht blos vor allen tropischen Städten, sondern selbst vor allen grossen Städten Europas. Das frischeste Quellwasser, auf grossartigen Aquäducten aus den nahen Gneiss- und Granitgebirgen hergeleitet, sprudelt an jeder Strassenecke aus zierlichem Metallhahn, und jeder öffentliche Platz hat einen grossen stattlichen

Brunnen. Nur schade, dass für die Reinlichkeit der grossen Stadt nicht ebenso gut gesorgt ist. Es fehlt durchaus an guten Abzugscanälen, woran freilich die tiefe Lage der Stadt schuld sein mag. Aber trotzdem könnte man andere Wege ersinnen, sich des Unrathes zu entledigen, als Abends um die achte Stunde ganze Reihen von Sklaven, das Unbeschreiblichste auf dem Kopfe tragend, über den Palastplatz nach dem Meeresstrande zu schicken.

Sehr bekannt ist, wie vortrefflich in Rio de Janeiro für Kranke und Sieche gesorgt ist. Das neue Irrenhaus in Botafogo ist ein grossartiger Palast, wohl das grösste Irrenhaus der Welt, und die ausgezeichneten Einrichtungen des grossen Krankenhauses der Misericordia sind weltberühmt. Wenn man diese palastartigen Gebäude, — auch in architektonischer Beziehung das Beste, was Rio besitzt, — mit dem unansehnlichen kaiserlichen Palast vergleicht, kann man sich des Gedankens nicht erwehren, dass es doch ein schöner Zug des Kaisers von Brasilien ist, früher an die leidende Menschheit zu denken, als an sich selbst. Indessen besitzt der Kaiser jetzt einen sehr geschmackvoll gebauten, neuen Sommerpalast in Petropolis. Bei Gelegenheit der Krankenhäuser muss ich auch das seit 1854 bestehende Hospital maritimo de Sancta Isabel, am jenseitigen Ufer der Bai gelegen, in der kleinen niedlichen Bucht von Jurujuba, erwähnen. Dieses Marinehospital besitzt dieselbe vortreffliche Einrichtung, wie die Misericordia; im Lesezimmer sieht man allerlei Zeitungen aufgelegt, brasilianische, englische, französische, und jeden Morgen macht ein eigens dazu bestimmter Dampfer die Tour durch alle Schiffe im Hafen von Rio, um die Kranken an Bord zu nehmen und nach Jurujuba zu bringen. Solche Einrichtungen machen sicherlich dem jungen Kaiserstaat alle Ehre.

Ueber das rege wissenschaftliche Leben, das sich in Rio de Janeiro unter der väterlichen Aegide des Kaisers selbst entwickelt, der sich durch einen hohen Grad von wissenschaftlicher Bildung und durch das wärmste Interesse für den geistigen Fortschritt des Landes so sehr auszeichnet, habe ich an anderer Stelle ausführlich berichtet.

Erlauben Sie mir, dass ich Ihnen noch von den Deutschen in Rio Einiges erzähle. Unter den vielen Ausländern (gegen 36.000), welche in Rio leben, nehmen die Deutschen eine entschieden hervorragende Stellung ein und geniessen auch weit mehr, als Engländer, Franzosen und Portugiesen die Sympathien der gebornen Brasilianer. Die meisten der hier ansässigen Deutschen sind natürlich Kaufleute, die in Rio in kurzer Zeit sich eine angenehme Existenz gründen und vermögliche, sogar reiche Leute werden. Auch scheinen die Deutschen hier, wie überhaupt in Südamerika, weit mehr ihrer Nationalität treu zu bleiben, als in Nordamerika. Schon im Jahre 1821 wurde von zwölf Deutschen eine eigene Gesellschaft gegründet: die „Germania", ein Verein zur geselligen Unterhaltung, jede politische Tendenz ausschliessend. Es ist dies der älteste Verein der Art, der in Rio existirt, er besteht jetzt aus 126 Mitgliedern, die in der Rua direita ein hübsches Gesellschaftslocal besitzen. Jeder Deutsche, der nach Rio kommt, wird hier eine herzliche, brüderliche Aufnahme finden und sich freuen, in dem Lesezimmer unter den vielen aufliegenden Zeitschriften (30 an der Zahl), auch alle seine vaterländischen Blätter wieder zu sehen und in einer vortrefflichen Bibliothek von 3000 bis 4000 Bänden eine reiche Auswahl des Besten der deutschen Literatur anzutreffen. Eine zweite Gesellschaft ist der „Sängerbund", 1854 gestiftet, ein Verein von Sängern, dessen Zweck der Gesang deutscher Lieder und Beförderung des gesellschaftlichen Lebens ist. Dieser Sängerbund gibt von Zeit zu Zeit grosse Concerte im Theatro lyrico, die zu den besten gehören, die man in Rio hören kann, und wenn man auf dem Concertzettel auch den „Schildner Bürgergardenmarsch" von Zöllner (a guarda nacional descontente) findet, so hat man eine Ahnung, dass in diesem Sängerbund noch echte deutsche Gemüthlichkeit herrscht. Seit 1844 aber schon existirt ein deutscher Hilfsverein, der den Zweck hat, die Lage unglücklicher, verarmter und nothleidender Deutscher in Rio und Umgebung ohne Unterschied der Religion zu erleichtern, sowie den neu hier ankommenden Deutschen Arbeit anzuweisen. Endlich besteht seit dem Jahre 1830 eine deutsch-evangelische Gemeinde, die ein neues, hübsch gebautes Bethaus mit Orgel besitzt.

Und nun gehen wir noch einen Schritt weiter zu einer deutschen Colonie auf die Höhe der Serra da Estrella nach Petropolis. v. Spix und v. Martius kannten den Ort nur als eine kleine Meierei, Corrego Secco.

Ein deutscher Ingenieur, Namens Köfler, entwarf den Plan zu der Colonie und den 30. Juli 1845 kamen die ersten deutschen Colonisten an, hauptsächlich Badenser und Rheinländer. Jede Familie bekam von der Regierung ein kleines Häuschen angewiesen, mit einem Stück Urwald dabei, eine Kuh, ein Dutzend Hühner und 48 Mil-Reis Vorschuss. So wurde mir in Petropolis selbst erzählt. Köfler fand bald ein trauriges Ende auf der neu errichteten Schiessstätte, und manche Einwandererfamilie ging in Kummer und Noth elend zu Grunde; aber Andere sind glücklich durchgekommen, haben weitere Einwanderer nach sich gezogen und jetzt kann man vom Mittelpunkt der hübschen Stadt, die gerade während unserer Anwesenheit in Rio das Privilegium als selbstständiges Municipium mit dem Recht erhielt, einen Abgeordneten in die Kammer zu wählen, in einem Tage das Rheinthal, Moselthal, Nassau, Darmstadt, Ingelheim, Bingen, Pfalz und Schweiz durchreisen, und wie die Colonien alle heissen, die sich durch die Gebirgsthäler weithin fortziehen.

Eine grossartig angelegte, im Jahre 1848 eröffnete Kunststrasse, bis heute die einzige der Art in ganz Brasilien, führt durch's Gebirge nach Petropolis. Die erste brasilianische Eisenbahn führt von den Ufern der Bai bis zum Beginne dieser Kunststrasse und Dampfer unterhalten eine regelmässige Verbindung zwischen Rio und der Eisenbahn. So erreicht man jetzt Petropolis in vier bis fünf Stunden von Rio aus. Es ist wegen seines gemässigteren gesunden Klimas zu einem Lieblingsaufenthalt der reichen Fluminenser geworden, zu einer immer mehr aufblühenden Stadt von dem Ansehen eines eleganten deutschen Badeortes und zur Sommerresidenz des Kaisers, die seit neuester Zeit auch der erste magnetoelektrische Telegraph mit der Hauptstadt des Reiches verbindet. Vorzügliche Erziehungsinstitute wurden hier gegründet, und ein Gewerbeverein trat zusammen. Jetzt ist eine grosse Hauptstrasse von Petropolis nach Ouropreto, der Hauptstadt von Minas geraes, im Bau, und gleichzeitig in anderer Richtung von Rio aus eine zweite Eisenbahnlinie, auf der bereits Probefahrten bis Miriti stattfinden. Alles das sind offenbare Zeichen raschen Fortschrittes unter der Regierung des jetzigen Kaisers. Und man kann sich des Gedankens nicht erwehren, dass Brasilien einer grossen Zukunft entgegengeht, wenn dem guten Willen von oben eine ebenso kräftige ausführende Hand zur Seite steht. Die Einsicht ist da, ob aber auch die Selbstverleugnung und die Kraft der Ausführung da ist, das muss die Zukunft lehren.

Der Staat hat einen grossen Schritt gethan durch die energische und völlige Unterdrückung der Sklaveneinfuhr. Aber dieser Massregel fehlt die positive Seite, die Begünstigung massenhafter fremder Einwanderung, um den schon jetzt drückend fühlbar gewordenen Ausfall an Arbeitskraft zu decken. Sicherlich wird Niemand leugnen, dass die künftige Wohlfahrt des grossen Kaiserstaates einzig und allein auf der Ausbeutung des Bodens beruht, dazu aber ist die Kraft freiwilliger Einwanderer nöthig, und um diese anzuziehen, muss man ihnen nicht Taglöhnerarbeit bieten und so die Sklaverei in der Form „freier Sklaven" von neuem einführen, sondern Selbstverleugnung genug besitzen, um ihnen freies Grundeigenthum und damit eine freie, selbstständige Existenz zu sichern. Ein grossartiges, liberales Colonisationssystem hört man allgemein als einen der Haupthebel für Brasiliens Zukunft bezeichnen.

Die Natur.

Wir waren im Winter in Rio. August im Süden ist der Februar des Nordens, nur dass der Winter unter 23 Grad Breite etwa gerade so warm ist, wie der Sommer in 48 Grad Breite. Nichtsdestoweniger ist der Winter unter den Tropen gewiss durch einen ebenso charakteristischen Stillstand der Natur bezeichnet, wie im Norden. Auch unter den Tropen fangen Bäume und Sträucher im Frühling zu blühen an, und Insecten und anderes Gethier kommen erst dann wieder zum Vorschein, wenn die Sonne mit heisseren Strahlen dem Scheitel sich nähert. Wir hatten freilich diesen winterlichen Eindruck nicht, denn uns Neulingen unter den Tropen erschien auch das verhältnissmässig Wenige, was nicht in Winterschlaf versunken war, als ein Reichthum, der uns zur Bewunderung der Ueppigkeit und Fülle tropischer Natur hinriss. Unglücklicherweise aber für uns war es doch nicht mehr ganz Winter, sondern früher als gewöhnlich zeigten sich die Symptome des beginnenden Frühlings. Während der Winter für Rio die trockene Jahreszeit ist, die einen wolkenlosen Himmel über der schönen Bucht wölbt, und der Sommer die eigentliche Regenzeit, hatten wir in einzelnen kleinen Gewittern, denen eine starke Abkühlung der Atmosphäre und mehrere volle Regentage zu folgen pflegten, den Anfang des Frühlings zu erfahren. Vierzehn Tage von unserem $3\frac{1}{2}$wöchentlichen Aufenthalt waren bei einer bis auf 15 Grad C. gesunkenen Lufttemperatur nasskalte Regentage, die vielfach unsere Pläne zu Ausflügen in die Umgegend vereitelten.

Indess habe ich einen wolkenlosen herrlichen Tag zu einem Ausflug auf den Corcovado gehabt, und habe auf dem hohen Felskegel (2300 Fuss) einen Anblick genossen, so märchenhaft, als hätte ich ein Zauberstück aus Tausend und Eine Nacht gesehen. Ich bin zufrieden. Und wenn auch, als ich mich am Fusse der Serra mit einem guten Freund und kundigen Führer auf den Weg machte, um die Wunder eines brasilianischen Urwaldes (Mato-virgem) zu sehen, alle Berge voll Nebel und Wolken hingen und der Regen fortwährend durch die Blätter rieselte, — ich war so gut in wasserdichten Stoff eingemacht, dass ich auch da mit vollen Zügen geniessen konnte.

Einen der Glanzpunkte bildete eine Fahrt durch die herrliche Bai von Rio de Janeiro, zu welcher die kaiserlich brasilianische Regierung der „Novara"-Expedition in grossartig zuvorkommender Weise am 19. August den Dampfer „Santa Cruz" zur Disposition gestellt hatte, an dessen Bord sich mehrere der ausgezeichnetsten brasilianischen Marine-Officiere und Gelehrten befanden. Die Fahrt war nach Wetter und allgemeiner Stimmung so vollständig gelungen, dass wir nur mit vollster Befriedigung an unseren Aufenthalt in der Kaiserstadt Brasiliens zurückdenken und mit dem grössten Dankgefühl für jene Brasilianer, die uns durch ihre freundliche Begleitung unsere Ausflüge so lehrreich machten. Ich nenne ihre Namen: Dr. Schüch de Capanema, Dr. M. Ferreira Lagos und Dr. Ildefonso Gomes.

Der kleine Fleck, der auf den Karten die Bai von Rio de Janeiro bezeichnet, er nimmt riesige Dimensionen an, wenn man an Ort und Stelle ist. Die grösste Insel der Bai, die Gouverneurs-Insel, mag gerade so gross sein, wie das kleinste deutsche Fürstenthum, während die Bai selbst von Norden nach Süden $3^1/_2$ und in ihrer grössten Breite 3 deutsche Meilen misst. In diesem grossen, durch viele kleinere Buchten schön gegliederten lichtgrünen Wasserbecken liegen zahlreiche grössere und kleinere Inseln zerstreut, — Inseln, nur von einem grossen rundabgewaschenen Granitblock gebildet, auf dem nichts wächst, den aber Tausende von Seevögeln in dicht gedrängter Schaar besetzt halten. Inseln, üppig bewachsen mit undurchdringlichem Buschwerk und mit Cocospalmen, dazwischen ein kleines Haus, das unbeschränkte idyllische Königreich einer Fischerfamilie, dann aber auch Inseln mit Bergen, Wäldern und Bächen, mit ganzen Ortschaften, sammt Kirche und Schule und mit kleinen Häfen, in denen Fischerflottillen stehen, und endlich Inseln mit Mauern und Thürmen, bespickt mit Kanonen.

In diese inselreiche Bai münden zahlreiche Bäche und Flüsse, zum Theil gross genug, um eine Strecke aufwärts noch mit Dampfern befahren werden zu können, am Gestade der Bai liegen Städte, Dörfer und einzelne Facienden, eine grosse Welt- und Kaiserstadt und ihr gegenüber eine Hauptstadt, die Hauptstadt der Provinz Rio, Praya grande oder indianisch Nictheboghy. Vor diesen Städten ein unabsehbarer Wald von Masten mit bunten Wimpeln in den Farben der Nationen der ganzen Welt. Hinter dem Mastenwald und hinter Städten und Dörfern, Hügel und Berge, mit dem üppigen dunklen Grün einer tropischen Vegetation bedeckt, mit Wäldern, durch die noch keine Pfade für den menschlichen Fuss existiren, und über Berg und Wald ungeheure steil aufragende nackte Felsgipfel von so wunderbar abgerundeter regelmässiger Kegel- und Zuckerhutform, als wären sie künstlich zugemeisselt. Im Hintergrunde aber in blauer Ferne eine 4000 bis 5000 Fuss hohe Gebirgskette und an deren östlichem Ende in Reih' und Glied die Felsobelisken der Orgelberge. Dazu die Klarheit und Durchsichtigkeit einer mit Wasserdämpfen gesättigten Atmosphäre, das helle Licht und die dunklen Schatten eines tropischen Himmels, und Sie haben alle die Elemente, welche die Bucht von Rio de Janeiro zu einem der schönsten Punkte der Welt machen. Von jedem Berggipfel, den man besteigt, von jeder veränderten Position auf einer Fahrt durch die Bai treten Formen und Farben zu immer neuen Bildern zusammen, die man mit Entzücken betrachtet.

Fels und Stein — das Knochengerüste der herrlichen Landschaft — sie bestehen zwar aus ganz demselben Granit und Gneiss, der die langen Gebirgsketten unserer deutschen Mittelgebirge zusammensetzt, denn sie stammen aus einer Zeit, da es auf der Erde noch nicht Frost und Hitze gab, da noch keine gemässigte Zone einen eisigen Nord- oder Südpol von einer heissen Zone trennte. Wohl aber ist es merkwürdig, dass dieser selbe Gneiss und Granit, der im Norden durch das in seinen Klüften gefrierende Wasser an der Oberfläche in tausend einzelne Blöcke zersprengt wird, hier in der warmen dunstigen Atmosphäre gänzlich verschieden dem Auge entgegentritt. Er nimmt in zahllosen spitzen Kegelbergen Formen an, welche man sonst nur an Basalt und Phenolith, an vulcanischen Gebirgsarten zu sehen gewohnt ist, oder wo er nicht auf diese Weise als festerer Knoten stehen geblieben, ist er bis tief hinein so vollständig zu sandig lehmiger Masse zersetzt, dass unmittelbar darauf der üppigste Urwald gedeihen kann.

Einen Begriff von einem solchen brasilianischen Urwalde kann man schon in der nächsten Nähe von Rio de Janeiro bekommen, wenn man den Corcovado besteigt oder die Wasserfälle der Tejuca besucht; will man ihn aber in seiner ganzen ursprünglichen, unangetasteten Pracht und Herrlichkeit sehen, so muss man einen Ausflug in die Serra da Estrella und in die Gegend von Petropolis machen. Ich hatte die Wälder am Corcovado und in der Tejuca gesehen und war doch noch überrascht, als ich in die Serra kam. Beschreiben lässt sich der Eindruck nicht; denn man ist in einer solch fieberhaften Aufregung, wenn man all das Fremdartige zum erstenmale sieht, und zugleich so fortwährend beschäftigt, dass man zu sich selbst, zur Reflexion und selbstbewusstem Gefühl gar nicht kommt. Ich habe zwar Brüllaffen weder gehört noch gesehen, habe auch nicht mit giftigen Schlangen und wilden Katzen gekämpft, noch mich mit Faulthier oder Gürtelthier abgegeben, — denn alle diese Bestien sind in der Nähe der menschlichen Niederlassungen sehr selten geworden, — ich musste mich damit begnügen, Kolibris, Papageien, den dickschnabeligen Tukan und andere bunte Vögel zu sehen, die merkwürdige Vegetation zu bewundern und Schmetterlinge und Käfer zu fangen. Ich glaube, auch wer nicht Zoologe von Fach ist, wird, wenn er nur Sinn für Natur hat, letzteres Geschäft unwillkürlich und instinctmässig betreiben. Wenn an schattigem Ort neben rauschendem Quellwasser der grosse Tagfalter

Morpho Eurilochus plötzlich auffliegt, wahrhaftig, man greift unwillkürlich nach der Büchse, um das Ungeheuer zu erlegen, denn für unsere europäischen Schmetterlingsnetze scheint er viel zu gross. Und wenn man all seine buntscheckigen Kameraden von der merkwürdigsten Form und der herrlichsten Farbenpracht vorbeifliegen sieht, so läuft man ihnen nach wie ein Knabe, auch wenn man sich hundertmal in Sammlungen an ihren Leichnamen sattgesehen hat. Einen brasilianischen Urwald kann man nur auf einem gebahnten Weg betreten. Will man vom gebahnten Weg auch nur einen Schritt nach rechts und links, so muss man sich durchhauen. Das war für unsere Jäger eine fatale Sache; denn mancher Vogel wurde geschossen, wenn er aber nicht gerade auf den Weg fiel, so war alle Anstrenguug, ihn zu finden, vergeblich. Ich kann Ihnen dies verwirrte und auch den Beschauer verwirrende Pflanzendickicht nicht im Detail beschreiben, ich kann nur einige besonders auffallende Erscheinungen hervorheben.

Wie es für geologische Formationen „Leitmuscheln" gibt, welche für die Formation charakteristisch sind und sich sonst nirgends wieder finden, so gibt es für den brasilianischen Urwald einen „Leitbaum", das ist der „Armleuchterbaum" nach seinem eigenthümlichen candelaberartigen Ansehen so genannt, brasilianisch Imbauba, botanisch Cecropia (in mehreren Species). Es ist einer der häufigsten Bäume im Urwald und gewiss der erste, der durch seine ganz fremdartige Form, sowie durch seine silberweiss glänzenden Blätter auffällt. Wenn man von der Spitze des Corcovado auf die Wälder herabblickt, sieht man diesen Baum deutlich hervorschimmern, als hänge er voller Blüthen. Der Baum ist interessant, auch deswegen, weil nur auf ihm und von seinen Blättern das Faulthier lebt; beide, die Pflanze und das merkwürdige zugehörige Thier kommen nur in Südamerika vor. Die Imbauba hat noch einen cultivirten Verwandten, den Mamaobaum (Carica Papaya), der in den Gärten von Rio de Janeiro dem Fremden ebenso auffällt, wie im Wald die Cecropien. Seine melonenartige Frucht wird von den Negern viel gegessen, mundet aber einem europäischen Gaumen sehr wenig. Da ich nur die frappantesten Erscheinungen des Urwaldes erwähnen kann, so komme ich von einem selbstständigen Baum gleich auf eines der unselbstständigen Schlinggewächse, auf den Cipo matador, zu sprechen, die stärkste und grausamste aller Cipoarten. Man sieht zwei Stämme neben einander aufsteigen, der eine rund und voll auf festen pfeilerartig ausgebreiteten Wurzeln stehend, der andere an die Form des ersten platt angedrückt, auf ganz dünnen Wurzeln, welche die Last über ihnen nicht tragen könnten, wenn nicht von dem platt angedrückten Stamme von Stelle zu Stelle Luftwurzeln ausgingen; diese umfassen wie künstlich angebrachte Klammern den Hauptstamm und sind nicht nur an ihren Enden zu vollständigen Ringen, sondern ebenso mit dem Hauptstamm innig verwachsen. Der auf solche Weise Umarmte stirbt in dieser Umarmung ab, der Mörder aber wächst an dem Leichnam üppig fort und breitet an dessen Stelle seine Laubkrone aus, bis er mit dem morsch gewordenen Stamme zugleich fällt und zu Grunde geht — ein wahres Sinnbild falscher menschlicher Freundschaft und Liebe. Ich erwähne als dritte auffallende Erscheinung noch die baumartigen Farnkräuter, das übriggebliebene Kind einer früheren Welt, deren Natur der Geologe in Steinkohlen-Flötzen studiren muss. Mit wahrer Andacht betrachtet man die niedliche Krone auf schlankem 10 Fuss hohem Stamme. Der Blüthenschmuck, von dem im Sommer die Urwälder prangen, war für uns nicht da. An Stämmen und Aesten wucherten überall Bromeliaceen, Orchideen und Schmarotzer aller Art, aber die Farbenpracht ihrer Blüthen fehlte ihnen noch.

So unbezwinglich ein brasilianischer Urwald in seiner ganzen Ueppigkeit und Fülle auch erscheint, so wird der Mensch doch leicht Herr über die wilde Natur. Mit dem Schwert haut er sich seinen Weg hindurch und mit Feuer macht er den Wald zum Acker. Die Urwaldstrecke wird abgebrannt, mit dem Spaten ein Loch gegraben, der Samen hineingeworfen, das Loch mit dem Fusse wieder zugedrückt, und der Fazendeiro hat nun für nichts weiter mehr zu sorgen, als nach der abgelaufenen Zeit die Ernte von seinen Sklaven einholen zu lassen. Auf so einfache Weise werden die Nahrungspflanzen erzeugt, von denen der uncivilisirte, wie der civilisirte Mensch in Brasilien fast einzig lebt. Da ist in erster Linie die Mandioca (Jatropha Manihot Linn.), deren Wurzel geschabt, mit Wasser ausgepresst und geröstet in feinerer Pulver- oder in gröberer Sägespäneform als Farinha das brasilianische Brot darstellt. Die zweite Pflanze sind die „schwarzen Bohnen", Feijaos, von derselben Bedeutung in Brasilien, wie bei uns die Kartoffel. Farinha und schwarze Bohnen, das Brot und die Kartoffel der Brasilianer, sind so sehr zur Nationalspeise geworden, dass sie selbst in den reichen Seestädten, wo alle europäischen Leckerbissen in reicher Fülle zu haben sind, auf der Tafel des gebornen Brasilianers niemals fehlen. Die dritte Pflanze ist Mais, die jedoch hauptsächlich als Futter für Pferde und Maulthiere cultivirt wird. Es gibt ausser diesen drei Nahrungspflanzen wohl noch viele andere, namentlich Knollengewächse, die sogenannten Bataten und Baumfrüchte aller Art, Banane, Manga, Caju, Goyava u. s. w., aber sie sind alle von untergeordneter Bedeutung. Der Boden, welcher auf die oben angegebene Art cultivirt wird, gibt nur zwei- bis dreimal nacheinander den gewünschten Ertrag, der Fazendeiro lässt dann eine andere Waldstrecke niederbrennen und auf dem früheren Ackergrund wächst ein junger Buschwald auf, Copoeira genannt, der nach 20 Jahren erst von neuem abgebrannt und in Ackerland verwandelt wird. Das ist die Wechselwirthschaft in Brasilien. Nur der Kaffee braucht einen sorgfältiger gepflegten Boden, auf dem die verkohlten Baumstämme und alles wuchernde Unkraut ausgerottet werden müssen. In der unmittelbaren Nähe von Rio sind jedoch nur wenige unbedeutende Kaffeeplantagen zu sehen, die eigentlichen Kaffeedistricte liegen ferner. Kleine Fahrzeuge bringen die Ernten auf den Flüssen zur Bai und von Rio de Janeiro werden jährlich 800.000 bis

1 Million Säcke (à 160 Pfund) ausgeführt, die nach Europa, den Vereinigten Staaten und dem Cap der guten Hoffnung gehen. Die Gesammtausfuhr an Kaffee aus Brasilien beträgt jährlich circa 2,000.000 Säcke. Ausser Kaffee wird von Rio noch Tabak, Facaranda und Ipecacuanha ausgeführt. Die Zuckerausfuhr von Rio selbst hat jedoch ganz aufgehört. Günstige Lage und bevorzugende Massregeln der Regierung sichern Rio de Janeiro als grossartigem Weltmarkt eine immer glänzendere Zukunft.

Jedoch ich bin ohne mein Wollen vom Wald auf's Feld und vom Feld in die Stadt gekommen und damit ich mich vom Kaffee nicht gar bis zu den Kaffeegesellschaften und von da zu den socialen Verhältnissen verirre, schliesse ich lieber diesen Brief. Ich müsste der Ueberschrift „die Natur" sonst ungetreu werden. Es sei Weiteres darauf verspart, bis ich Ihnen zum zweitenmale vielleicht in zwei Jahren von Rio de Janeiro schreibe.

Nur ein Ereigniss während unseres Aufenthaltes muss ich noch erwähnen zum Schlusse meiner Nachrichten über Rio, d. i. die festliche Feier des Geburtstages Sr. Majestät unseres allergnädigsten Kaisers Franz Joseph am 18. August. Schon den Abend vorher verkündeten die Salven der „Novara" den Festtag. Am Morgen des 18. waren wir Alle an Bord versammelt zum feierlichen Tedeum, an dem auch der k. k. österreichische Ministerresident Herr v. S. und der Stellvertreter des k. k. österreichischen Generalconsuls, Herr L., theilnahmen. Die „Novara" prangte in voller Flaggengala und gleich ihr die französische Fregatte „Poursuivante" und die englische Fregatte „Indéfatigable". Nach dem Tedeum gab der Commodore ein Déjeuner an Bord und Mittags fand ein festliches Diner bei dem k. k. Ministerresidenten Herrn v. S. statt, zu dem der Stab der „Novara", der kaiserlich brasilianische Minister des Aeussern und der Marquis d'Uruguay, Ritter der eisernen Krone erster Classe, geladen waren. Der kaiserlich brasilianische Minister des Aeussern erhob sich zum Hoch auf Se. k. k. Apostolische Majestät. Wir stimmten stolz und freudig ein und die „Novara"-Musik begleitete das Hoch mit der österreichischen Volkshymne. — Wo werden wir zum zweitenmale das schöne Fest feiern?

Von Rio de Janeiro nach dem Cap der guten Hoffnung.

Am 30. August war Alles „klar" zur Abfahrt. Am 31. mit Tagesgrauen weckte mich das Rasseln der Ankerkette und das stampfende Marschiren der Matrosen am Gangspill, die nach dem Tacte der Musik die schwere Arbeit des Ankerlichtens verrichteten. Ein kleiner Schleppdampfer wurde vorgespannt, und um 6 Uhr Früh waren wir, von dem Dampfer bugsirt, in langsamer Bewegung gegen den Ausgang der Bucht von Rio de Janeiro. Der Morgen war schön, die Berge alle wolkenfrei, und so konnten wir zum Abschied noch einmal die von der See so imposant aussehende Stadt und die herrlichen Bergformen der Tijuca, des Corcovado, der Gavia und des Zuckerhutes bewundern. Schon um 8 Uhr waren wir vor der Bucht zwischen den Inseln Pay und Rara hindurch auf offener See. Der Schleppdampfer wurde losgebunden und machte „rechtsumkehrt", und die „Novara" lag nach wenigen Minuten mit geschwellten Segeln im Curs gegen Südost $_2$ Süd mit einer Geschwindigkeit von acht bis neun Meilen, hohe und lang ausgedehnte Wogenberge durchschneidend, dass ringsum weisser Schaum aufspritzte. Die Brise aus Ost $_2$ Nord war so kräftig und frisch, wie wir sie uns auf der Fahrt nach Rio vergeblich gewünscht hatten. So wurden wir fast mit Sturmeseile entführt. Ich beeilte mich, nach dem Frühstück auf Deck zu gehen, um noch einmal die Küste zu grüssen, die uns nach zwei Jahren als alte Bekannte wieder schützend in ihre Fittige aufnehmen soll. Sie lag vor mir, ganz wolkenfrei, und zeigte heute ihr merkwürdiges und charakteristisches Profil, das sie uns bei der Einfahrt verborgen hatte und das sie den Seefahrern so leicht kenntlich macht. Der Gebirgszug westlich von Rio, vom Zuckerhut bis zu der Gavia, zeigt nämlich sehr frappant das Profil eines auf dem Rücken liegenden Riesen. Die Gavia ist der Kopf, ihr oberster überhängender Felskegel bildet die gewaltige Adlernase des dicken Kopfes; dann eine tiefe Einsattelung für den Hals. Die in der Mitte liegende Corcovadospitze bezeichnet die zusammengelegten Hände, ein weiterer Buckel die Knie und der Zuckerhut die Zehenspitze der aufgerichteten Füsse. Schon um 12 Uhr war Alles in nebelgrauer Ferne und um 3 Uhr nur noch Himmel und Wasser sichtbar.

So hatte unsere Reise um die Welt mit der Abfahrt von Rio erst begonnen; denn von nun an steuern wir, wenn auch mit mannigfach gekrümmten Curven, immer ostwärts und auf den Punkt, von dem wir heute ausgingen, müssen wir wieder zurückkommen. Der Effect der urplötzlichen und kräftigen Art und Weise, mit welcher uns der Ocean nach dreiwöchentlichem Aufenthalt auf dem Festlande wieder in Empfang nahm, war ein eigenthümlicher. Die ganze Naturforscherei, welche mit ihren Säcken und Päcken, die sie vom Lande an Bord geschleppt hatte, kurz zuvor noch überall am Schiffe sichtbar war, ist plötzlich gänzlich verschwunden und wie weggeblasen. Die Einen hatte die Seekrankheit hingestreckt, die Anderen, die niemals an Seekrankheit gelitten, überfiel eine solche unwiderstehliche Schlafsucht, dass sie zwei volle Tage und Nächte lang schliefen. Dann aber war Alles wieder munter und selbst die Seekranken scheinen durch diese Kraftcur fast gänzlich geheilt worden zu sein, da seither, obgleich uns die schwere See zwischen den Vorgebirgen der Stürme — zwischen Cap Horn und Cap der guten Hoffnung — tüchtig schaukelte, Keiner mehr zu leiden hatte.

Die „Novara" hatte einmal Siebenmeilenstiefel angezogen und noch mehr als das, denn am fünften Morgen meldete der Wachcadet dem Commodore, dass die ganze Logleine, die bis auf 13 Knoten geht, draussen sei und nicht ausgereicht habe. Wir machten 13 bis 14 Meilen die Stunde. Dabei war es zum erstenmale nothwendig, die „Stückpforten" der Batterie zu schliessen, da die Wogen immer höher und höher — bis zu einer Höhe von 14 bis 15 Fuss — gingen und häufig an die Fenster der im „Luv" befindlichen Batteriecabinen anschlugen. Wir hatten nun am 5. September bereits 1000 Seemeilen zurückgelegt. Wie uns der Commodore erklärte, war der Wind, der uns dazu verhalf, der eigenthümliche Drehwind, der im südatlantischen Ocean in den dem 30. Breitegrad nahe liegenden Regionen — auf der Grenze des nördlicheren Südost-Passates und der südlicheren Westwinde — zu herrschen pflegt und dem Gesetze der Winddrehung in der südlichen Hemisphäre folgt. Er begann an der amerikanischen Küste als Nordostwind, bei dem wir mit „Backbordhalsen" fuhren, ging über in Nord-, Nordwest- und Westwind, so dass wir mit Leesegeln vor dem Winde liefen, und wurde dann Südwest-, Süd- und Südostwind, bei denen die anderen, d. h. die Steuerbordhalsen, genommen wurden. Als Süd- und Südostwind erreichte er seine höchste Kraft. Aus Südost wurde endlich Ost und wieder Nordost. Eine vollständige viermalige Winddrehung reichte hin, um uns von Amerika nach Afrika zu bringen, da wir nach jeder einzelnen Drehung durchschnittlich um 800 bis 900 Seemeilen vorwärts geschoben waren. Hätte man auf der Fahrt die ganze Windrose benützen können, so hätten wir das 3500 Seemeilen von Rio entfernte Cap in circa 20 Tagen erreichen müssen. Die Winde zwischen Südost und Nordost waren aber natürlich mehr oder weniger Gegenwinde, gegen die gekreuzt werden musste, so dass am Ende der Drehung immer ein Intervall von einem oder zwei Tagen eintrat, während dessen nur ein Weg im Curs zurückgelegt wurde. Einmal in 36 Grad südlicher Breite und 5 Grad östlicher Länge von Greenwich hatten wir, bis wir aus dem einen Windkreis in den anderen kamen, sogar einen Tag vollständige Windstille. Indess am 25. September, 1 Uhr Mittags war das Land in Sicht und Abends bei Sonnenuntergang konnten wir ganz deutlich den Tafelberg sehen. Aber so schnell war die Erreichung des Zieles nicht bestimmt. Das Vorgebirge der

Stürme verlangte von uns seinen Tribut. Auf welch ungeschlachte Weise, davon am Schluss.

Ich habe vom Winde viel erzählt, also muss ich auch vom Wetter Einiges sagen. Das war meistens unfreundlich. Wenn Südwind wehte, war es rauh und sogar empfindlich kühl (das Thermometer sank in der Nähe des Caps bis auf 9 Grad R.), so dass wir unsere Winterröcke hervorsuchten, — bei Nordwind war es wohl etwas wärmer, aber viele kleine Regenschauer, die mit angenehmen sonnigen Stunden wechselten; mit einem Wort, es war echtes Aprilwetter, wie es im September, der im Süden unserem März entspricht, nicht anders zu erwarten stand. — Trotzdem gab es manche Unterhaltung auf der Fahrt, und oftmals waren wir Alle auf dem Deck versammelt, um der Jagd auf offenem Meer zuzusehen. Eine Jagd auf dem hohen Ocean? Gewiss, und zwar in einer Art und Weise, wie sie wohl selten ausgeführt wird, keine Walfischjagd, sondern eine Jagd auf Seevögel. Auf der ganzen Fahrt von Rio bis zum Cap waren wir fortwährend von Seevögeln begleitet, Tag und Nacht, keinen Augenblick verliessen sie uns, und oft hatten sie in wahrhaft erstaunlicher Menge das Schiff umgeben. Mit Sehnsucht spähten unsere Zoologen nach den Seglern der Lüfte und wandten die von den Seefahrern und früheren Reisenden empfohlenen Mittel an, ihrer habhaft zu werden. Es wurden Angeln mit Speck ausgeworfen, und bald gelang es auch, zwei der niedlichen weiss- und schwarzscheckigen Captauben (Procellaria Capensis) an der Angel zu fangen, die von Rio weg anfangs allein, und bis an's Cap immer in grösster Anzahl uns begleiteten. Als aber am 6. September in 30 Grad Breite der erste Albatross (Diomedea), der König der Seevögel, erschien, da griff der Commodore nach der Büchse. Aber so schnell der gewaltige Vogel mit seinem majestätischen Fluge erschien, so schnell war er wieder verschwunden, ohne in Schussnähe gekommen zu sein. Erst mehrere Tage später in 32 Grad Breite zeigte sich der Albatross häufiger, und als am 15. die ersten in Schussweite kamen, da fielen sie auch, vom Commodore und Commandanten sicher getroffen, aus der Luft auf's Wasser. Es wurde beigelegt, ein Boot ausgesetzt und über den wogenden Ocean der erlegten Beute zugerudert. Ein kleines Boot mit wenigen Menschen auf dem grossen Ocean, das musste selbst für die Seevögel ein merkwürdig seltsamer Anblick sein, denn neugierig kamen sie alle dem Boote zugeflogen und Fr. und Z., die im Boote mitfuhren, hatten vollauf zu schiessen. Die Jagd war ergiebig, verschiedene Arten von Sturmvögeln und des Albatross wurden mit den zuerst geschossenen an Bord gebracht. In ähnlicher Weise wurde die Jagd an den späteren Tagen mehrmals wiederholt und immer reichere Beute mitgebracht, bis am 22. dem Commodore der Meisterschuss auf ein Prachtexemplar von Diomedea exulans, die grösste Albatrossart, gelang. Triumphirend wurde der riesige Vogel an Bord gebracht. Schneeweiss, nur an den Flügelspitzen schwarz gefärbt, mit einem Körper, grösser als der grösste Schwan und einer Spannweite der Flügel von 10 Fuss 3 Zoll Wiener Mass. Das waren die oceanischen Jagden, welche die „Novara" anstellte. Neben vielen anderen kleineren Seevögeln hat sie unter ihren zoologischen Schätzen bereits neun Stück Albatrosse, das ist viel für die erste Fahrt in Albatrossgegenden, besonders wenn man bedenkt, dass wir nicht so glücklich waren, sie an der Angel zu fangen. Dabei war das Schauspiel des kleinen Bootes auf der fast stürmisch erregten See eines der interessantesten. Oftmals verschwand es minutenlang gänzlich unter Wellenbergen, dann sah man den Pulverdampf des Schusses und gleichzeitig den Vogel hoch aus der Luft fallend, während der Schall erst lange Zeit nachher an unser Ohr drang.

Sonst kann ich Ihnen von der Fahrt wenig erzählen; am 12. September passirten wir die Länge von Tristan da Cunha, aber 300 Seemeilen nördlich von dem einsamen Eiland entfernt. Vom 15. auf den 16. durchschnitten wir zum zweitenmale den Meridian von Greenwich (das erstemal geschah dies im Mittelländischen Meer); am 24. waren wir mit 16 Grad 23 Minuten östlich von Greenwich wieder auf dem Meridian von Wien und haben also zu gleicher Zeit mit Ihnen wieder unser Tagwerk vollbracht, und endlich am 25. Abends befanden wir uns auf der Breite der Tafelbai, noch 60 Seemeilen von ihr entfernt. Aber nun Halt!

Die Tafelbai vor Cap Town war nicht der Ort unserer Bestimmung. Da diese Bai in der Jahreszeit, in der wir uns befanden, starken Nord- und Nordwestwinden ausgesetzt und somit kein sicherer Hafen ist, war beschlossen worden, in Simonsbai, dem Kriegshafen des Caps, einzulaufen. Simonsbai ist eine sichere Bucht in der grossen Falsebai östlich vom Cap der guten Hoffnung. Wir hatten also, um dahin zu gelangen, noch das Vorgebirge selbst zu umschiffen. Um dies aber zu ermöglichen, musste gegen einen Südostwind gekreuzt werden, der schon den 25. den ganzen Tag fast mit Sturmesheftigkeit geweht hatte und von Stunde zu Stunde noch an Kraft zunahm. Die Versuche während des 26., gegen den Sturmwind anzukämpfen, waren vergeblich. Es blieb nichts Anderes übrig, als mit einem Curs gegen Südwest sich vom Lande zu entfernen. Am 27. war alles Land wieder ausser Sicht. Wir schwammen nicht mehr auf den lichtgrünen Wässern der Küste, sondern wurden auf den stürmisch erregten Wogen des „blauen Wassers" hin- und hergeworfen. Am Abend des 27. September erschollen die Commandoworte: „Kreuzmarssegel fest, Marssegel dicht gerefft, Sturmfocksegel, Sturmstagsegel!" Das war Sturm. Ein dumpfes Sausen und Brausen fuhr durch Masten und Tauwerk. Höher und höher kamen riesige Wasserberge mit schäumenden Gipfeln einhergerollt, das Schiff bald auf die eine, bald auf die andere Seite werfend. Schäumend stürzten die Wogen bald rechts, bald links durch die Kanonenlucken in die Batterie, Alles mit fortreissend, was lose in ihrem Weg lag. Ein Krachen, Zittern und Stöhnen in allen Fugen, ein Gepolter von umgeworfenen Gegenständen, Gläsergeklirr, dann wieder das dumpfe Rollen einer Kanonenkugel, die von ihrem Lager losgeworden von einer Seite zur anderen fuhr, dazwischen der schrille Pfiff der Matrosenpfeife, kurz ein Getöse und Lärm von der verschiedensten Art, eines das andere übertönend. Der Anblick des ganzen Schauspiels war grandios und musste die, welche zum erstenmale eine solche Scene erlebten, fesseln, zumal bei Nacht, wenn der Mond durch dünnen Dunstschleier magisch die stürmische See erleuchtete. Jedoch Zahlen geben der Darstellung bestimmtere Anhaltspunkte. Ich erwähne deshalb, dass die höchsten Wellen, die wir während des Sturmes beobachteten, eine Höhe von 29 Fuss erreichten, bei einer Distanz der Wellenkämme von 240 Fuss, und dass die grösste Neigung des Schiffes auf Steuerbordseite 35 Grad betrug, die grösste Neigung auf Backbordseite 25 Fuss, dass also die Masten des Schiffes bei einzelnen Rouladen einen Bogen von 50 bis 60 Grad beschrieben. Das sind Rouladen, die man nie wieder vergisst, und dass auch die Wellenberge, mit welchen wir es zu thun hatten, nicht eben zu den gewöhnlichen gehören, dafür fehlt uns nicht der Beweis; ein alter Seemann und genauer Beobachter, der alle Meere der Welt durchschifft und fünf Jahre auf einer Weltumseglung zugebracht hat, beschreibt die Wellen von 32 Fuss Höhe am Cap Horn als die höchsten Wellenberge, die er gesehen. Das waren also schon die berühmten hohen Wellen am Cap, die alle Seefahrer schildern und die ihres Gleichen nur am sturmverwandten Cap Horn finden. Nur die Phantasie hat diese Wellen zu 50 und 100 Fuss aufgethürmt. Wo das der Fall wäre, da, glaube ich, würde menschliches Bauwerk nicht mehr Stand halten. Seine grösste Heftigkeit hatte der Sturm für uns am 28. Abends erhalten. Mit bewunderungswürdiger Kaltblütigkeit und Sicherheit führten die Matrosen gerade im Momente des heftigsten Tobens den Befehl aus, die „Bramraaen und Bramstangen" auf Deck zu bringen. Jedoch als die letzte Vorsichtsmassregel getroffen war, da hatte der Sturm sein Ende erreicht; am 29. Morgens lagen wir in Windstille auf hoch auf- und niederwogender, todter See, 180 Meilen von unserem Ziele entfernt. Bald sprang eine frische Nordwestbrise auf und am 1. October Morgens hatten wir beim schönsten Sonnenschein das Cap der guten Hoffnung zur Linken und liefen in die weite Bucht der Falsebai ein. Weiss wie Schnee glänzende, hoch an den kahlen Felsbergen hinaufgetriebene Sanddünen bezeichnen schon aus der Ferne die Simonsbai und bald konnten wir auch darin vor Anker liegende Schiffe erkennen. Jedoch wir hatten den ganzen Tag und die ganze Nacht noch gegen den uns gerade entgegenwehenden Nordwestwind zu kreuzen, und erst mit Tagesanbruch des 2. October fielen die Anker.

Simonsstadt und Capstadt.

Am Morgen des 2. October hatten wir in Simonsbai geankert. Die Sehnsucht nach den Nachrichten aus der Heimat hielt uns heute noch Alle an Bord zurück, da wir gehört hatten, dass der k. k. österreichische Consul Herr Mosenthal, Bruder des Dichters, noch im Laufe des Tages aus Capetown kommen werde, um sich dem Commodore vorzustellen und das Briefpacket zu überbringen. Der Consul kam und die Briefe mit. Jeder hatte nun zu lesen und zu schreiben, da schon den anderen Tag ein Schiff abgehen sollte, das die Antwort wieder in die Heimat mitnehmen konnte, und nur eine kurze Zeit vor Sonnenuntergang blieb noch übrig für den ersten Spaziergang auf afrikanischem Boden durch die Strassen von Simonstown. Das heisst Simonsstadt hat eigentlich nur eine einzige Strasse und etliche 30 bis 40 Häuser, die zu beiden Seiten dieser Strasse dem Strand entlang stehen, meist niedlich und rein aussehende Häuser im englischen Styl; das Hauptgebäude ist das Marine-Arsenal, dazu noch die Wohnung des jeweilig hier stationirten Admirals, zwei Hôtels, einige Schiffshändler und Gewerbetreibende, — das ist ganz Simonsstadt. Und dazu gehören nicht weniger als fünf

Kirchen, deren verschiedener Styl schon äusserlich die verschiedenen Religionsgemeinschaften bezeichnet, die man hier, wie in ganz Südafrika trifft. Annehmlichkeiten bietet Simonsstadt in keiner Weise. Keine Stadt kann in einer sterileren und ärmlicher aussehenden Gegend liegen. Kein Baum, ausser in den englischen Gärten, die ein paar Häuser umgeben; unterhalb jener Strasse Granitklippen, über und über besetzt von Patellen, dass man vor den Muscheln den Stein kaum sieht, — über der Strasse oder der Stadt steile Sandsteinfelsen, die trotz des erstaunlichen Reichthums herrlich blühender Pflänzchen, die man bei genauerem Nachforschen findet, doch nur armselig kahl aussehen — rechts und links aber Sand und nichts als Sand. Der besuchteste Spaziergang von Simonstown scheint das Meeresufer oder die Strasse nach Capetown zu sein, d. h. der schmale Streifen nassen Meeressandes, der hier zwischen der Brandung einerseits und dem trockenen Flugsand andererseits liegt, in welch letzterem man leicht versinken könnte. Hier habe ich am ersten Abend Ladies und Gentlemen spazieren gehen gesehen, als ich beschäftigt war, Muscheln zu sammeln.

Schon früh am andern Morgen, den 3. October, standen mehrere „Capkarren", je mit zwei kräftigen Pferden bespannt, bereit, uns nach der Capstadt zu bringen, die man von Simonsstadt in 3 bis 4 Stunden erreichen kann. Wir hatten den herrlichsten Frühlingstag getroffen. Der Weg führt fast eben fort am Meeresstrande hin, bald auf festem Grund gut chaussirt, bald über Sandflächen hinweg, die sich auf Einbuchtungen oder an kleinen, fast gänzlich trockenen Flussthälern oft weit in die Berge hinauf ziehen. So steril die Küste von ferne aussieht, scheinbar nichts als Fels und Sand, so sehr entzückte uns der Blumenflor auf einzelnen grünen Oasen. Denn Alles stand beim Beginn des Frühlings in schönster Blüthe. Eine Stunde von Simonstown kommt man durch ein kleines Fischerdorf, an der Kalkbai gelegen. Hunderte von Fischen hingen zur Trocknung an der Sonne, Walfischrippen dienen zur Umzäumung von Feld und Garten, aus den Wirbeln sind Mauern aufgeführt, aus den Schulterblättern Treppen errichtet und die riesigen Kinnbacken sieht man zu Thoren aufgestellt; bald darauf erreicht die Falsebai mit starker Brandung an der Cap'schen Fläche ihr Ende, die sehr gut erhaltene Strasse zieht sich in gerader Linie über die Fläche, welche die Cap-Halbinsel mit dem Festlande verbindet. Die Berge treten zur Linken zurück und ein herrliches Panorama eröffnet sich auf den Gebirgszug der Halbinsel, auf den Tafel- und Teufelsberg. Die Fläche selbst aber, im Sommer eine dürre Wüste, war jetzt ein wahrer Blumenteppich, auf dem hunderterlei Blüthen von der verschiedensten Form und Farbe prangten. Die schönsten, reichsten Gärten der Welt können nur eine schwache Vorstellung geben von so herrlichem Blumenflor, wie ihn die südafrikanischen Sandflächen im Frühling entwickeln, ehe die Sonne Alles versengt und verbrannt hat; links vor den höheren Bergen liegen die gesegneten Weinberge von Hoch-, Gross-, Klein- und Nieder-Constantia und rechts am Wege kommt man zu einem stattlich und comfortabel aussehenden Hause, dem „Halfway house" des Herrn Rathfelder, wo Jeder, der des Weges kommt, auf einige Minuten hält, — sei es, um sich an einem Glas Pale Ale oder Constantiawein zu stärken, oder, wenn er ein Schwabe ist oder die Schwaben liebt, sich in Südafrika an einer echt schwäbischen „Knackwurst" zu delectiren, so gut als sie ihm auf der Hochschule zu Tübingen oder in der alten Reichsstadt Esslingen von der schwäbischen Kellnerin vorgesetzt wurde. Ich habe das Lob dieses Württembergers, Herrn Rathfelder's, der vor 20 Jahren als armer Schlächtergeselle auf's Cap kam, und nun in dem in Südafrika weit und breit berühmten „Halbweghause" sein Schäfchen so gut in's Trockene gebracht hat, besonders zu singen, weil er sich uns während unseres Aufenthaltes am Cap als wackerer deutscher Landsmann bewies und, selbst ein Jagdliebhaber, namentlich den Jagdfreunden unter uns freundliche Dienste leistete. Unseren beiden Zoologen war das Halfway house ein gefundenes

Standquartier, von dem aus in die Berge und Fläche gestreift wurde.

Vom Halfway house an verändert sich der Charakter des Weges völlig. Man fährt wie durch einen Park. Niedliche Waldanlagen von Pinus und Eiche dehnen sich rechts und links über die hügelige Fläche, von langen schattigen Wegen durchzogen, welche die Perspective auf elegante, bald in holländischem, bald in englischem Styl erbaute Landhäuser eröffnen. Zu den merkwürdigen Cap'schen Ochsenwagen, mit 10 bis 20 Ochsen bespannt, gesellen sich vornehme vierspännige Equipagen, man begegnet über und über mit Menschen beladenen Omnibussen, wie man sie in den Strassen von London sieht, die Landhäuser mehren sich. Alles deutet schon die Nähe der Capstadt an. Jedoch wir sind erst in Rondebusch, einem städtisch aussehenden Dorf, dem Sommeraufenthaltsort der reichen Capstädter. Noch die kleine Anhöhe am Fuss des Teufelsberges hinan, und die Tafelbai mit ihren Schiffen, die Capstadt und die Riesenfelsmauer des Tafelberges, aus völlig horizontalen Sandsteinschichten auf granitischer Basis bis zu 3500 Fuss über dem Meeresspiegel senkrecht aufgebaut, mit den beiden „Schilderhäusern" — dem Löwenkopf und Teufelsberg, — lag vor unseren Blicken, ein Anblick, grossartig und imposant. Bescheiden zur Seite noch auf den Cap'schen Flächen blickten aus grünem Gebüsch die schwarzen Kuppeln des königlichen Observatoriums, so berühmt geworden durch Sir John Herschel, der auf dieser stillen Warte seine grossartigen Arbeiten über die Wunder des südlichen Himmels ausführte. Den fernen Hintergrund jenseits der Fläche begrenzt eine hohe Gebirgsmauer mit zackigen, wild zerrissenen Formen, deren Gipfel noch von weissen Schneefeldern erglänzten.

Wir stiegen in Capstadt im Masonic Hôtel, — am grossen, mit Pinien bepflanzten Paradeplatz schön gelegen, — ab und trafen hier zu unserer nicht geringen Verwunderung einen deutschen Kellner aus Brünn; die Jahre des Sturmes hatten ihn mit noch manchen anderen Oesterreichern in die Welt hinausgeschleudert, bis sie am Cap der Stürme den ruhigen Platz fanden, eine neue Existenz sich zu gründen. Der erste Gang war zu unserem Consul. Eine grosse, lustig über die Giebel der Häuser flatternde österreichische Flagge zeigte uns den Weg dahin, und durch die freundliche Güte unseres Consuls waren wir bald eingeführt in angenehme Familienkreise und bei allen hervorragenden Männern der Wissenschaft. Die Aufnahme war überall eine herzliche und freundschaftliche, und die vielen Kisten, welche die Naturforscher der „Novara" nach einem Aufenthalte von drei Wochen an Bord brachten, waren grossentheils gefüllt mit Geschenken von naturhistorischen Sammlungen und Gegenständen aller Art, die grossmüthig für die Zwecke der Expedition von allen Seiten zusammenflossen. Die offene Herzlichkeit und Liebenswürdigkeit, mit der vor Allen Sir George Grey, der Gouverneur der Cap-Colonie, sämmtlichen Mitgliedern der Expedition entgegenkam und ihre Zwecke unterstützte, betrachten wir als grosse Auszeichnung. Die Naturforscher schätzen sich glücklich, von dem Manne, der dieselbe allgemeine Liebe und Achtung, die er sich unter den schwierigen Verhältnissen bei der Cap-Colonie zu erwerben wusste, auch auf Neuseeland zurückgelassen hatte, wo er früher acht Jahre lang Gouverneur war, — warme Empfehlungen in dieses Wunderland mitbekommen zu haben. Wahrhaft erhebend aber war für uns der Augenblick, als bei der Revue der Nationalgarde in Stellenbosch, am 7. October, — einem vom herrlichsten Wetter begünstigten Volksfeste, zu dem aus Nah und Fern die Familien der Colonisten zusammengeströmt waren, — nach der Parade an der unter herrlichen Eichen im Freien aufgeschlagenen Mittagstafel neben dem Gouverneur der Chairman des Tages, Major von Ryneveld, sich erhob und unter lautem Jubel ein Hoch ausbrachte auf Se. Majestät den Kaiser von Oesterreich, den treuen Verbündeten von Grossbritannien! Das war in Südafrika!

Capstadt ist die Stadt der Rechtecke, mit breiten und langen, rechtwinkelig sich schneidenden Strassen ohne irgend welche architektonisch hervorragende Gebäude, eine Kaufmannsstadt mit hübschen, im englischen Styl gebauten, sehr comfortable eingerichteten Wohnhäusern, alle rothbraun angetüncht mit der Farbe des Staubes, der bei Südost- oder Nordwestwind in wirbelnden Wolken die Stadt verhüllt und fast die einzige Plage in diesem herrlichen, gesunden Klima ist. Das englische Element, das in der festen Sitte und den gleichen Gesetzen, die es überall hin mitbringt, wo es sich niederlässt, eine ungeheure Macht besitzt, hat hier das holländische Element, das sich auf den einsamen Farmen im Innern der Colonie so zähe erhält, vollständig verdrängt. Man merkt es der Stadt kaum mehr an, dass sie von Holländern gegründet wurde, und wären nicht die gelben Malayengesichter mit den rothen Kopftüchern oder regenschirmartigen Strohhüten, die braunen Hottentotten- und Kaffern-Gestalten und der bunte Mischmasch aller dieser Racen mit weissem Blut, man würde sich in Europa in einer englischen Stadt glauben. Abends aber, wenn ich durch die herrlichen Eichen-Alleen der Gouvernementsgärten ging, wenn dann von rauschender Militärmusik Pièces aus dem „Freischütz", aus der „Regimentstochter" durch die Nacht hallten und wenn in dem eleganten Salon, der, hinter den Gärten gelegen, fast allabendlich unser Zusammenkunftsort war, von frischer Mädchenstimme deutsche Lieder erklangen, da habe ich in der That vergessen, dass ich im Lande der Löwen war, und oft gedacht, wie ganz anders ich's mir vorgestellt habe.

Die Zeit wurde fleissig zu Ausflügen benützt, die mich auf den Tafelberg und die ganze mehr als 30 Meilen lange Cap-Halbinsel entlang bis zum wahren Vorgebirge der guten Hoffnung führten, und dann auf einer achttägigen Tour in's Land bis zu der Herrenhuter-Missionsstation Gnadenthal, zu den heissen Quellen von Brandvalley und den Stahlthermen von Caledon brachten. So sehr uns die grossartige, wilde Gebirgswelt, die uns hier entgegentrat und menschlicher Fleiss auf vortrefflichen Kunststrassen, wie Bains koof, Sir Lowry

Pass u. s. w., den eigentlichen Thoren von Südafrika, entzückte, — so sehr uns die freundlichen Dörfer und Städtchen in den fruchtbaren Thalebenen zwischen den steilen 4000 bis 6000 Fuss hohen Gebirgsmauern überraschten und ebenso ihre zuvorkommenden Einwohner, die uns Fremde überall mit der grössten Gastfreundschaft aufnahmen, und so viel Interessantes uns auf diesem kleinen Wanderzug durch Südafrika begegnete, — so bot die Natur doch im Ganzen wenig Neues, was nicht schon die Cap-Halbinsel zur Anschauung gebracht.

Die Cap-Halbinsel ist in der That, was Vegetation, Thierwelt und geologische Structur anbelangt, ein Auszug aus der natürlichen Beschaffenheit eines grossen Theiles von Südafrika. Ich glaube, wer an den zerrissenen und zerbröckelten, von den Atmosphärilien angenagten und ausgehöhlten Felsmassen des Tafelberges, in seinen tiefen und wilden Schluchten, in den an seinem Fusse liegenden Wäldern der graugrünen Protea agentea, auf seinem weitausgedehnten Felsplateau voll stagnirender Wasserpfützen herumgeklettert ist, — wer von da weiter durch die gepriesenen Weinberge von Constantia auf flachen, vegetationsreichen Hügeln, weiterhin über sandige Plateaus und nackte Felskämme, über Bäche mit dunkelkaffeebraunem Wasser, über Sanddünen und Moorgründe bis zu der äussersten Südspitze der Halbinsel zu dem 800 Fuss hohen Sandsteinfelsen gewandert ist, der schroff abfallend in die sturmbewegte, furchtbar brandende See das eigentliche Vorgebirge der guten Hoffnung bildet, — der mag so ziemlich eine Vorstellung haben, wie es im südlichen Afrika, auf 100 englische Meilen landeinwärts und von der St. Helenabai bis zum Gamtoos-River westlich von der Algoabai auf einem Küstenstrich von 400 Meilen Länge aussieht. Alles Sandstein, Thonschiefer und einzelne Granitkuppen; kein Baum, ausser denen, die um die weit von einander entfernt liegenden Farmen gepflanzt sind und diese schon aus weiter Ferne kenntlich machen, aber ein unbeschreiblicher Schmuck von Blüthen und Blumen, die den mannigfaltigsten Gattungen Zwiebelgewächsen aller Art angehören, Eriken, Pelargonien, den merkwürdigen

Proteaceen und wie die Namen alle heissen, und statt der Bäume Millionen von Termitenhaufen, deren regelmässig geformte Erdkegel von 3 bis 4 Fuss Höhe ein ganz wesentliches Moment in der Physiognomie der südafrikanischen Landschaft ausmachen. Die Thierwelt versteckt sich ausserordentlich vor den Menschen und namentlich die grösseren reissenden Thiere ziehen sich überall scheu vor ihm und seinen Wegen zurück in die schwer zugänglichen Gebirgsgegenden. Trotzdem kommen selbst auf der Cap-Halbinsel, freilich als grosse Seltenheit, noch einzelne Hyänen und Leoparden vor; Schakale, wilde Katzen und der Klippdachs, von dem das in der Medicin so geschätzte Hiraceum herrührt, sind dagegen in grosser Anzahl noch vorhanden und das Vergnügen einer Antilopenjagd kann man sich zu Pferde mit guten Hunden noch jeden Augenblick auf der Cap'schen Fläche verschaffen, wenn man diese Thiere auch nicht mehr in Rudeln von Tausenden antrifft. Auch die Pavians verirren sich wohl noch zu nächtlichem Diebstahl in die Gärten, aber Löwe und Rhinozeros haben sich weit in's Innere zurückgezogen, ebenso wie Zebra und Strauss. Trotz Oliphants River, Oliphants busch und anderer Elephantennamen, denen man so häufig begegnet, hat sich der Elephant aus dem westlichen Theile der Colonie fast ganz verloren, soll aber im sogenannten „Unterlande" an der Algoabai und in der Umgebung von Uitenhagen noch häufig sein. Erst hier, jenseits des Gamtoos-River, tritt mit üppiger Waldvegetation ein gänzlich veränderter Naturcharakter ein. Leider konnte ich meinen ursprünglichen Plan nicht ausführen, diese Gegend, die durch ihren Petrefactenreichthum zugleich ein geologisches Eldorado ist, zu besuchen, — einmal weil wir, durch den Sturm am Cap aufgehalten, einen Tag zu spät für den alle 14 Tage zwischen Tafelbai und Algoabai verkehrenden Postdampfer ankamen und dann, weil man einem „Wiener Stubengelehrten" nicht mehr zutrauen wollte als einem Yankee, der die Fahrt dahin mit der berüchtigten „Postkarre" machte; diese legt wöchentlich dreimal die 400 englische

Meilen Weges, Tag und Nacht fortgaloppirend über Stock und Stein, Berg und Thal, Sand und Wasser, in je 50 Stunden zurück, und jener Yankee kam so gerädert an, dass er 14 Tage lahm und steif im Bette lag. Man verschwieg mir trotz der angelegentlichsten Nachfragen diese Gelegenheit, nach der Algoabai zu kommen, gänzlich, bis ich sie leider zu spät entdeckte, als ich auf der Strasse von Capetown nach Caledon, der fast mit Locomotivgeschwindigkeit dahineilenden Karre begegnete.

Die Cap-Halbinsel hat mich lebhaft an Gibraltar erinnert, durch die Analogien der äusseren Gestaltung und der geographischen Lage und nicht weniger durch die Analogie der Geschichte. Hinter den kahlen Steinmassen der Säulen des Hercules lag der Weg offen nach der neuen Welt und hinter der nackten Felsklippe, dem „Cabo tormentoso", wie es Bartolomeo Diaz nannte, als er im Jahre 1487 diese Barrière zwischen Atlantischem und Indischem Ocean zuerst umschiffte, lag der Weg zu Indiens Schätzen und Herrlichkeiten offen, das Vorgebirge der Stürme wurde zum Vorgebirge der guten Hoffnung. Blutige Kämpfe wurden gekämpft um die dürren Bergplätze zwischen Völkern verschiedener Race und zwischen Völkern derselben Race, bis es dem Ueberlegenen gelang, dort eine unbezwingliche Feste zu errichten der civilisirten Welt gegenüber, hier zu dem rohen Wilden christliche Religion zu bringen und Alles, was Kunst und Wissenschaft und Staatsleben erfunden haben als Probe menschlicher Cultur.

Vom Cap der guten Hoffnung nach der Insel St. Paul im Indischen Ocean.

Die Abschieds-Diners an Bord waren gegeben, den neugewonnenen Freunden und Freundinnen Lebewohl gesagt, die Albumsblätter ausgetauscht und am 24. October war Alles bereit zur Abfahrt. Aber es wehte ein so frischer Südost, der weiss schäumende Wellen selbst in der geschützten Bai warf, dass an eine Möglichkeit auszulaufen nicht zu denken war, da wir gerade gegen Südost steuern mussten, um aus der Falsebai in das offene Meer zu gelangen. Werfen wir daher, ehe die Fahrt beginnt, einen Blick auf die „Novara". Wie sah es da aus? Vor Allem, die „Novara" hatte ihre Mannschaft wieder ergänzt, da einige Mann schon in Rio und wieder am Cap wegen unheilbaren Krankheiten, meist Lungenübeln, in den Spitälern zurückgelassen werden mussten. Die neuen Matrosen und Schiffsjungen, zusammen fünf an der Zahl, waren Kaffern, echte Kaffern, die als Kriegsgefangene in der Amsterdam-Batterie zu Capetown gefangen lagen, die aber der Gouverneur freigegeben, nachdem sie sich bereit erklärt, als Matrosen in Dienste zu treten. Wir waren mehrmals in Capetown nach der Amsterdam-Batterie gegangen, wo der Gefängnissdirector die Güte hatte, uns von mehr als 100 Gefangenen ihren Kriegstanz aufführen zu lassen. Nun hatten wir solche Kaffern gar an Bord, zu grosser Belustigung der Matrosen, die sie alsbald im Tanzen, Singen, im Italienischen in die Lehre nahmen und wohl auch dann, wenn einer der kräftigen Bursche, die nur an Adamstracht gewöhnt waren, aus Unkenntniss mit den Beinen in die Aermel oder mit den Armen in die Hosen fuhr und in stolpernden, schnalzenden Tönen dem Kameraden seine Verlegenheit ausdrückte, wie er das zu benützen habe, was ihm als Schiffskleidung gegeben war.

Neben den Kaffern figurirten als weitere Landesproducte Thiere aller Art, lebende Wesen in Menge, — ein komischer, äusserst zahmer Pavian, Schildkröten, Chamäleons, Schakale, Stinkthiere, kleine und grosse Vögel, alte und junge. An allen Ecken und Enden standen Kisten, Schachteln, Kolben, Büchsen mit Steinen, Pflanzen, Käfern, Schnecken und den unsäglichsten Dingen, und die Gallerie des Commodore sah aus wie ein Naturaliencabinet, voll ausgestopfter Thiere; Löwen- und Leopardenfelle wurden ausgebreitet, Antilopen- und Grauhörner zum Schmuck der Cabinen angenagelt, Strausseneier aufgehängt, kurz, es sah recht afrikanisch aus auf der „Novara" und Jeder schien zufrieden zu sein mit seinen Eroberungen am Cap. Für die lange Reise, die bevorstand, war gesorgt durch eine Menagerie anderer Art, durch volle Hühner-, Enten-, Schaf- und Schweineställe, und die Mannschaft war guter Dinge, weil sie wieder Wein hatte, zwar nicht Pontac oder Frontignac oder Constantia, aber doch einen Capwein von solcher Güte, dass auch wir uns von demselben Wein Vorräthe für die Reise anlegten, zumal da er im Verhältniss zu dem theueren, feinen Capwein sehr billig war, 32 Kreuzer die österreichische Mass. — Weniger erfreulich war der Zustand unserer Wäsche, als wir sie beim Einordnen näher besichtigten. Sie trug nur zu deutlich die Spuren von der primitiven Waschmethode der gelben und braunen malayischen oder hottentott'schen Waschweiber, die an sonnigen Tagen zu Tausenden an dem klaren Quellwasser, das der Tafelbergschlucht entströmt, bis weit am Berg hinauf stehen, auf Steinen die Wäsche hin- und herschlagen und dann über Hecken und Dornen zum Trocknen ausbreiten.

Am 26. October Morgens trat endlich eine schwache Westbrise ein. Der Augenblick wurde wahrgenommen, die Anker gelichtet, aber kaum waren wir aus der Simonsbai heraus, als wieder der alte Südostwind eintrat. Mit uns zu gleicher Zeit war die englische Dampfcorvette „Pylades" ausgelaufen und längst draussen im Ocean ausser Sicht, als wir noch gegen den Wind aus der Falsebai lavirten. Mit Sonnenuntergang befanden wir uns gerade auf der Linie zwischen dem Cap der guten Hoffnung und Cap Hanglip und damit am Ausgang der Bai. Die Schwierigkeiten waren überwunden, wir steuerten mit Süd und West am Cap vorüber in die südlichen Regionen, um dort den „Fair Westerly Wind" zu treffen, der uns nach St. Paul bringen sollte.

Ich warf den letzten Blick auf das Vorgebirge der guten Hoffnung, als es im Glanz der untergehenden Sonne aufleuchtete und das Bild desselben, wie ich's wenige Tage zuvor gesehen, stand wieder lebhaft vor mir, — der steile, horizontal geschichtete Sandsteinfels, der in zwei Absätzen zerrissen und zerfressen schroff in's Meer abfällt, vor ihm mehrere kleine Felsklippen, an welche brandende Wellenmauern unablässig anstürmen, schäumend sich brechend und thurmhoch aufspritzend. Eine Masse riesigen, schlauchartigen Seetangs schwimmt in der Brandung, langhälsige Kamorane ziehen in langen Linien einer hinter dem anderen vorüber, begegnen und kreuzen sich. Patellen, Litorellen und Turbo sitzen zu Millionen fest an den Felsen, die in's Meer ragen, und niedliche Strohblumen wachsen im sandigen Boden. Grosse Sandhühner gackern im Gebüsch und zerbrochene und zerschellte Muschelschalen liegen am Strand, so viele als verlorene Hoffnungen der Menschen.

Am Morgen des 27. war längst alles Land ausser Sicht, und bei sehr hoher See tüchtig stampfend steuerten wir südwärts. Die ersten Tage versprachen eine wenig günstige Fahrt. Regenböen wechselten mit Windstillen, und als wir am 30. October den Halbjahrstag unserer Abfahrt von Triest feierten, befanden wir uns immer noch im Atlantischen Ocean, denn Cap Agulhas war noch nicht passirt. Erst am 1. November traten wir ein in den Indischen Ocean. Aber auch da kamen wir die ersten Tage nur langsam vorwärts in südöstlicher Richtung, bis wir uns am 5. November zwischen 40 und 41 Grad südlicher Breite befanden. Am Morgen des 5. November liefen wir mit vollen Segeln vor dem Wind, Curs Ost, Wind West, und rings um uns waren am Horizont Schiffe sichtbar, fünf an der Zahl. Anschaulicher konnten wir den Beweis nicht haben, dass wir uns auf der grossen Verkehrsstrasse befanden, die zwischen 40 und 41 Grad Süd von West nach Ost führt. Das ist „die grosse südliche Passage", die von den Holländern schon im 17. Jahrhundert angenommen und seither befolgt wird. Alle Schiffe folgen ihr vom Cap aus, mögen sie nach Indien, China oder Australien gehen, und erst in östlicheren Längen zwischen 60 und 70 Grad östlich von Greenwich trennen sich die Wege. Es war das erstemal auf unserer Reise, dass wir auf offenem Weltmeer so viele Schiffe beisammen gesehen. Ein komischer Zwischenfall, den ich kurz erzählen will, hatte sich noch den Tag vorher ereignet, glücklicherweise, als wir fast in Windstille lagen, denn sonst wäre es um den Verunglückten geschehen gewesen. Am 4. Nachmittags nämlich hörte ich einen Fall und einen Schrei, einen zweiten dumpfen Plumbs, ein Pfeifen und gleich darauf ein Seitenboot in's Wasser setzen und Ruderschläge. Da musste Jemand über Bord gefallen sein. Wie ich auf Bord komme, siehe da, der Affe Beri mit erbärmlich kläglichem Gesicht, vergeblich sich abmühend, dem Schiffe nachzuschwimmen und unverrückt der Rettungsboje zurudernd, die für ihn losgelassen worden war. Erbärmlich schreiend, wurde er in's Boot gezogen, war aber gleich wieder getröstet und verzehrte noch tropfnass mit grosser Gemüthsruhe eine Orange, die ihm gereicht wurde. Das war die erste Lebensrettung, welche die „Novara" ausführte.

Mit dem frischen Winde, namentlich als er gegen Südwest umsprang, war es empfindlich kälter geworden. Wir suchten die Winterröcke wieder heraus. Seevögel in grosser Anzahl waren wieder, wie auf der Fahrt von Rio nach dem Cap unsere treuen Begleiter, hauptsächlich Albatrosse und Captauben, und mehrmals begegneten wir Zügen von Pottfischen zu Hunderten. Auf der englischen Seekarte, die für die Fahrt benützt wurde, stand an der Stelle des Oceans, auf der wir uns jetzt befanden, geschrieben „rough sea". Und in der That, die ungestüme See liess nicht lange auf sich warten. Der 6., 7. und 8. November und wieder der 10. November, das waren Tage für Wellenstudien, so schön man sie sich nur wünschen konnte, aber wehe dem, der an Seekrankheit leidet und auf solchem Meere fahren muss. An den ersteren drei Tagen war es eine ausserordentlich hohe, todte See aus Südwest, die am 6. November plötzlich eintrat ohne jede für uns erkennbare Ursache, während des 7. immer höher und höher wurde und erst am 8. abnahm. Am 6. Abends mass ich die höchsten Wellen mit 18 Fuss, am 7. Morgens mit 22 Fuss, Mittags mit 25 Fuss, Abends gar mit 30 Fuss. Die rollende Bewegung des Schiffes hatte damit einen Grad erreicht, der selbst die Rouladen während des Sturmes vor dem Cap am 27. noch übertraf. Die Nacht vom 7. auf den 8. war die unruhigste, die wir erlebt. Die Kanonenkugeln führten polternde Quadrilletänze von der einen nach der andern Seite auf, Stühle, Tische, Kasten, Alles war lebendig geworden. Gerade um 12 Uhr Nachts kamen fünf Roller unmittelbar nach einander, die das Schiff fünfmal auf jede Seite um 20 bis 25 Grad neigten. Ströme von Wasser schossen bei jeder Neigung durch die Batterie. An ein Schlafen war nicht zu denken, es wäre unmöglich gewesen, sich auf dem Bette zu erhalten, wir waren Alle auf. Und Alles das war eigentlich nur blinder Lärm, denn wir fuhren bei sehr mässiger Westsüdwestbrise. Am 8. nahmen die Wellenberge und damit auch die Bewegung wieder ab. Wiewohl die Wasserberge noch 22 Fuss hoch angerollt kamen und Alles zitterte und krachte, kam es uns doch im Vergleich mit der vergangenen Nacht förmlich ruhig vor. Am 9. war die See wieder ruhig, wir passirten die Länge der Marion- und Prinz Edward-Insel. Aber schon am 10. begann der alte Tanz von neuem und der Anblick der See war grossartiger als je, diesmal war es lebendige See. 30 bis 36 Fuss hohe Wogenberge kamen gerade von hinten angestürmt mit schäumendem Gipfel, erzeugt von einem frischen Westwind, der uns mit 10 bis 11 Knoten die Stunde vorwärts brachte, so dass wir noch am 10. die Länge der Südspitze von Madagascar erreichten und damit den halben Weg nach St. Paul zurückgelegt hatten. Von hier aus war die Fahrt, freilich immer bei sehr hoher See, eine ausserordentlich günstige, wir hatten Tage mit 200, 220, 240 Meilen von Mittag zu Mittag, einen nach dem andern; der Wind beschrieb wieder jene regelmässigen Kreise, die ich schon von der Fahrt nach dem Cap erwähnte, indem er sich in regelmässigem Cyklus von Nordost über Nord, Nordwest nach West, dann nach Südwest und Süd drehte und nach kurzen windstillen Pausen wieder als Nordost begann; und je nach der Richtung des Windes war auch das Wetter ein anderes, — bei nördlichen Winden regnerisch, aber wärmer, bei südlichen Winden heiter und klar, aber kalt. Die Temperatur sank bei Südwind bis auf 5 Grad R., so dass man es recht ordentlich spürte, dass dieser Wind aus den eisigen antarktischen Regionen komme. Das Barometer zeigte immer mit grosser Sicherheit durch regelmässiges Steigen und Fallen die Windrichtung an. Am 12. waren wir auf der Länge der Crozet-Inseln. Am 14., während Windstille, wurde von den Officieren eine Tieflothung unternommen, aber mit 6000 Faden = 30.000 Fuss kein Grund gefunden; die Leine, mit einem Brook'schen Senkloth versehen, hatte fünf volle Stunden zur Abwicklung gebraucht und brach dann plötzlich, so dass sie leider verloren ging. Am 16. waren wir über der Kerguelen-Insel und damit den beiden Inseln St. Paul und Amsterdam bis auf 450 Meilen nahe gerückt. Unsere Fahrt war eine so regelmässige, dass wir nun schon die Stunde berechneten, zu der die Inseln in Sicht kommen würden. Wir hatten auf den 18. November Abends gerechnet. Und so war es auch. Der Himmel war zwar den ganzen Tag völlig umwölkt gewesen, so dass keine astronomische Beobachtung zur Bestimmung unseres Mittagpunktes möglich war. Aber das Log hatte für Mittag noch 75 Meilen Entfernung von St. Paul ergeben und der Horizont war so rein, dass man Land, sobald es auftauchte, erkennen musste. Gegen 6 Uhr Abends wurde denn auch wirklich gemeldet: „Land in Sicht!" Ein Walfisch, ein Schiff und St. Paul kamen zugleich mit einander in Sicht, der Walfisch und das Schiff auf Backbordseite, St. Paul als ein niederer Streifen, der sich durch etwas dunklere Färbung von der Luft abhob, gerade vor uns. Wir konnten etwa noch 30 Meilen entfernt sein. In der Nacht mussten deshalb die Segel vermindert werden, um der Insel nicht allzu nahe zu kommen. Am 19. mit Tagesanbruch lag die Insel ganz nahe vor uns und auf

Backbordseite waren auch die Umrisse von Amsterdam in der Gestalt zwei hoher Piks in nebelblauer Ferne sichtbar. Da Nordwestwind wehte, so wurde der Curs an der nördlichen Spitze der Insel vorbei genommen, um zu dem auf der östlichen Seite gelegenen Ankerplatz zu kommen. Als wir die nördlichste Ecke doublirt hatten, trat der kegelförmige Ninpinnock hervor und der hohe Steilrand der Insel gegen Nordost mit dem Eingang in den Krater wurde sichtbar. Als wir dem Eingange vis-à-vis waren, konnte man im Hintergrund Theile der steilen Kraterwand erblicken. Wie gross war unser Erstaunen, hier kleine künstliche Terrassen mit frischerem Grün zu erblicken, als die übrige Oberfläche der Insel zeigte. Das waren offenbar Culturstellen von früheren oder jetzigen Bewohnern. Aber kein lebendiges Wesen zeigte sich, weder menschlicher noch seehundartiger Natur, letzteres zu grossem Verdruss unserer Jäger. Nur Schaaren von Albatrossen, Bryons, Raubmöven und Seeschwalben waren zu sehen und dann und wann hörte man den gedehnten, einem stöhnenden menschlichen Klagelaut nicht unähnlichen Ruf des Pinguin. Auf dem Wasser aber schwammen grosse Fucusbüschel.

Das Felsprofil der Insel zeigte schwarze Lavaschichten, abwechselnd mit gelben und rothen Tuffen, wie es schien, regelmässig vom oberen Kraterrand zum äusseren Umfang der Insel verflachend. „Dreissig Faden kein Grund!" rief eintönig der Steuermann, endlich „Dreissig Faden Grund, schwarzer Sand!" und rasselnd fiel der Anker wenige Minuten vor 9 Uhr Morgens am 24. Tage unserer Abfahrt von Simonsbai, nach 3000 Meilen Weges.

Nun zuerst frühstücken und dann die Insel recognosciren, das war der Plan, — dann sollten Zelte, Hütten und Lebensmittel hinausgeschafft werden und ein interessantes Leben beginnen auf der völlig unbewohnten Insel, deren unumschränkte Alleinherren wir für einige Tage zu sein hofften. So malte mir's die Phantasie vor. Aber alle Romantik der Alleinherrschaft und der lieben „blossen Natur" ward zu nichte, als während des Frühstückes der Wachcadet eintrat und meldete: „Ein Boot mit drei Menschen kommt von der Insel, die französische Flagge ist aufgezogen!"

Die Insel St. Paul im Indischen Ocean.

Siebzehn Tage auf St. Paul! Wie ist das möglich? Siebzehn Tage auf einem einsamen Vulcankegel mitten im ungeheuren Weltmeere, mehr denn 2000 Seemeilen von jeder Festlandsküste entfernt, kleiner an Oberfläche als die Kaiserstadt Wien! Gewiss, wir selbst, wenn wir es nicht erlebt, würden es am wenigsten glauben, dass man auf diesem Fleck Erde 17 volle Tage zubringen kann, und doch ist es so, 17 volle Tage nach unserem guten k. k. österreichisch richtig gestempelten Kalender vom 19. November bis zum 6. December 1857! Ich behaupte aber, es waren nur 6 Tage, weil auf St. Paul Kalender und Sonnenuhr nicht gilt, sondern einzig und allein Barometer und Winduhr. Das muss ich nun beweisen.

Ist man auf der südlichen Hemisphäre, so ist man auf der „verkehrten Welt". Der kalte Pol der Erde liegt gegen Süden, die warme Aequatorialzone gegen Norden. Daher rührt es, dass es hier von Norden warm kommt und von Süden kalt, nicht wie im deutschen Vaterlande, wo wir von Jugend auf gerade das Gegentheil gewohnt sind. Daraus folgt ferner, dass das berühmte, von Dove zuerst entdeckte Gesetz der Winddrehung von Nord über Ost nach Süd und West auf der südlichen Hemisphäre gerade in der verkehrten Richtung gilt — von Nord über West nach Süd und Ost. Es ist hier nicht der Ort, dieses theoretisch weitläufiger zu erklären. Inmitten der nördlichen Continente ist die gesetzmässige Regelmässigkeit des Vorganges vielfach gestört, St. Paul mitten in einem ungeheuren Weltmeere, mehr als 2000 Meilen entfernt von den störenden Einflüssen der Länder und Gebirge, ist ein Beobachtungstandpunkt, der den Vorgang rein gibt in seiner grossartigen Gesetzmässigkeit ohne Fehler.

Die Wetteruhr auf St. Paul geht so genau, wie unsere Thurmuhren, nur drehen sich die Zeiger in entgegensetzter Richtung, die Stunden und Tage haben ein anderes Zeitmass und statt der Glocke schlägt das Barometer und Thermometer die Zeiten der Wetteruhr. Dass bisweilen der Zeiger wieder zurückspringt, das kommt ja wohl auch bei unseren Thurmuhren vor, warum sollte der Wetteruhr von St. Paul das nicht auch manchmal einfallen? Da braucht sich wenigstens kein armer deutscher Schulmeister darüber zu ärgern.

Doch vom Bild zur Sache.

Der Wettertag auf St. Paul beginnt angenehm temperirt mit wolkenlosem Himmel, windstill oder mit schwachem Luftzug aus Osten. Das Barometer steht hoch. Langsam fängt es an zu fallen, die Temperatur steigt, der Himmel umwölkt sich zuerst mit Schäfchen, dann mit Haufenwolken, der Wind wird stärker, jetzt aus Nordost, nimmt aber wieder ab, je mehr er gegen Norden sich dreht. Das Barometer fällt fort, während das Thermometer steigt, aus den Haufenwolken sind Regenwolken geworden, und Guss kommt nun über Guss, über ganz St. Paul hängt tief herab eine dunstige, oft schwüle Atmosphäre voll Nebel. Regen und Nebel dauern fort, während der Wind heftig aus Nordwest zu blasen anfängt und das Barometer seinen tiefsten Stand erreicht. Der Wind nimmt wieder ab, wird Westwind, geht in Südwest über, das Barometer steigt, der Himmel heitert sich allmälig auf, die Luft wird rein und kühl; der Südwestwind wird unter fortwährendem Steigen des Barometers immer etwas entschiedener Südwind und die Sonne steht klar am wolkenlosen Himmel, der so rein ist, als wäre nie ein Wölkchen an ihm gewesen. Das herrliche Wetter dauert fort, während der Wind gegen Südost dreht und endlich ganz aufhört. Das Barometer steht am höchsten, das Thermometer am niedrigsten. Der erste Tag ist vorüber, die Sonnenuhr zeigt, dass 72 Stunden verstrichen sind, und der zweite Tag beginnt wie der erste. Charakteristisch ist, dass der Zeiger unserer Wetteruhr von Ost über Nord bis West viel langsamer läuft und 48 Stunden braucht, während er von West über Süd nach Ost nur 24 Stunden benöthigt, — daraus folgt, dass während jeder Winddrehung zwei Tage trübes, regnerisches Wetter sind und nur ein Tag schöner heiterer Himmel. Lässt man sich durch den halbheiteren Himmel bei Nordostwind verleiten, hinauszugehen auf die luftigen Höhen der Insel, so kommt man sicherlich tropfnass zurück. Am zweiten Tag fährt ein solcher Sturmwind durch den, bis herab in Nebel gehüllten Krater und der Regen strömt derart, dass man sich nicht versucht fühlt, das schützende Strohdach zu verlassen. Aber am dritten Tag lockt der helle Sonnenschein schon am frühesten Morgen hinaus auf die Höhen zur Arbeit, und bis Abend ist ein tüchtiges Tagwerk gethan. — Somit hatte ich wohl Recht zu sagen, wir waren nur sechs Tage auf St. Paul, denn nur sechs solcher herrlicher Sonnentage waren uns beschieden, an denen wir zerstreut über die ganze Insel Jeder seiner Aufgabe nachgehen konnten. Diese sechs Tage waren der 20., 24., 27., 30. November, der 3. und 6. December. So regelmässig trat die Aenderung des Wetters ein. Die zwischenliegenden zwei Tage (beim ersten Cyklus drei Tage) waren stürmische Regentage, während denen die Fregatte draussen in See drei Stürme, einen aus Nordost, einen aus Nordwest und einen aus Südost auszuhalten hatte und wir in den elenden Strohhütten der Fischer auf St. Paul Schutz suchten und fanden. Ein eigenthümlicher Zufall war, dass gerade bei unserer Ankunft vor St. Paul und wieder bei unserer Abfahrt die Zeiger der Winduhr etwas langsamer gingen, so dass wir zwei Tage hinter einander gutes Wetter hatten und dadurch die Aus- und Einschiffung, die sonst grosse Schwierigkeiten gemacht hätte, leicht möglich war. Ebenso zufällig war, dass wir nach der Ausschiffung auf sechs Tage verproviantirt waren, also gerade auf zwei Wettertage; das war glücklich getroffen, denn immer erst nach zwei vollständigen Winddrehungen war es beim Beginn der dritten der Fregatte möglich, zu ankern und ein Boot mit Lebensmitteln zu schicken; das war am 25. November und am 1. December, — Morgens ankerte sie und Mittags blies bereits der Nordost oder Nordwest so heftig, dass sie unter Segel gehen musste. Noch viel interessante Details liessen sich an diese allgemeine Beschreibung des Wetters auf St. Paul anknüpfen. Der Commodore, auf diese merkwürdigen atmosphärischen Vorgänge aufmerksam, seit wir die südlichen Breiten befahren, hat darüber die genauesten stündlichen Beobachtungen für Tag und Nacht gesammelt und dieselben in einer umfassenden Arbeit von höchstem wissenschaftlichen Interesse zusammengestellt.

Ich muss aber zurückkommen auf meine Erzählung von unserer Ankunft auf St. Paul. Sie können sich nach unseren Wettererfahrungen auf St. Paul nun wohl denken, dass wir gerne allen romantischen Gedanken von Alleinherrschaft auf einer unbewohnten Insel entsagten, um den Preis, bei Bewohnern derselben ein schützendes Strohdach zu finden. Jenes Boot, das von der Insel zugerudert kam, nachdem die „Novara" am Morgen des 19. November geankert, führte die ganze Bewohnerschaft von St. Paul, drei Fischer aus St. Denis auf der Insel Bourbon. Der graubärtige Alte, der am Steuer stand, kam am Fallrep herauf an Bord. Mit grösster Spannung sahen wir ihm entgegen, wussten wir ja doch nicht, ob es nicht einer jener drei unglücklichen Schiffbrüchigen sei, die wir nach einem Briefe, den der Commandant der „Novara" noch in Triest erhalten hatte, hier zu retten hofften, — drei Unglückliche von dem an der Küste von Amsterdam im August 1853 gescheiterten Schiffe „Meridian", die — während die übrige Mannschaft von einem amerikanischen Schiffe gerettet wurde, — in einem Boote spurlos verschwunden waren. Man hatte noch die einzige Hoffnung, dass sie in dem Boote auf das nahe liegende St. Paul sich gerettet haben. Ein dichter Kreis umchloss den Alten, als er auf Deck war. Jedoch er war keiner jener Unglücklichen und wusste nichts von ihnen. Er erzählte im besten Französisch, dass er Vican heisse, aus Nantes gebürtig sei und in Diensten des Schiffslieferanten Ottowan in St. Denis stehe, der die Fischercolonie auf St. Paul von dem Gründer und früheren Besitzer, einem Polen Namens Adam, käuflich an sich gebracht hatte. Die Insel stehe unter dem Schutz der französischen Regierung, speciell unter dem Gouverneur von Bourbon. Jedes Jahr während der Sommermonate komme Ottowan's Schiff mit 20 bis 30 Fischern, die bei St. Paul und Amsterdam gegen 40.000 Fische fangen. Die Ausbeute werde nach Bourbon geschifft und dort mit sehr anständigem Gewinn, 40 bis 60 Francs für 100 Fische, verkauft. Den Winter über bleiben immer drei Fischer auf der Insel zurück, das seien diesmal er und die beiden Mulatten, die im Boote geblieben waren. Schon seit 16 Jahren, sagte Vican, besuche er die Insel und nun hoffe er, seine alten Tage auch hier zu beschliessen.

Also das wussten wir jetzt, St. Paul ist eine französische Fischerstation, und sogar wohnliche Hütten, aus Steinen aufgemauert mit Stroh gedeckt, sollten wir finden. Alle Anerbietungen, etwas zu essen, schlug der Alte höflich dankend aus, da er eben erst gefrühstückt habe und sie durchaus keinen Hunger zu leiden hätten.

Inzwischen waren die Seitenboote der „Novara" im Wasser und bald darauf führten sie mit vollen Segeln einige der Officiere und die Naturforscher zur Insel zu vorläufiger Recognoscirung.

Ich werde den Eindruck nie vergessen, als wir aus dem bewegten offenen Meere hineinfuhren in das ruhige, spiegelglatte Kraterbassin. Durch grosse Fucusbüschel arbeiteten wir uns durch, — zwischen zwei niederen Landzungen, die von steilen Felswänden auslaufen und gleichsam schützende, nur eine schmale Einfahrt offen lassende Dämme darstellen, welche die Natur aus mächtigem, durch die heftige Brandung abgerolltem Blockwerke aufgebaut hat. Kreisrund liegt der Meersee zwischen den ringsum fast senkrecht bis zu 800 Fuss Höhe ansteigenden Felswänden des ungeheuren Kraters. Nur die schmale 300 Fuss breite Einfahrt, durch die wir gekommen, verbindet ihn mit dem offenen Weltmeer. Wolken, Himmel und Felsen spiegeln sich in einem krystallklaren, grünen Wasser. Kein lärmendes Menschengewühl an diesem einsamen Gestade, überall die ernste Ruhe der ungestörten Natur, bis der erste Schuss krachte und donnernd wiederhallte an den Felswänden, und mit ihm ein grosser Vogel vor uns niederstürzte aus der Luft auf's Wasser. Die Wissenschaft hatte ihr mörderisches Werk begonnen an einem der zahllosen Seevögel, die uns umschwärmten. Rechts vor der Einfahrt sahen wir nun in, vor Wetter und Wind geschützter Lage die Hütten der Fischer, am Fuss der hier sanfter ansteigenden Kraterwand hinter einem gegen die Einfahrt vorspringenden vielgezackten Felsen. Bei den Hütten landeten wir an dem durch eine aufgeführte Mauer angelegten Landungsplatz. Wie da der erste Stein, den man in die Hand nahm, das erste Gras, das man ausriss, das erste Insect, das man erhaschte, interessirte! Aber erst, als wir die Höhe der Insel ersteigend, ungefähr auf der Mitte unseres Weges an einem gegen die Seeseite liegenden Abhang zu dem Brutplatz von Pinguinen kamen! Und als Tausende dieser Thiere in Reih' und Glied dastanden, so aufrecht, als wären sie bei Friedrich von Preussen in Grenadiersdiensten gestanden! Wahrhaftig, diese Thiere machen das menschliche Merkmal des aufrechten Ganges gänzlich zu Schanden. Es ist die Species mit den schwarzgelben langen Federbüschen über den Augen, der Forster den Namen Cataractes chrysocoma gab. Das Epitheton bezieht sich auf diesen schwarzgelben Kopfputz. Wenn man aber von dem Genusnamen die ersten drei Silben Katarakt mehrmals nach einander mit scharfer Betonung des letzten a laut ausspricht, so ahmt man sehr naturgetreu das Kriegsgeschrei dieser komischen Thiere nach; sie stossen es unaufhörlich aus, wenn sie von Raubmöven umschwärmt sind, — den Schnabel nach oben gerichtet und dabei den Kopf schüttelnd, dass die Federbüsche rechts und links hin- und herflattern, mit wüthender und zugleich unbeschreiblich dummer Geberde; gewöhnlich folgt dann ein langgedehntes, stöhnendes „anh". — Wer es aber nicht selbst gesehen, kann sich keine Vorstellung machen von dem Reiz, den der erste Anblick dieser Thiere gewährt, von denen Macartney, der Beschreiber von St. Paul im vorigen Jahrhunderte, so naiv sagte, dass sie von den Naturforschern zu den Vögeln gerechnet werden, eigentlich aber mehr Fischen gleichen. In der That haben ihre Flügel, wie bei den Seesäugethieren die vorderen Extremitäten, gänzlich die Flossenform angenommen, die Federn darauf Schuppenform, — das Thier ist am Land ebenso unbehilflich, als es im Wasser gewandt taucht und rudert. Mit „gleichen Füssen" hüpft es schwerfällig vorwärts und kann nicht entkommen, so dass man mit Leichtigkeit so viele als man will ergreifen kann, wenn man ihren starken Schnabel und den empfindlichen Schlag ihrer Ruderflügel nicht fürchtet. Die Pinguinen hielten ihren Brutplatz so zahlreich besetzt, weil sie gerade Junge hatten, die in ihrem wolligen Dunnenkleid mit dem Vorderleib auf die Erde gekauert, mehr jungen Hunden oder Hasen, als Vögeln glichen. —

Was wir auf unserer Recognoscirungspartie weiter gesehen, will ich später mit dem, was wir während unseres langen Aufenthaltes auf der Insel sahen und erlebten, in ein Bild zusammenfassen.

Abends waren wir an Bord zurück. Die Schwierigkeit, die wir bei frischem Wind und hoher See gehabt hatten, um wieder an Bord zu kommen, belehrte uns über die Undurchführbarkeit unseres ursprünglichen Planes, nach welchem wir die Untersuchung der Insel von Bord aus durchführen und jeden Morgen an Land gehen, Abends aber wieder auf das Schiff zurückkehren wollten. Der Commodore ordnete daher schnell alles Nöthige wegen Verproviantirung und Ausschiffung der nöthigen Apparate und Beobachtungshütten an. Am Morgen des 20. November wurde die Ausschiffung, begünstigt vom Wetter, ohne Unfall und Schaden glücklich bewerkstelligt, und der Commodore hatte an diesem Tage noch Alles selbst auch am Lande persönlich arrangirt und eingeleitet für die auszuführenden Arbeiten. Wir waren ein Contingent von dreissig Köpfen auf St. Paul, die Naturforscher, mehrere der Herren Officiere, einige Cadeten und eine Anzahl von der Mannschaft. An einer passenden Stelle des Kraterbassins wurde ein Fluthmesser aufgestellt, auf einer Anhöhe hinter den Fischerhütten zwei Beobachtungshütten für magnetische und astronomische Zwecke. Für sein eigenes Unterkommen sorgte Jeder, so gut er konnte, in den Hütten der Fischer, die uns bereitwillig allen disponiblen Platz einräumten. Einen Dachsparren zum Aufhängen der Hängematte und einen kleinen Raum für die Sammlungen, die man jeden Abend zurückbrachte, das war alles Nothwendige, was Jeder auch bald gefunden und somit sein Hauswesen auf St. Paul eingerichtet hatte. Das Strohdach, unter dem die Fischer ihre Boote stehen hatten, diente als Speisesaal, der uns Morgens zum Frühstück, Abends zum Mittagessen versammelte. Während des Tages waren wir über die ganze Insel zerstreut, Jeder bei seiner Aufgabe. Wie hindernd dabei die Witterungsverhältnisse waren, lässt sich nach obiger Schilderung begreifen. Schon am 21. November brach ein heftiger Nordweststurm los, der die Fregatte nöthigte, in der Nacht auf den 22. unter Segel zu gehen und den Ankerplatz zu verlassen. Die Hütten, die unser Zufluchtsort waren, wurden so erschüttert, dass ich einmal, von einem heftigen Stoss in der Nacht aufgeweckt, glaubte, ein Erdbeben verspürt zu haben, bis mich der sausende Sturmwind und der durch alle Ritzen und Fugen durchdringende Regen eines Anderen belehrte. In derselben Nacht hatte der Sturmwind die eben errichteten Beobachtungshütten umgeworfen, zum Glücke ehe die Instrumente darin aufgestellt waren. Sturmwind und Regengüsse wiederholten sich in jedem Windcyklus mit so erneuerter Gewalt und richteten bald hier, bald dort eine neue Verwüstung an, dass man hätte glauben können, die Elemente hätten sich gegen uns verschworen. Als in den letzten Tagen über unserer Küche auch noch das Strohdach zu brennen anfing, da fehlte in der That nichts mehr, als dass auch noch ein Erdbeben komme und der alte Vulcankrater feurige Lavaströme ausspeie. Guter Humor, Geduld und Ausdauer halfen uns jedoch über Alles weg, und jetzt, wenn wir an St. Paul oder „die verwunschene Insel", wie wir sie nannten, zurückdenken, so erinnern wir uns mit Vergnügen an eine interessante Episode unseres Reiselebens. Unsere Aufgabe konnten wir trotz aller Schwierigkeiten und Hindernisse ausführen und durch eine umfassende Untersuchung aller natürlichen Verhältnisse des wenig besuchten und wenig gekannten Eilandes einen Beitrag geben zur Erweiterung menschlichen Wissens und Kennens. Ich eile, noch kurz einige der Hauptresultate zusammenzustellen, um diesen Brief noch auf der südlichen Hemisphäre zu beschliessen, da uns frischer Nordostwind vielleicht schon in einer Stunde über den Aequator in die nördliche Hemisphäre führt.

St. Paul, die südliche der beiden in ihren Namen oft verwechselten Inseln, liegt nach den von den Herren Officieren ausgeführten Beobachtungen unter 38 Grad 42 Minuten 55 Secunden südlicher Breite und 77 Grad 31 Minuten 18 Secunden östlicher Länge (Position der Beobachtungshütte). Die Insel besteht aus einem flachen vulcanischen Erhebungskegel mit einem im Vergleiche zur Höhe und Flächenausdehnung der Insel immensen Krater; durch einen gewaltigen Bergsturz, bei welchem ein grosser Theil der ursprünglichen Insel in's Meer versank, wurde diesem letzteren an der Ostseite der schon früher beschriebene Eingang geöffnet. Die grösste Ausdehnung der Insel von Nordwest nach Südost beträgt nicht ganz drei Seemeilen (= $^3/_4$ geographische Meilen), ihre grösste Breite von Südwest nach Nordost mit Einschluss des Kraterbassins circa zwei Seemeilen. Das Kraterbassin hat einen mittleren Durchmesser von 3700 Wiener Fuss, während der mittlere Durchmesser des oberen Kraterrandes 5000 Wiener Fuss misst und seine höchste Spitze 870 Wiener Fuss über den Meeresspiegel sich erhebt. Ein kleines Plateau an der Nordseite ausgenommen, dacht die Insel rings vom Kraterrand sehr allmälig ab mit einem Böschungswinkel von nur 13 Grad und ist an ihrem senkrechten 100 bis 200 Fuss hohen Uferrand von mehreren kleinen Schlackenkegeln besetzt, die wie Warzen parasitisch an dem Inselkörper haften. Sie gehören mit den Lavaströmen, die aufbauend jenes Plateau gebildet haben und mehr vereinzelt an den übrigen Seiten vom Kraterrand über den Erhebungskegel geflossen sind, der letzten jüngsten Epoche vulcanischer Thätigkeit an, der die Insel selbst ihre Emporhebung über die Meeresoberfläche verdankte. Die bei dieser letzten Eruption erst gehobene Hauptmasse der Insel wurde, wenn auch nicht in ihrer gegenwärtigen Form und Gestalt, durch frühere unterseeische Eruptionen, vielleicht von einem ganz anderen Centrum aus, als das der letzten Thätigkeit war, gebildet; der ungeheure Krater ist durch theilweisen Einsturz und dadurch bedingte Erweiterung der letzten centralen Ausbruchstelle gebildet und gibt der ganzen Insel die höchst charakteristische Form und ihre interessante Physiognomie. Es bleibt immer gleich überraschend, so oft man auch den Anblick gehabt hat, wenn man, von der Meeresküste an dem flachen Gehänge aufsteigend, plötzlich an die scharfe Felskante vortritt und von der schwindelnden Höhe in den tiefen, trichterförmigen Abgrund hinabsieht, der das ruhige Wasserbecken umschliesst, und von ihm durch das schmale Thor hinaus auf die stürmisch bewegte See.

Ein thätiger Vulcan im eigentlichen Sinne des Wortes und durch eine längere Periode war die Insel nie. Ihre mit Lava- und Schlackenausbrüchen verbundene Geburt aus den Tiefen des Meeres war der letzte Act der unterirdischen Kräfte. Seither ist sie einzig und allein den zerstörenden Einflüssen aller oberirdischen Kräfte anheimgefallen, ohne dass jedoch die Jahrhunderte vermocht hätten, die letzten Spuren des vulcanischen Feuers zu vertilgen, das einst heisse Lavaströme ergossen hatte. Die Insel ist nämlich in den durch die letzte Eruptionsepoche gebildeten Massen noch nicht vollständig erkaltet. Ein grosser Theil jenes Plateaus ist noch so heiss, dass das eindringende atmosphärische Wasser als siedendheisser Wasserdampf durch unzählige Fugen und Risse wieder ausgestossen wird. Diese Stellen sind so erhitzt, dass man nur vorsichtig darüber weggehen kann, und da der heisse Wasserdampf bald da, bald dort ausströmt, so sieht man die Vegetationsdecke von Moos und Gras allenthalben durch Hitze versengt, gelb abgebrüht. Das tiefer eindringende atmosphärische Wasser tritt am inneren Kraterrand im Niveau des Bassinspiegels als heisse Quelle wieder hervor. Der ganzen nördlichen Seite des inneren Kraterrandes entströmt heisses Wasser theils in der Gestalt von fortlaufenden Quellen, deren eine als vortreffliche Badequelle uns gedient hat, während die andere in Zeiten des Wassermangels als Trinkquelle gilt, — theils als heisser Wasserdampf, der sausend und brausend, wie aus einem Dampfkessel aus den Felsspalten hervorbricht, breitere und schmälere Löcher durch den Sand oder durch die lockere Erde und die Vegetationsdecke reissend. Will man, wo der heisse Wasserdampf dem Ufersand entströmt, auch ein heisses Wasserbecken haben, so braucht man sich nur eine Grube im Sand auszugraben, und nach wenigen Minuten ist sie voll siedenden Wassers. Da eine solche Stelle ganz nahe bei den Fischerhütten liegt, so konnten wir an den trüben, regnerischen Tagen uns oft den Spass machen, von einer und derselben Stelle aus in dem fischreichen Kraterbassin Fische zu angeln und nur mit einer Bewegung der Hand den geangelten Fisch in das siedende Wasser zu hängen und denselben uns zum Frühstück oder Mittagsmahl gleich zu kochen. Dasselbe geschah mit den immensen Palinuren, von denen das Bassin wimmelt und die täglich auf unserer Tafel standen und zu vielen Hunderten jeden Tag von unseren Matrosen gefangen wurden. In einem mit Köder versehenen Korb waren oft 12 bis 15 Stück auf einmal, nachdem er nur zwei bis drei Minuten in's Wasser gehängt war.

Nicht weniger interessant und lehrreich als für den Geologen ist St. Paul auch für den Zoologen und Botaniker. Das

Kraterbassin ist unendlich reich an Fischen, Krebsen und Algen aller Art und bot immer reiche Ausbeute, so oft man auf den Fang ging. Die Insel selbst aber ist ausserordentlich lehrreich, weil sie den seltenen Fall darbietet, beobachten zu können, wie sich ein so junges und so isolirtes Eiland allmälig mit Pflanzen und Thieren bevölkert, und welche Formen es sind, die zuerst auftreten. Unsere Botaniker haben im Ganzen 35 Pflanzenspecies nachgewiesen. Nur wenige davon dürften als einheimisch, d. h. der südlichen Hemisphäre angehörig, betrachtet werden, und diese wenigen sind wahrscheinlich identisch mit Arten, die auch auf Kerguelen-Eiland und den Inseln der Crozetgruppe auftreten. Dahin gehören namentlich die Grasarten, welche die ganze Insel mit einer dichten Vegetationsdecke überzogen haben, einige Moose, Farne und Flechten. Aber kein Baum, kein Strauch findet sich, und die Mehrzahl der Species sind europäische Gemüse-Arten, die, wie Kartoffel, Artischocken, Bohnen, schon seit lange von den Fischern gepflanzt werden; das mit dem Samen mitgebrachte Unkraut ist ebenfalls üppig aufgegangen und macht einen grossen Theil der Flora von St. Paul aus. Wenn in Jahrhunderten vielleicht die Insel mit üppigem Wald und Gebüsch bedeckt ist, so hat die „Novara" wohl Theil daran, da von ihr Samen verschiedener Gebüsche und Bäume in die Erde gelegt wurden.

Sehr arm dagegen ist die Landfauna, und ich glaube, man kann sich da nicht blos auf die Aufzählung der Species, sondern sogar zum guten Theile auf eine Statistik der Individuen einlassen. Ich zählte und schätzte vier Schweine, verwilderte Hausschweine, eines davon wurde während unserer Anwesenheit geschossen, 30 Ziegen und Böcke, von einem in früheren Zeiten ausgesetzten Paare abstammend, ebenfalls verwildert, so dass, wenn man ein Stück bekommen will, man darauf Jagd machen muss, eine Kuh, zwei Hasen — ein einsames Hasenweibchen hatten die Fischer, wir brachten durch glücklichen Zufall ein Männchen mit, sie mögen sich nun vermehren, wie die Fische im Wasser und die Vögel unter dem Himmel — 20 Katzen, ebenfalls verwildert, aber in Färbung und Grösse schon wesentlich veränderte Hauskatzen. Dazu ein Heer von Ratten und Mäusen, die der Mensch überall mit hinbringt als seine Qual — und wir sind mit den Vierfüsslern fertig. Eine Landschwalbe, die einer unserer Zoologen sah, ist der einzige Landvogel. Seevögel freilich zu Tausenden, ausser den Pinguins noch verschiedene Albatross-Arten, Raubmöven, Seeschwalben und Prions. Nun kommen die Spinnen in unbestimmter, beschränkter Zahl, dagegen 6000 Millionen unserer ganz gemeinen Kellerasseln, 100 auf jeden Quadratfuss der Insel gerechnet als Minimum, da diese Thiere in der That in dicken Haufen und in ganzen Schichten wimmelnd die Insel bedecken. Hätte die Insel nicht schon einen Namen, man müsste sie die „Asselinsel" nennen, ebenso wie wir den Grund, auf dem die Hütte liegt, die wir bewohnten, scherzweise den „Asselgrund" nannten. Endlich Schmeiss- und andere Fliegen. Das ist die Gesammtfauna von St. Paul, die ich jedoch keiner zoologischen Kritik unterworfen wünsche.

Am 6. December Morgens hatte die Fregatte zum viertenmale vor St. Paul geankert und mit den Flaggensignalen das Zeichen zur „Wiedervereinigung an Bord" gegeben. Die Fischer, die uns so freundlich aufgenommen, wurden reich beschenkt mit Allem, was ihnen mangelte, Kleidungsstücken, Zwieback, Gewehren, einigen Werkzeugen, Wein, Kohlen etc. Um 10 Uhr fuhren wir zurück an Bord.

Die Insel Neu-Amsterdam im Indischen Ocean.

Am 6. December, Abends 4 Uhr, waren Instrumente, Mannschaft, Officiere und Naturforscher und mit ihnen auch eine Anzahl Pinguine, die im Hühnerstall zwischen Hühnern, Enten und Gänsen untergebracht wurden, eingeschifft. Die

Fregatte setzte unter Segel, mit dem Curs Nord $^1/_2$ West gegen die 42 Meilen nördlicher gelegene Insel Amsterdam, die in schwachen Umrissen in Sicht war, gegen Abend aber immer deutlicher auftauchte, je mehr wir uns gerade vor dem Wind laufend näherten. St. Paul dagegen verschwand mehr und mehr und als der Mond fast mit voller Scheibe hell am klaren Himmel stand, da waren auch die letzten Spuren verschwunden, und in unruhigen Traumbildern beschäftigte sich meine Phantasie mit der neuen Insel, die wir sehen sollten und von der die früheren Seefahrer in den widersprechendsten Erzählungen nur verworrene Kunde gegeben. Der Besuch von Amsterdam hing jedoch ganz vom Wetter ab, da der tiefe Ocean rings um das Eiland dem Anker keinen Grund bietet und die steilen Felsküsten mit furchtbarer Brandung als unzugänglich geschildert wurden, mit Ausnahme eines einzigen Punktes, der an der Nordostküste liegen sollte. Mit dem ersten Tagesgrauen am 7. December war ich wieder auf Deck. Der Himmel schien unserem Plane gewogen, das Barometer stand höher als je, die See hatten wir im Indischen Ocean nie so ruhig gesehen wie heute, alle stürmischen Geister schienen beschworen, eine kaum fühlbare südliche Brise trug uns langsam vorwärts und als die Sonne aufging, da lag die Insel auf 6 bis 7 Meilen Distanz vor uns. Wir kamen bis auf 4 Meilen nahe, dann trat völlige Windstille ein, ganz als hätten Wind und Wetter heute keine andere Aufgabe, als unseren Zwecken zu dienen und uns für die schlechten Tage auf St. Paul zu entschädigen.

Ein Walfischfänger lag ganz nahe bei uns gleichfalls vor der Insel. Wir sahen ein Boot von ihm abstossen, es kam auf uns zu, vier kräftige vollbärtige Männer führten die Ruder, und der hinten am Steuerruder stand, war der Capitän selbst, ein echtes Yankeegesicht, ein Walfischfänger aus New-Bedford in Nordamerika, wie er uns erzählte. Er war an Bord gekommen, um ärztliche Hilfe zu suchen für einen seiner Matrosen, der das Unglück hatte, den Arm zu brechen, und das noch grössere Unglück, von seinem Capitän-Yankee amputirt worden zu sein. Die ärztliche Hilfe ward ihm zu Theil. Wir hofften von ihm Auskünfte über einen guten Landungsplatz an der Insel zu erhalten, er wusste aber so wenig wie wir und sagte, es lägen noch mehrere Walfischfänger zerstreut um die Insel herum, da sie sich, ehe sie auf ihren Fang in die südlicheren Gegenden fahren, an den fischreichen Küsten der Insel gewöhnlich mit Proviant versehen; er habe drei Boote draussen, und jedes derselben könne bis Abend 400 bis 500 Stück der grossen, von den Franzosen „Morue" genannten Fische mitbringen. Da nichts Näheres zu erfahren war, so wurde beschlossen, zu versuchen was möglich sei.

Zehn Minuten vor 11 Uhr stiessen die beiden Seitenboote von Bord der „Novara" ab nach dem mysteriösen Amsterdam. Der Commandant Baron v. Pöck selbst führte die Expedition an. Der Commodore war leider durch leichtes Unwohlsein abgehalten. In den Booten waren einige Officiere und sämmtliche Naturforscher vertheilt. Der „Franz" ging mit als Küchenmeister mit Wein und Brot, und Hund „Morok" stand winselnd und ungeduldig vorne in Erwartung der Dinge, die da kommen sollten. Es war vollkommen windstille, den ganzen Weg nach der Insel musste gerudert werden. Aller Augen waren auf die Insel gerichtet, um ihr abzusehen, was möglich war.

Das Eine war jetzt schon deutlich, dass die Insel vulcanisch sei, wie St. Paul. Dieselben Schlackenkegel mit kraterähnlichen Vertiefungen zeigten sich am Abhang und der Meeresküste, wie auf St. Paul, nur häufiger und grösser, wie auch die ganze Masse der Insel um Vieles grösser und höher ist. Die höchste Spitze war in Wolken gehüllt. An der Westseite sah man sehr steile Felsabstürze, 1000 bis 2000 Fuss hoch und von tief eingerissenen Schluchten durchfurcht. Gegen Süd und Südost aber dachte sie allmälig ab. Die Südostspitze präsentirte sich als ein niederes vorspringendes Cap, hinter dem wir eine gute Landungsstelle hofften, da waren wir auch, im Falle die wahrscheinliche Nordostbrise eintrat, im „Luv" der Fregatte und konnten leicht zurücksegeln. Dahin also wurde gesteuert. Als wir näher kamen, konnten wir in mehreren Rinnen, die radial vom höchsten in Wolken gehüllten Pik über den flachen Abhang sich herabsenkten, deutlich Wasser sehen; es zog sich wie ein Silberfaden durch die Furchen und ergoss sich am Steilrand des Ufers, der an der Südseite 200 Fuss hoch sein mag, als kleiner Bach in Terrassen über horizontale Lavabänke herab in's Meer. Wenn diese Bäche durch Regen stärker angeschwellt sind, mögen sie die Cascaden bilden, die frühere Seefahrer erwähnen. Zwei kleine Flecke hoch oben am Abhang, weiss wie Schnee, konnten wir uns nicht erklären. Das Grün, das die ganze Insel bedeckte, schien einer ähnlichen Grasvegetation wie auf St. Paul anzugehören.

Als wir der Insel auf wenige Kabel nahe waren, trafen wir grosse Fucusflächen von demselben antarktischen Riesentang Macrocyotis pyrifera, der auch bei St. Paul die Fucusbänke an der Ostseite bildet. Nur mit aller Anstrengung der Ruderer kamen wir durch diese Fucusbänke langsam vorwärts. Zwar sahen wir nicht mehr, wie die Expedition unter d'Entrecasteaux im Jahre 1792, Seekälber sich in diesen unterseeischen Wäldern herumtummeln, aber zahllose Fische. Eine Angel wurde vorn, eine hinten am Boote ausgeworfen, und die beiden Leute, welche damit beschäftigt waren, hatten nichts zu thun, als auszuwerfen und wieder einzuziehen, und jedesmal hing ein grosser, $2^1/_2$ Fuss langer Fisch daran, jener Morue, auch indischer Stockfisch genannt, — eine Umber-Art, derselbe, der auf St. Paul unsere tägliche Nahrung ausmachte, einer der besten Seefische, die ich gekostet. Da hatten wir nun selbst die Erfahrung von dem immensen Fischreichthum an dieser Inselküste, den uns der Amerikaner geschildert.

Nun waren wir so nahe am Ufer, dass man das Gras, die Farnkräuter, die aus den Felsspalten hervorwuchsen, sehen konnte. Aber obgleich die See draussen glatt war, verursachte doch das langsame Auf- und Abwogen des Oceans in langen, breiten, flachen Wogen, wie sich beim Athmen die Brust hebt und senkt, eine so starke Brandung, dass, da Alles Fels- und Steinblockwerk war, an ein Anlegen nicht gedacht werden konnte. Wir fuhren, in nordöstlicher Richtung an der Küste hinauslugend, nach einem Punkt, wo man landen und vom Meeresstrand über den steilen Uferrand auf die Fläche der Insel hinaufklettern könne. Was uns als Cap erschien, war nur eine kleine vorspringende Felsecke und weithin zog sich die Küste schroff und 150 bis 200 Fuss hoch. Nun hatten wir aber nicht weniger als fünf Walfischfänger in Sicht. Der Yankee-Capitän von heute Morgen konnte nicht enden, seine Verwunderung darüber auszudrücken, ein Kriegsschiff aus dem Adriatischen Golf, Deutsche hier im Indischen Ocean zu treffen, aber auch unser Erstaunen war nicht geringer, hier eine ganze Familie von den unternehmenden Söhnen des Nordens zu finden, bei denen die Frage: Was ist St. Paul, was ist Amsterdam? praktisch schon lange gelöst war und von denen jährlich viele Hunderte dieses einsame Gestade besuchen, um an ihm zu fischen. Unser Arzt, der heute Früh an Bord des Walfischfängers war, hatte dort sogar eine junge Dame gesehen und konnte nicht genug beschreiben, wie schön sie war und wie sie in der elegantesten modernsten Kleidung mit Hut und Schleier auf dem Deck spazieren ging. Tief unten im Indischen Ocean, vor der einsamen Insel ist das freilich ein Ereigniss und namentlich, wenn man monatelang zur See war. Es war die Tochter des Capitäns. Man entschuldige die Abschweifung.

Um $12^1/_2$ Uhr, nachdem wir nach unserer Rechnung 7 Seemeilen von der Fregatte aus gerudert waren, trafen wir endlich an der Südostküste zwischen zwei Felsriffen, die moloartig in's Meer hinausstanden, eine ruhigere Stelle.

Ein kleiner Anker wurde ausgeworfen, und wiewohl mit einiger Schwierigkeit, kamen wir doch Alle glücklich auf die Felsen, und da standen wir nun auf dem festen Boden der

Insel Amsterdam, an einer Stelle, die — wenn nicht ein unglücklicher Schiffbrüchiger — gewiss noch nie ein menschlicher Fuss betreten hatte. Denn nur bei so beispiellos ruhiger See wie heute war es möglich, hier an's Land zu kommen. Aber wie nun weiter?

Da waren nichts als ungeheure basaltische Lavablöcke, von der Brandung abgerollt, von halb nassen Algen schlüpfrig überzogen, so dass man nur mit grösster Vorsicht darauf gehen konnte, andere eckig, als wären sie eben erst aus ihrem Lager losgebrochen. Hinter ihnen aber erhob sich senkrecht eine Felsmauer, 200 Fuss hoch, gebildet von regelmässig horizontal über einander liegenden basaltischen Lavaschichten, wechselnd mit rothen oder braunen Schlacken und gelben Tuffen. Grosse Löcher und Höhlen in der Felswand, die leeren Räume ausgebrochener Steine oder grosse Blasenräume in den Lavaströmen dienten einer zierlichen Seeschwalbe zum Aufenthaltsort; sie hatte einen sammtschwarzen Kopf, silbergrauen Leib und karminrothen Schnabel und Füsse, die eleganteste Farbenzusammenstellung, die ich je an einem Vogel gesehen; diese Schwalben gaben wenigstens unseren Jägern einige Unterhaltung. Aber an ein Erklettern der steilen Felswand war nicht zu denken. Ich für meinen Theil konnte freilich hier unten mehr sehen als oben, wo, wie es schien, Alles von dichtem Graswuchs bedeckt war. Ich konnte mich vollkommen überzeugen, dass Amsterdam die wahre Schwesterinsel von St. Paul ist, ebenso vulcanisch wie diese, aber ebenso ohne Spuren noch fortdauernder Thätigkeit, nicht blos gleichzeitig, sondern da die Gesteine dieselben Oligoklas-Laven waren, wie auf St. Paul, auch aus demselben unterirdischen Herde hervorgegangen. Aber dem Botaniker und Zoologen war gar wenig geboten. Dieselben Patellen, dieselben Algen, dieselben Gräser wie auf St. Paul, und auch die Asseln hingen am ersten Grasbusch ebenso zahllos wimmelnd herum. An mehreren Stellen rieselte frisches Quellwasser herab, vollkommen gutes süsses Wasser, und wir können die Angabe früherer Seefahrer bestätigen, dass die Insel reichlich frisches Trinkwasser hat, ob aber an zugänglichen Punkten, das ist eine andere Frage.

Nachdem die Matrosen ausgeruht, wurde beschlossen, noch weiter an der Küste fortzufahren, um doch vielleicht einen Punkt zu treffen, wo es möglich wäre, auf die Fläche der Insel zu gelangen. Wir verliessen den ersten Ankerplatz um 2 Uhr und ruderten weiter an der nordöstlich streichenden Küste fort. Der Charakter der Küste blieb derselbe. Der steile Uferrand nahm an Höhe wohl etwas ab, betrug aber immer noch wenigstens 100 Fuss. An mehreren Stellen sahen wir schwarze Basaltgänge dieselben Tuffschichten durchsetzen und andere abgebrochene Schlackenkegel, aus rothbraunen Schlacken bestehend, wie auf St. Paul. In hohem Grade wurde aber unsere Aufmerksamkeit erregt durch kleine Bäume und niederes Strauchwerk, das wir erblickten. Von der Ferne hatte man nur dunkelgrüne und saftig grüne Flecken in der allgemeinen, schmutzig olivengrün aussehenden Vegetationsdecke unterscheiden können, jetzt sahen wir deutlich kleine pinusartige Bäume — mit einer anderen Form liessen sie sich nicht vergleichen, — daneben lichtgrünes, sehr dicht und geschlossen aussehendes Buschwerk, das grosse Flächen am mittleren und unteren Gehänge der Berginsel bedeckte. Vergeblich spähten wir nach einer Stelle, um zu landen und hinaufzuklettern; erst um $3^1/_2$ Uhr, nachdem wir wenigstens drei Seemeilen an der Küste weiter gerudert waren — die Fucusbänke hielten sehr auf — und dabei mehrere vorspringende Inselecken mit kleinen Felsen passirt hatten, fanden wir wieder zwischen zwei moloartig hervorspringenden Felsen eine Stelle, wo Anker geworfen wurde. Wir konnten uns vom Boot aus mit einiger Geschicklichkeit auf einen Felsblock hinaufschwingen und waren so wieder am Lande. Der Uferrand war weniger steil, ein mit Gras und Binsen bewachsener Grat zog sich von oben nach unten. Dies war die einzig mögliche Stelle, zur Höhe zu gelangen. Mehrere von uns waren entschlossen, hinaufzuklettern. Zuerst ging es über das kolossale Blockwerk in der Brandung, dann über Binsenbüschel und

Erdknollen, an denen jene hafteten und über lockere Schlackenmassen aufwärts. Das erstemal gelang es nicht, wir mussten eine andere Stelle suchen, und nach einer halben Stunde waren wir über dem hier nur 120 Fuss hohen Uferrand oben und standen nun, was wir so sehnsüchtig gewünscht, auf der Insel, nicht unten am Meere, ein Officier, E. und ich; ein Matrose war uns an einer anderen Stelle nachgeklettert. Aber nun war guter Rath theuer. Fluchend und schimpfend und um ein Zündhölzchen rufend, sahen wir den Matrosen kaum 100 Schritte von uns und nur mit grösster Anstrengung konnten wir einen kleinen, kahlen Schlackenkegel erreichen, der 20 Schritte von der Stelle lag, wo wir auf die Fläche gekommen waren. Erschöpft mussten wir uns hier setzen. An ein weiteres Vordringen, wenigstens bis zu dem grünen Gebüsche, das eine Viertelstunde vor uns an dem ganz flach ansteigenden Gehänge lag, war nicht zu denken. Wir hätten Elephanten sein müssen, denn dichtes und mannshohes, binsenartiges Gras bedeckte dicht die ganze Fläche, halb verdorrt, halb frischgrün, — da vom Sturme und Regen geknickt, dort gerade aufstehend. Wollte man nun weiter gehen, so musste man entweder über die verdorrten Binsenhaufen hinweg und brach durch, oder das dichte frische Gras niedertreten und rutschte aus. Kurz, die Insel war uns weiter unzugänglich. Die Zeit aber mahnte zur Umkehr, da wir einen Weg von wenigstens acht Seemeilen zu der Fregatte zurück hatten. Und wie ich da noch einige Moose und Gräser von der Seite des kleinen Schlackenkegels, bei dem wir uns befanden, zusammenraffte, höre ich mit einemmale Feuer prasseln und sehe Rauch aufsteigen aus dem kleinen Krater. Das Zündhölzchen, das der Matrose gesucht, musste sich gefunden haben. Das dürre Gras stand in Flammen und die Flamme griff so schnell um sich, dass wir auch deshalb es gerathen fanden, uns zu entfernen. Mit Hilfe unserer Taschentücher, welche wir an die Binsen gebunden hatten, fanden wir wieder die Stelle, an der wir heraufgekommen waren, und waren bald wohlbehalten bei unseren Kameraden. Alles war schon zur Abfahrt bereit. Einige

Minuten vor 5 Uhr Abends stiessen wir wieder ab von der Stelle, wo Schiffstrümmer, Stücke von Masten und Raaen, die wir zwischen den Felsblöcken fanden, uns nur an menschliches Unglück erinnerten. Gar manches Schiff ist an dieser Küste schon zerschellt. Dicker Rauch wirbelte auf von der Insel und als wir in einiger Distanz draussen in See waren, sahen wir die hellen Flammen auflodern, laut prasselnd, so dass wir's bis in die Boote hören konnten. Zugleich sahen wir nun aber auch dass noch weiter nördlich, wahrscheinlich an der Nordostseite der Insel — denn wir waren noch immer erst an der östlichen Seite gewesen — das Ufer noch viel flacher wurde und höchstens 10 bis 20 Fuss hoch sein könne. Da lag also erst der günstigere Landungsplatz. Vereinzelte niedere Bäume standen dort. Jedoch, es war zu spät, um noch einmal einen Versuch zu machen. Eine leichte Nordbrise machte es möglich, Segel zu setzen, und gegen 7 Uhr nach einer Fahrt von zwei Stunden waren wir wohlbehalten an Bord zurück. Hier war indessen die Position der Insel bestimmt worden (lat. 37 Grad 58 Minuten, 30 Secunden südlich, long. 77 Grad 34 Minuten 40 Secunden östlich von Greenwich) und ihre Höhe, der höchste Pik wurde nahe übereinstimmend mit früheren Beobachtungen zu 2784 Wiener Fuss gefunden.

Das Essen mundete vortrefflich und nach Tisch bei einbrechender Nacht bot der Brand der Insel einen grossartigen Anblick. Nun hatten wir ganz dasselbe Schauspiel, das im vorigen Jahrhundert in der Nacht vom 28. am 29. März 1792 die Expedition unter d'Entrecasteaux gehabt hatte, das Labillardière beschreibt und Alexander v. Humboldt in seinen „Physikalischen und geognostischen Erinnerungen" als ein unaufgeklärtes Ereigniss erwähnte. Auch damals stand die Insel in Feuer und Flammen und dicker Rauch wirbelte auf. Heute war der Himmel wolkenlos und klar. Die Flammen loderten am Uferrand hoch auf von einer elliptischen Stelle, die wenigsten zwei Seemeilen im Durchmesser haben mochte. Eine dicke, kupferfarbig beleuchtete Rauchwolke stieg fast senkrecht auf, legte sich dann horizontal um und eine unendlich lange Rauchschichte zog in südöstlicher Richtung bis an den fernsten Horizont und bedeckte die obere Hälfte der Insel. Um 2 Uhr in der Nacht soll das Schauspiel noch grossartiger gewesen sein, der Brand musste schon ungeheure Flächen ergriffen haben. Man konnte sich nur einen Ausbruch des Vulcans denken, glühende Lavaströme, ausgestossene Aschenmassen, zum Himmel aufsteigende Feuergarben. Ich glaube, die ganze Insel von unten nach oben und von oben nach unten ist nach und nach abgebrannt. D'Entrecasteaux wusste nicht, ob der Brand, den er sah, durch unterirdisches, vulcanisches Feuer, oder von Menschenhand entzündet worden. Ich weiss, dass der furchtbare Brand von Amsterdam am 7., 8. und 9. December 1857, der wer weiss wie lange gedauert hat, durch ein Pollack'sches Wiener Zündhölzchen angefacht wurde. Pollack's unübertreffliches Feuerzeug hat im Indischen Ocean eine ganze Insel in Brand gesetzt, so gross wie manches deutsche Fürstenthum. Die „Novara" hat ein Leuchtfeuer auf Neu-Amsterdam angezündet, weithin sichtbar allen Walfischjägern.

Am 8. December, 7 Uhr Früh, bezeichnete eine dunkle Rauchwolke am fernen wolkenlosen Horizonte den Ort der Insel. Diese selbst war längst ausser Sicht, eine frische Nordwestbrise hatte uns in der Nacht schnell entführt. So war leider keine Hoffnung mehr, eine Anschauung von der nördlichen Seite der Insel zu gewinnen. Unsere Resultate über Amsterdam bleiben so nur kleinstes Stückwerk. St. Paul kennen wir genau bis in's kleinste Detail. Davon haben wir uns wenigstens überzeugen können, dass auch auf Amsterdam alles das sich wieder findet, was die Natur von St. Paul charakterisirt. Aber Amsterdam muss noch weit mehr bieten, da mit dem Auftreten von Bäumen und Buschwerk auch eine viel reicher entwickelte Fauna nothwendig verbunden ist. Alles das blieb uns ein Räthsel, mögen dasselbe unsere Nachfolger lösen. Wir mussten uns begnügen, an den einsam im Ocean auftauchenden Gestaden wenigstens mehr gesehen zu haben als unsere Vorgänger.

Unbefriedigt und doch wieder befriedigt schaute ich noch lange nach der Gegend, in der uns die Eilande verschwunden waren. Sie hatten so lange in meiner Phantasie gelebt und wenn auch das, was mir die Phantasie vorerzählt, nicht zur Wahrheit geworden war, so haben doch Wahrheit und Wirklichkeit in mir den Traum erregt, dass auch diese Eilande noch aufbewahrt sind späteren Geschlechtern zum Wohnplatz, und wären es nur Verbrecher an der menschlichen Gesellschaft, — Unglückliche, Ausgestossene.

Von der Insel Neu-Amsterdam nach Point de Galle auf Ceylon.

Das herrlichste Wetter und die schönste, ruhigste Fahrt waren von Amsterdam weg für unsere Seeleute, die vor St. Paul so viel auszustehen gehabt, eine wahre Erholung. Fast von Stunde zu Stunde fühlte man die Temperatur zunehmen, da uns jede Stunde bei günstigem Winde um 8 bis 9 Seemeilen nördlicher brachte. Schon am 10. December auf 36 bis 35 Grad südlicher Breite hatten uns die Albatrosse und Captauben ganz verlassen. Sie waren seit Rio de Janeiro unsere stetigen, treuen Begleiter gewesen; mit ihnen verschwanden auch unsere Winterröcke. Am 14. December auf 28 Grad südlicher Breite bekamen wir die ersten Spuren des Südost-Passates. Der Tag brachte zugleich ein kleines Ereigniss. Zuerst ein blinder Schuss von unserer Steuerbordseite und dann flog sausend und pfeifend eine 30pfündige Kugel über das Wasser. Es galt einem Amerikaner, der ganz dicht vor unserem Bugspriet vorbeigefahren und dabei unhöflich genug war, seine Flagge nicht zu hissen. Er wurde auf diese, bei Kriegsschiffen übliche Art zur Höflichkeit gezwungen. Wahrscheinlich hatte er uns für eine englische Fregatte gehalten und wollte diese necken, indem er im Vorüberfahren den für die Engländer so ominösen

Namen „Bunkers Hill" zeigte. Uebrigens mussten wir das stattliche, mit 25 Segeln stolz aufgetakelte Vollschiff, ein echtes „Klipperschiff", bewundern. Fast mit Dampfersgeschwindigkeit war es vor uns vorbeipassirt, hatte dann einen Augenblick beigelegt, um die Länge mit uns auszutauschen, und war schon nach wenigen Stunden gänzlich ausser unserem Gesichtskreis.

Mit dem Passat rasch vorwärts gehend, übersetzten wir vom 16. auf den 17. December den südlichen Wendekreis und hatten am 17. die Sonne senkrecht über unserem Scheitel, dabei aber, da wir unter der Sonne durchgegangen, den merkwürdigen Fall, dass wir die Sonne an diesem Tage nach allen Himmelsgegenden gesehen hatten. Oestlich war sie aufgegangen, Vormittags hatten wir sie nördlich, Nachmittags südlich, und westlich ging sie unter. Schon am 18. wurden wieder fliegende Fische gesehen, die Bewohner der tropischen Meere, und als die Christwoche begann, die Zeit wo man in der Heimat am Kamin behagliche Wärme sucht, da begann für uns die Tropenwärme zuerst mit 24 Grad C., dann aber Tag für Tag fast um einen Grad steigend bis auf 28 Grad und 29 Grad C.; damit trat an Bord wieder die Badesaison, die Brausepulverzeit und die Zeit der weissen Kleider ein, und somit hatten auch wir weisse Weihnachten. Den Weihnachtsabend feierten wir noch auf der südlichen Hemisphäre auf 5 Grad bis 6 Grad Breite, zuerst in heiterer Gesellschaft und dann jeder auf seine Weise in Erinnerungen und Andenken an die Heimat und die Seinen. Am Christfest feierliche Messe und dann nach hergebrachter Sitte festliches Diner bei den Herren Officieren, zu dem der Commodore, der Commandant und die Naturforscher geladen waren.

Am 27. December überdeckte uns der äquatoriale Wolkenring zum zweitenmale mit schweren Regenwolken, die Ströme über uns ergossen und momentan heftige Windstösse brachten. Aber die Region der Cyklonen des Indischen Oceans, jener furchtbaren Orkane, die, aus der Sundastrasse hervorbrechend, ihre parabolische Bahn über Mauritius und Rodriguez beschreiben und sich durch den Namen gar manchen Schiffes schon unvergesslich gemacht haben, war glücklich überschritten. In der Jahreszeit, in der wir uns befanden, gehören solche Stürme zu den grössten Seltenheiten. Dagegen traten wir nun in die Zone der Aequatorial-Calmen ein. Drei lange und heisse Tage vom 29. bis 31. December lagen wir zwischen 1 Grad südlich und 0 Grad in eitel Windstille und mussten bei 28 bis 29 Grad C. am Sylvesterabend und in der Sylvesternacht tüchtig schwitzen. Trotzdem erklang im munteren Kreise das Champagnerglas hell auf das Wohl der Lieben und der Freunde in der Heimat. Und wie das Schicksal oftmals seine Launen hat, so schien es uns in den Windstillen auch nur deshalb hingehalten zu haben, um uns genau um 12 Uhr in der Nacht auf der Grenze beider Jahre auch über die Grenze beider Hemisphären in die heimatliche, nördliche Halbkugel zurückzuführen. Die Beobachtung ergab, dass wir in der Sylvesternacht von 1857/58 genau um 12 Uhr nach unserer Zeit auf 82 Grad 36 Minuten östlich von Greenwich die Linie zum zweitenmale passirten.

Lustige Musik weckte mich am Neujahrsmorgen 1858, der Morgenhimmel hatte die ganze blendende Pracht seiner Farben ausgelegt, die er unter den Tropen besitzt, und die Neujahrssonne leuchtete an dem im glänzendsten Festtagskleid prangenden Himmel so feierlich aus den Wellen, als wollte sie uns in aller Form ihren Glückwunsch darbringen. Ich betrachtete es als ein gutes Zeichen für das ereignissvolle Jahr, das uns bevorsteht.

Wir waren nun im Nordost-Passat oder Nordost-Monsun, wie er hier heisst, im Wechsel mit dem Südwest-Monsun, der ihn während der Jahreshälfte vom April bis October verdrängt und steuerten rasch unserem Ziele entgegen, Point de Galle an der Südwestküste von Ceylon. Der Wind war frisch und verschaffte mir eines schönen Abends ganz unerwartet den unliebsamen Besuch einer Welle durch das offene Fenster meiner Cabine. Indess hatte ich mich selbst und meine sieben

Sachen bald wieder auf's Trockene gebracht und schon am 4. Januar hatten wir die Vorboten des Landes. Mehrere Schiffe waren in Sicht, Schmetterlinge und kleine Landvögel kamen geflogen und wurden mit Freude als die ersten Boten aus dem irdischen Paradiese begrüsst. Um Mittag glaubten wir uns nur noch 80 Meilen entfernt und hatten gehofft, den andern Tag in den Hafen einzulaufen.

Jedoch das war eine Rechnung ohne den Wirth. Es ergab sich am 5. Januar, da wir nach der Caprechnung 20 Meilen vor dem Hafen sein sollten, dass uns die Koromandelströmung 60 Meilen weiter westlich getragen. Das war insofern fatal, als uns hier unter Land auch der frische Nordostwind verliess und bei Tag nur eine schwache Nordbrise kam, bei Nacht aber völlige Windstille eintrat. Wir waren am 5. noch 80 Meilen vom Ziele und bis auf den 6. nur um 20 Meilen näher gerückt, am 7. wieder um ebenso viel, und erst als wir gegen 4 Uhr noch 36 Meilen entfernt waren, da meldete die Wache „Land in Sicht!" Um 6 Uhr Abends war auch schon der Pilot an Bord, ein brauner hübsch gebauter Singhalese, der ein wenig englisch sprach und Bananen, Ananas, Kokosnüsse und Ceylon'sche Edelsteine alsbald zum Kaufe anbot. Diese Ceylonpiloten kommen den Schiffen auf 40 Meilen weit entgegen, oft ehe diese das Land sehen. Auch wir hatten den Piloten früher in Sicht als das Land; als er an Bord kam, waren wir noch 32 Meilen vom Hafen, — von drei fast nackten braunen Ruderern begleitet, kam er auf einem Boot, auf dem sich, glaube ich, bei uns kaum Jemand auf einen Parkteich wagen möchte, das Fahrzeug ist so schmal und eng, dass ein etwas dicker Mann darin gar nicht Platz findet. Zwei seitliche Querstangen, die aussen wieder verbunden sind durch einen schwereren Balken, der parallel mit dem Boote auf dem Wasser schwimmt, geben dem Fahrzeug eine solche Stabilität und Seetüchtigkeit, dass es vor dem Umfallen so gesichert ist, als Boote nach europäischer Construction. Auf derselben Seite wie dieser Balancier oder „Ausleger", ist auch der Mast an der Aussenseite des Bootes angebracht, so dass auf diese ingeniöse Art in der That mit dem geringsten Mittel das Möglichste erreicht ist. Diese Boote sind sicher, segeln sehr gut und lassen sich ebenso leicht rudern.

Der Wind war uns in der Nacht günstig und der Morgen des 8. Januar traf uns vor dem Hafen von Point de Galle; kokosbewaldete Hügel, auf einem Vorsprung ein schlanker Leuchtthurm, grosse und kleine Schiffe in Menge und im Hintergrund höhere Waldberge. Immer noch sechs Meilen draussen in See, waren wir nun schon ganz umringt von den Piroguen der Eingebornen, alle von jener seltsamen Construction und immer mit vier halbnackten braunen Menschen bemannt. Sie boten uns Früchte an und hatten namentlich prachtvolle Bananen-Trauben. An einer solchen Traube, die wir kauften, zählte ich in fünf Stielen über einander nicht weniger als 175 Früchte. Eine ganze Flottille dieser Boote folgte uns.

Alle grösseren Schiffe, wenn sie nur wenige Tage sich aufhalten, ankern auf der offenen Rhede vor dem Hafen, da die Einfahrt in den inneren Hafen wegen vieler Korallenriffe ziemlich schwierig ist. Zudem ist diese Rhede während der Nordost-Monsunzeit vollkommen sicher.

Gegen 11 Uhr Vormittags fuhren wir zwischen einigen hier geankerten Kauffahrteischiffen durch und gleich darauf fiel der Anker dem Leuchtthurme gegenüber, ungefähr eine Seemeile vom Lande, und donnernd begrüssten unsere Kanonen die englische Flagge.

Point de Galle (Ceylon).

Bengalischer Meerbusen, 21. Februar 1858.

Point de Galle! Ueber der brandenden Felsküste zur Seite des Hafens erhebt sich auf einer vorspringenden Landzunge die schlanke eiserne Säule des Leuchtthurmes von Galle.

Auf den luftigen Kranz dieses Leuchtthurmes bitte ich Sie, mir zu folgen; könnte ich Sie hierher zaubern, mit verbundenen Augen heraufführen und Ihnen da die Augen öffnen, — ich glaube, Ueberraschung und Entzücken müsste sich in Ihren Mienen und Ausrufungen ausdrücken, noch weit mehr, als wenn vor dem Steppenkinde aus einer ungarischen Puszta in der Residenz zum erstenmal der Vorhang eines grossen Theaters aufgeht. Meer, Schiffe, Stadt, Cocoswälder, dunkle Waldberge, Luft und Himmel, Alles vereinigt sich zu einem der lieblichsten, überraschendsten Bilder, die das Auge sehen kann.

In Vogelperspective ausgebreitet, liegt unter Ihnen Stadt und Festung; die Stadt mit ihren reinlichen Strassen und netten Häusern, Gärten dazwischen mit herrlichen Blumen, saftig grünem Gebüsch und hoch über alle Dächer ragenden Palmen. Da, wo in jener Strasse die bunte Volksmenge dichtgedrängt auf- und abwogt, liegen die Bazars der Eingebornen; da, wo durch die steilen Strassen einsam die einspännige „Carriage" ihren Weg nimmt, wo hinter jedem Haus ein hübscher Garten liegt, da sind die Quartiere der Europäer. Es ist Abend vor Sonnenuntergang; wer kann, lustwandelt in der erfrischenden Seebrise auf den Festungswällen, — englische Ladies in feinster Toilette, gefolgt von braunen singhalesischen Ammen, welche die Kinder führen und tragen, — behäbig stolz einherschreitende Muselmänner, die auch hier das „Schachern" nicht lassen können, die Edelsteine, Ringe, Schmuck und Allerweltsdinge anbieten, — neben ihnen die Singhalesen mit ihren feinen, männlich schönen Gesichtern, aber aufgeputzt wie Weiber, mit dickem Haarknoten am Hinterkopf, mit Schildpattkamm, den Oberkörper nackt und von den Hüften bis zu den Knöcheln ein weisses Tuch umgeschlagen, das aussieht, wie ein Weiberunterrock, — englische Officiere in rother Jacke, mit schwerem Schleppsäbel, — glatt geschorene Buddhapriester in schwefelgelbem Gewand — Perser mit langem Bart und hoher Mütze, — hässliche, betelkauende

Singhalesinnen, — kokette, malerisch schöne Hindumädchen, roth oder blau drapirt, Nase, Ohren, Stirne, Hals, Arme und Beine behangen mit Gold und Edelsteinen, — schwarze Sepoysoldaten, Wache stehend neben Kanonen auf hohen Lafetten, — im Festungsgraben weidende Zebu-Ochsen und die singhalesische Jugend spielend und raufend, Knaben mit blauschwarzem Lockenhaar, deren einzige Bekleidung ein Bindfaden um die Hüften. Weiterhin der Hafen voll von Schiffen, vom grossartigen englischen Dampfer und vom stolzen europäischen Dreimaster bis zum erbärmlichen malayischen Küstenfahrzeug, dazwischen lustig hin- und herfahrend die Canoës der Eingebornen; der ruhige Wasserspiegel des Hafens umsäumt von einem blendend weissen Sandstrich, vom üppigsten, herrlichsten Cocoswald, über den Palmenwipfeln dunkle Waldberge in immer höheren Terrassen hinauf bis zu dem spitzen Felskegel des Adamspik, der in blauer Ferne zum Himmel ragt. Vor dem Hafen kleine Felsinseln mit Cocospalmen und mit Pandanusgebüsch; man sieht durch das krystallklare Wasser bis auf den Grund, wo Haifische an einem todten Hunde zerren und wundervoll rothe und blaue Fische durch die „Korallengärten" schwimmen. Krabben, grosse und kleine, klettern am steilen Felsen herauf bis auf die Plattform, auf welcher der Leuchtthurm steht, und ab und zu rauscht die brandende Woge, aufschäumend an den Felsen und den Mauern der Festung. Draussen aber auf hoher See all die Schiffe, die kommen und gehen, und der schwarze Rauchstreif am fernsten Horizont, da wo der Sonnenball in das Meer taucht, das ist der Dampfer, der die Briefe aus der Heimat bringt. — — —

Das sind einzelne Züge des Bildes, das man vom Leuchtthurm von Galle überschaut. Ich stand hier am ersten Tage, als ich auf Ceylon an's Land stieg, und war wieder da am letzten Tage, ehe ich von Ceylon Abschied nehmen musste. Es war das erste entschieden fremdartige Bild auf unserer Reise, in dem nicht wie in Rio und am Cap das Europäische vorherrschte. Hier sah ich zum erstenmal die Palmen höher, als die Häuser, zum erstenmal Palmenwälder und den farbigen halbnackten Menschen in der entschiedensten Ueberzahl gegen den Europäer.

Auch wir mussten den Singhalesen fremd vorgekommen sein, denn man konnte nicht durch die Strassen gehen, ohne von einem Schwarm von Menschen begleitet zu sein, die aus den guten Oesterreichern à tout prix „Australier" machten, und auf die wir in Folge dieser Verwechslung von „Austrian" und „Australian" umso mehr Anziehungskraft ausüben mussten, weil sie wohl volle Taschen australischen Goldes bei uns vermutheten. In der singhalesischen Geographie gibt es kein Austria, es half Alles nichts, wir mussten Australier sein und bleiben, und waren als solche bald stadtbekannt.

Galle ist unstreitig der wichtigste Hafenplatz auf Ceylon, einer der wenigen Häfen dieser Insel, die für Segelschiffe zu jeder Jahreszeit zugänglich sind, mit vollkommen gesundem Klima, Stationsplatz der Ueberlanddampfer zwischen Suez und Calcutta, der Singapore- und China-Dampfer und der Dampfer, die zwischen dem Cap und Indien verkehren; täglich sieht man Schiffe aus- und einlaufen und am Hafen herrscht ein unendlich reges Leben und Treiben. Von der Stadt selbst jedoch ist wenig zu sagen. Schmale, sehr rein gehaltene Strassen, die Häuser fast alle ebenerdig, höchstens einstöckig, gegen die Strasse mit einer säulengetragenen Veranda, hinter deren Strohgittern da und dort eine schwarzäugige Portugiesin oder eine wohlbeleibte Holländerin die Vorübergehenden mustert, während das Strohgitter und ein ofenschirmartiges Möbel, das vor der Thüre steht, einen tieferen Einblick in's Innere verwehrt. Die Häuser sind vortrefflich für den freien Luftzug eingerichtet, die von der Decke herabhängende, pendelartig hin und her schwingende, angenehme Kühlung zufächelnde indische „Punka" fehlt in keinem Zimmer. Mehrere Kirchen, eine katholische, eine englische, eine wesleyanische, das Bankgebäude und einige Kasernen sind die einzigen grösseren Gebäude. Lorette's Hôtel war das Hauptquartier der „Novara", wo sich allabendlich Officiere und Naturforscher zum Diner zusammenfanden. Gleich daneben lag die Wohnung des Hamburger Consuls, Herrn S., des einzigen Deutschen in Galle, der wahrhaft gerührt war, so viele Deutsche auf einmal in Ceylon zu sehen, und der mit grösster Freundlichkeit sich aller unserer Angelegenheiten annahm; bei dem biederen deutschen Landsmann wurde gewöhnlich der Abend zugebracht. — Ausser der Bazarstrasse sind die Strassen der Stadt öde und leer; ein interessantes und mannigfaltiges Leben entwickelt sich aber ausserhalb der Stadt, ausserhalb der Mauern und Wälle des Forts, da wo in den Palmenhainen in tiefem Schatten die Hütten der Eingebornen zerstreut liegen, in der „black town", der schwarzen Stadt. Diese schwarze Stadt ist von bedeutender Ausdehnung; man kann schwer sagen wo sie anfängt und wo sie aufhört, denn verfolgt man die Strasse nach Colombo, so haben zwar die städtischer aussehenden Häuser bald ein Ende, aber man kann tagelang durch die Palmenallee gehen und sieht überall rechts und links unter den Palmen die Hütten der Eingebornen liegen, gerade so, wie unmittelbar vor den Thoren des Forts, im sogenannten chinesischen Garten. Wenn man mit der, täglich in der Früh von Galle nach Colombo gehenden Royal-Mail-Coach fährt, so findet man, dass das so fortgeht den ganzen Küstenstrich entlang, volle 75 englische Meilen. Ich habe nie eine mehr bevölkerte Gegend gesehen, als diesen südwestlichen Küstenstrich von Ceylon. Auf der Karte stehen die Namen von etwa 12 verschiedenen Dörfern oder Städtchen, macht man aber den Weg selbst, so weiss man nie, ist man jetzt im Wald, in einem Dorf, oder in einer Stadt, oder in einem Garten. Das Ganze ist ein herrlicher Palmenpark, bewohnt von tausend und aber tausend Menschen, in welchem da und dort als reizende Staffage die weisse Kuppel eines buddhistischen Tempels, oder die Minarets einer mohammedanischen Moschee über die Palmengipfel ragen, und in welchem die Bazars, wo die Lebensbedürfnisse der Eingebornen auf

Palmenblättern in den Veranden malerisch zum Verkaufe ausgelegt liegen, die einzigen Mittelpunkte bilden, auf die man die Namen der Karte anwenden kann. Die vortreffliche Strasse, die von Galle nach Colombo immer der Meeresküste entlang durch den Palmenwald führt, ist so belebt, als hätten die Leute nichts zu thun, als unter den Palmen auf und ab zu spazieren. Man bekommt umso mehr diesen Eindruck, als man selten einen Mann etwas Anderes tragen sieht, als den chinesischen Sonnenschirm, um sich gegen die fast senkrechten Sonnenstrahlen zu schützen, oder den Talipotfächer. Nur Weiber sieht man schwere Körbe auf dem Kopfe zur Stadt tragen. Auf dem Weibe scheint bei den Singhalesen überhaupt der Hauptheil der Mühen und Sorgen des Lebens zu lasten, und ihm kein anderes Vorrecht geworden zu sein, als das besonderer Hässlichkeit und jenes, statt eines Mannes mehrere zu haben. Wie war ich in meinen Vorstellungen enttäuscht! Ich dachte Wesen zu finden, ausgestattet mit allen 46 orientalischen Schönheitsmerkmalen, Ideale, wie sie ein singhalesischer Romantiker beschreibt: „reiches Haar, wie der Schweif des Pfauen, lang herab bis zu den Knien in Locken hängend, Augenbrauen gleich dem Regenbogen, Augen gleich dem Saphir und den Blättern der Mahanelblume, eine Habichtsnase, Lippen glänzend und roth wie Korallen auf dem jungen Laube des Eisenbaumes, Zähne klein und regelmässig stehend wie Jasminknospen, Hals dick und rund wie die Berrigodea, Hüften breit, Brust fest und kegelförmig wie die gelbe Cocosnuss, die Taille schmal, mit der Hand zu umspannen, die Glieder spindelförmig zulaufend, die Fusssohle ohne Höhlung, die Haut ohne Knochenvorsprünge, rundlich gewölbt, weich und zart." Wollte ich beschreiben, was ich gesehen, ich müsste mit der Beschreibung der Töchter Eva's in dem irdischen Paradiese auf Ceylon das ganze weibliche Geschlecht beleidigen. Ich habe nie so hässliche Weiber neben so schönen Männergestalten gesehen, wie man sie unter den Singhalesen trifft. Ich wünschte zur Ehre der Singhalesen, jener Schriftsteller hätte Recht, der behauptet, schöne Weiber und hässliche Männer seien das Zeichen eines entnervten und entarteten Volkes, das Gegentheil aber charakterisire ein Volk, dem noch eine grosse, thatenreiche Zukunft bevorstehe; leider muss ich aber auch das bei den Singhalesen bezweifeln. Unter singhalesischer Herrschaft ist aus dem Paradiese von Ceylon eine Wildniss geworden, in der es von Elephanten im eigentlichen Sinne des Wortes wimmelt; wenn nun endlich aus dem Lande ein wahres Paradies wird, so geschieht das durch die bewunderungswürdige Culturkraft der anglo-germanischen Race.

Das oben erwähnte Verhältniss der Polyandrie besteht in der That heutzutage noch unter den Singhalesen. Es hat weniger seinen Grund in der Thatsache, dass unter den $1^1/_2$ Millionen Einwohnern, die Ceylon zählt, ein volles Zehntel mehr Männer als Weiber sind, als in socialen Verhältnissen, in Armuth und in Folge dessen in der Vorsorge, die Zerstücklung des Eigenthumes zu verhindern. Die Cocospalmen, so zahllos sie am Meeresstrand der südlichen und westlichen Küste stehen (an der östlichen fehlen sie), sind alle vertheilt, jede hat ihren Eigenthümer, und eine Anzahl solcher Palmen ist ein sehr wichtiger Theil des Besitzstandes einer Familie. Der Vater vertheilt sie als erbliches Vermögen in gleichen Theilen unter seine Kinder. So kam es aber, dass bei zahlreichen und armen Familien nur eine Palme oft zwölf Menschen gehört und dass, um nicht noch weiter vertheilen zu müssen, alle Brüder einer Familie zusammen eine Frau heiraten. Komisch ist, wie der Sprössling einer solchen polyandrischen Ehe seine verschiedenen Väter bezeichnet. Man hört einen solchen Jungen z. B. sagen: „Ich will zu meinem Vater mit der dicken Nase, mein Vater mit dem lahmen Arm ist ausgegangen" u. s. w.

Ich war nur wenige Tage in Point de Galle; die Sehnsucht, etwas mehr von dem „Eden of the Eastern Wave", von dem Garten der Welt, zu sehen und namentlich, von dem Sand der Küste auf feste Felsbasis und damit auf geologischen Boden zu kommen, führte mich nach Colombo, der

Hauptstadt, um von da aus in die Gebirge des Innern vorzudringen und den 7300 Fuss hohen Adamspik zu besteigen, dessen Felskegel mir schon auf die See hinaus so lockend zugewinkt. Der Commodore kam meinen Wünschen mit grösster Freundlichkeit entgegen, indem er mir und meinem Collegen Fr. gestattete, auf Ceylon zurückzubleiben, während die Fregatte schon am 16. Januar nach Madras unter Segel ging. Wir sollten mit dem nächsten Ueberlanddampfer von Galle nach Madras nachkommen. Das traf sich denn auch so glücklich, dass wir die Besteigung des Adamspik, vom herrlichsten Wetter begünstigt, ausführen konnten, und mit dem stattlichen Schraubendampfer „Nubia" nach einer ungewöhnlich günstigen Fahrt von 47 Stunden schon am 24. Januar in Madras eintrafen, acht Tage, ehe die Fregatte ebenfalls nach einer für die Nordost-Monsumperiode ausserordentlich glücklichen Fahrt von vierzehn Tagen ankam.

Ich sollte Ihnen nun von Adamspik erzählen, von unserer wissenschaftlichen Pilgerfahrt nach dem Berggipfel, zu dem jährlich tausend und aber tausend Menschen pilgern, weit herziehend aus West, aus Nord und aus Ost, Mohammedaner, Hindus und Buddhisten, Männer, Weiber, Kinder und Greise, Gesunde und Kranke, — zu dem sie mühsam emporklimmen müssen auf steilem Felspfad durch blutegelerfülltes Jungle-Dickicht, durch von Elephanten bewohnte Urwälder, über senkrechte Felswände auf eingehauenen Stufen, auf eisernen Leitern an eisernen Ketten, um oben ihre Opfer zu bringen und ihre Gebete zu verrichten, im Anblick der heiligen Fussspur, welche die Mohammedaner unserem Urvater Adam zuschreiben, die Hindus ihrem Gott Siva und die Buddhisten dem Gautama Buddha.

Jedoch wie soll ich die Ruhe finden, in meiner Cabine zu schreiben, nachdem soeben wieder der Ruf „Land!" ertönt? Das ist Car Nikobar, die nördlichste der Inseln, von denen nun gerade vor 80 Jahren das erste österreichische Kriegsschiff, das den bengalischen Meerbusen befuhr, im Namen seines Kaisers Besitz ergriff. Wir, die zweiten, sollen wissenschaftlichen Besitz ergreifen von den Inseln, deren Klima bis jetzt alle Colonisationsversuche vereitelte. Car Nikobar, die erste der Inseln, die wir betreten sollen, ist in Sicht. So drängt sich Neues auf Neues. Kaum konnten die früheren Eindrücke Wurzel fassen, so werden sie schon wieder von neuen verdrängt. Ceylon und die Nikobaren! Ja, auch Ceylon galt einst für ein Grab der Europäer. Kaum sind Jahrzehnte verflossen seit jener Zeit, da mörderische Klimafieber europäische Truppen im Krieg gegen die Kandy-Könige decimirten, und heute sendet man die Truppen nach Ceylon, um sie zu erholen und ihre Gesundheit herzustellen; Klima und Menschen sind überwunden, Ceylon ist zu einem irdischen Paradies geworden und zur einträglichsten Colonie der englischen Krone. Sollte Aehnliches nicht ebenso möglich sein auf den Nachbarinseln, den Nikobaren?

Madras.

Am 22. Januar 1858, Mittags 2 Uhr, verliess ich den Hafen von Point de Galle an Bord des Schraubendampfers „Nubia". Die Fahrt auf diesem comfortabelsten aller Compagniedampfer war die allerincomfortabelste. Nicht weniger als 240 Passagiere erster Classe! Der Dampfer war so überfüllt, weil er ausser seinen eigenen Passagieren noch die Passagiere des Dampfers „Alma" an Bord hatte, der 14 Tage früher die Reise hätte machen sollen, dem aber bei Aden die Schraube gebrochen war. An die Bequemlichkeiten einer Cabine war daher für die Passagiere von Galle nicht mehr zu denken. Man musste froh sein, für die 12 Pf. St., welche die Ueberfahrt nach Madras kostet, einen Platz bei Tische zu finden, obgleich Frühstück und Diner in zwei Auflagen nach einander gegeben wurden und zufrieden konnte man sein, am Deck auf der hier hoch aufgethürmten Bagage der Reisenden noch ein freies

Plätzchen zu bekommen, wo man ruhig schlafen konnte, ohne von den am frühesten Morgen das Deck waschenden Matrosen gestört zu werden. Nichtsdestoweniger war die Fahrt auf dem Dampfer eine interessante Abwechslung. Die Reisegesellschaft zählte gegen 40 Damen und bestand natürlich vorherrschend aus Engländern, grösstentheils Officieren, Cadeten, Geistlichen und Beamten der ostindischen Compagnie, nur wenigen Kaufleuten und Lustreisenden, einigen Franzosen, einem Perser und merkwürdigerweise fünf Deutschen, sogar zwei jungen deutschen Damen, die mit einer englischen Familie nach Calcutta reisten, ausserdem war auf zweiter Classe eine Schaar von Ammen, Stubenmädchen und Bedienten chinesischen und malabarischen Geblütes. Glücklicherweise war die Fahrt vom herrlichsten Wetter begünstigt und der Dampfer bewährte seinen guten Ruf als schnellster Indienfahrer, er legte den Seeweg von 547 Meilen, ohne Segel zu führen, in 47 Stunden zurück. Wir fuhren den ersten und zweiten Tag immer in Sicht der Küste von Ceylon und am 24. Morgens tauchte schon die Koromandelküste auf. Gegen 12 Uhr wurde das Kennzeichen von Madras für die Seefahrer, der nahe bei der Stadt gelegene Thomasberg, sichtbar, gleich darauf der Leuchtthurm, und wie ein Zauberbild erhob sich eine lange Reihe weisser säulengetragener Paläste, überragt von Thurmspitzen, da und dort unterbrochen von dunkelgrünen Vegetationsgruppen, im Vordergrunde zahlreiche Schiffe aus dem blauen Spiegel der Bengalischen See. Das ist der Anblick von Madras von der See aus. Die Paläste erscheinen auf dem Spiegel der See als wären sie in's Meer gebaut. Der niedere flache Sandstrand wird erst sichtbar vom Ankerplatz aus. Etwa $1^1/_2$ Meilen noch vom Lande durchschnitten wir einen merkwürdigen Schaumstreif, der sich parallel längs der ganzen Küste auszudehnen schien, und dann bot sich uns zur Linken ein Schauspiel dar, das Aller Augen auf sich zog; Hunderte von Fischern waren in der See dichtgedrängt mit ihrem Handwerk beschäftigt, wild aussehende, mit dem Minimum menschlicher Kleidung angethane braune Kerle, den Kopf bis auf einen Schopf fliegender Haare am Scheitel glatt abrasirt. Erst als wir mitten zwischen ihnen durchfuhren, wurden wir die seltsamen Fahrzeuge gewahr, auf denen sich diese Menschen im Meere herumtummeln; zwei oder drei Baumstämme flossartig zusammengebunden, das sind die berühmten Katamarans von Madras, mit denen dieses amphibienartige Fischergeschlecht kühn durch die furchtbarste Brandung am Madrasstrand fährt, ohne sich etwas daraus zu machen, wenn auch eine Welle sie von ihrem Fahrzeug wegspült, sie selbst können ja schwimmen und das Katamaran kann nicht zerschellen. Um 1 Uhr hatte der Dampfer geankert und war alsbald umringt von einem Dutzend der grossen, breiten und tiefen Massulahboote, mit denen es allein möglich ist, durch die heftige Brandung an der offenen Sandküste von Madras an Land zu kommen. Diese Boote sind mittelst Cocosstricken zusammengenäht und dadurch so biegsam und elastisch, dass sie jeden Stoss aushalten. Jedes dieser Boote ist mit zwölf Ruderern bemannt, die sich in ihrem Aussehen von jenen Fischern nicht unterscheiden; es hat ausserdem einen Steuermann und einen Bootsmann. Da jedes Boot das erste an der Stiege des Dampfers sein wollte, so begann nun unter fürchterlichem Geschrei ein Handgemenge der nackten braunen Menschen, das nicht zu beschreiben ist. Von allen umgebenden Booten kletterten Menschen in das erste, das glücklich die Stiege erreicht hatte, und suchten es wegzuzerren oder über dasselbe an Bord des Dampfers zu klettern. Die Mannschaft des Bootes wollte dies aber nicht leiden, warf die Eindringlinge zurück in's Wasser und wehrte sich so tapfer, als gälte es einen ernsten blutigen Kampf. Endlich kamen aus dem seltsamen Gewirre von nackten Beinen und Armen, von fliegenden Haarschöpfen, einige ganze Menschen zum Vorschein, denen es gelang, das Deck des Dampfers zu erreichen. Der Bootsführer mit seinen Handlangern bemächtigte sich nun ohneweiters unserer Bagage, die bei der Stiege bereit lag

Wie dieselbe in's Boot gekommen und dass sie überhaupt richtig in ein und dasselbe Boot gekommen, ist mir fast unbegreiflich, denn um nun selbst in dieses Boot zu gelangen, mussten wir über drei oder vier andere hinwegklettern, keine kleine Sache auf dem auf- und niederwogenden Ocean und über diese 6 Fuss tiefen Boote hinweg, über die nur dünne Baumäste als Brücke dienen. Nun sassen wir aber glücklich auf dem erhöhten Sitz im Hintertheil eines Bootes, unsere Bagage lag tief unten auf Matten vor dem Wasser geschützt, das den Boden des Bootes erfüllte, die Ruderer fingen unter Gesang oder Geheul, je nachdem man es auffasst, und fürchterlichen Gesticulationen an zu rudern und nach wenigen Minuten sassen wir fest auf dem Sand in der Brandung, die anstürmenden Wellenmauern machten noch einige vergebliche Versuche, uns unfreiwillig aus dem Boote heraus an's Land zu werfen, bis wir Alle auf dem Rücken der Ruderer glücklich auf's Trockene getragen waren. So kommt man in der Hauptstadt der Koromandelküste an's Land. In der That, es ist ein merkwürdiges Beispiel, dass eine Stadt von solcher Bedeutung wie Madras an einem Meeresstrand entstehen konnte, der Schiffen nicht die mindeste Sicherheit bietet, ja zu gewissen Jahreszeiten ausserordentlich gefährlich ist, weil Orkane, die weiter nördlich und südlich fast unerhört sind, gerade über Madras ihren Weg nehmen, — an einem Strande, gegen den zu jeder Jahreszeit eine heftige Brandung anstürmt, welche das Gebiet des Meeres zusehends vergrössert, so dass die Mauern des Forts, die ursprünglich weit ab von der Küste lagen, nun schon von der Brandung untergraben werden. Aber noch unbegreiflicher ist, dass, nachdem einmal die grosse Handelsstadt hier entstanden ist, nicht längst für einen sicheren Landungsplatz gesorgt wurde, während doch schon seit Jahrzehnten Vorschläge aller Art existiren, deren Ausführung keinerlei ernstliche Schwierigkeit im Wege stehen kann.

Am Strande hatten wir noch eine ähnliche Scene zu erleben, wie bei unserer Einschiffung in das Boot, einen Kampf von Hunderten von Kulis, die um das Recht kämpften, unsere Koffer zu tragen, und wir kamen aus dem betäubenden Lärm und Handgemenge erst zur Ruhe, als wir in das schützende Thor eines an der Esplanade gelegenen Hôtels eintraten. Aber wie wäre es uns wohl gegangen, hätte uns nicht die kräftige Faust eines Reisegefährten vom Dampfer her, der hierzulande zu Hause schien, durchgeholfen. Der Neuling wagt es nicht, so handgreiflich zu werden, und ich muss gestehen, ich mochte das Beispiel, obwohl ich die Wirksamkeit des Mittels sah, auch nicht nachahmen, ich musste vielmehr unwillkürlich, als ich von der weissen Hand nach rechts und links Faustschläge und Rippenstösse unter den Haufen brauner Menschen austheilen sah, an die Meutereien im Gangesthal denken.

Also nun war ich in Indien, in einer grossen indischen Stadt. Von indischer Pracht und Herrlichkeit oder von indischem Comfort war zwar in dem Hôtel, in das ich gerathen, nichts zu bemerken, aber ich änderte auch später, als ich besser orientirt war, den Platz nicht, weil ich die Lage sehr bequem fand und von meinem Zimmer aus die Flaggenstange sehen konnte, an der die Ankunft der „Novara" signalisirt werden musste. Ueberdies bot das flache Dach des Hauses eine reizende Aussicht über die ganze Rhede, über die Esplanade und einen grossen Theil der immensen Stadt.

Ueber die Hauptgruppen der Stadt hat man sich schnell orientirt; südlich zunächst am Meere liegt, von Ringmauern und Wällen umgeben, Fort St. George, aus Regierungsgebäuden, Arsenalen und Kasernen bestehend, daran schliesst sich die Esplanade, ein grosser, freier Platz, mit Alleen bepflanzt; nördlich von der Esplanade, einerseits vom Meere, andererseits von einem breiten Canale begrenzt, dehnt sich das Häusermeer der eigentlichen Stadt, der sogenannten „schwarzen Stadt" oder der Stadt der Eingebornen aus, und das Ganze ist in einem weiten Halbkreis von Meer zu Meer umschlossen von den Wohnplätzen der Europäer. In der schwarzen Stadt concentrirt sich das geschäftige Leben und

Treiben von Madras. Auch die Europäer haben hier ihre Comptoire und Waarenmagazine. Man sucht aber vergeblich die Stadt von Palästen, die man von der See aus vermuthet. Es ist nur jene Reihe von Palästen längs des Strandes, öffentliche Gebäude, das Zollhaus, Waarenmagazine u. s. w. Die ganze übrige Stadt dahinter besteht aus den niedrigen, meist ebenerdigen, im Viereck mit einem Hofraum gebauten Häusern der Eingebornen.

Ein Spaziergang durch die engen Strassen der „schwarzen Stadt", zumal am Abend, wenn die Bazars, Tempel und Tempeltanzplätze erleuchtet sind, wenn die religiösen Aufzüge beginnen, die Vorleser oder Bänkelsänger ihre Stimme erschallen lassen, wenn Alles auf den Beinen ist und bunt durcheinanderwogt, die Bilder aus dem Volksleben der Hindus, die ein solcher Spaziergang dem Fremden bietet, das ist das Interessanteste von Madras; aber sie sind oft beschrieben worden, diese Volksscenen. Die Schlangenzauberer, die Jongleurs von Madras sind weltbekannt. Nur das Miterleben aller dieser Scenen an Ort und Stelle hat für den Europäer noch den Reiz der Neuheit und gewährt hohen Genuss. — Erlauben Sie mir daher, statt der Beschreibung von schon Bekanntem aus meinem Tagebuche einige persönliche Erlebnisse zu erzählen.

Eines Tages wollte ich meinen Freund Dr. B. in seiner Office besuchen. Der Kutscher hatte die Adresse bekommen, ich fuhr an Fort St. George vorbei einen langen Weg fort in südlicher Richtung. Endlich bog der Wagen durch ein Mauerthor ein, unter dem zwei chargirte Eingeborne Wache hielten. Ich kam auf eine weitausgedehnte Wiesenfläche, auf der Büffelheerden und Zebu weideten, und sah im Hintergrunde einen grossen Säulenpalast in entschieden maurischem Styl. Ich glaubte, der Kutscher habe mich falsch gefahren; der Wagen hielt, ein wohlgenährter, intelligent aussehender Muselman kam zum Schlag und öffnete. Ich fragte nach Dr. B. Ich war am rechten Platz, Dr. B. aber zufällig abwesend. Der Muselman lud mich sehr höflich ein, den Palast anzusehen, und da ich denn doch eigentlich wissen wollte, was es für ein Bewandtniss habe mit dem grossartigen Palast, der von vielen kleineren Nebengebäuden umgeben war, einen eigenen „Tank" und rückwärts Gärten hatte, so folgte ich. Wir traten ein durch die Säulenhalle. Ich wurde nach einem offenstehenden Gemache geführt, und als ich über die Thürschwelle trat, sprach der Muselman zu mir in einem Tone, als wolle er mir Jemanden vorstellen: „Der Minister des Nabob mit 1300 Rupien monatlichen Gehalts." Ich glaubte ihn nicht verstanden zu haben, denn ich war von dem grellen Tageslicht draussen so geblendet, dass ich im ersten Augenblick nicht deutlich sehen konnte, und dann konnte ich auf diese Art, einen Minister vorzustellen und einem Minister vorgestellt zu werden, doch nicht gefasst sein. Allein jetzt sah ich in der That einen ehrwürdig aussehenden Greis mit langem weissen Bart, in feine weisse Stoffe gehüllt, mit weissem Turban, sich rasch von einem reichen Teppich, auf dem er mit unterschlagenen Beinen gesessen, erheben, mir freundlich entgegenkommen und mir die Hand reichen. Nun ging mir eine Ahnung auf. Ich war im Palast der Könige der Koromandelküste, der berühmten Nabobs des Carnatic, und der vor mir stand, war Mudar-ul-Omroh-Bahadur-Dewan von Durbar, der letzte Minister des letzten Königs der Koromandelküste. Nun war mir auch die merkwürdige Art der Vorstellung klar. Mit derselben überraschenden Zuvorkommenheit, mit der ich in die Besoldungsverhältnisse dieses Scheinministers des letzten Scheinkönigs eingeweiht worden war, der vor zwei Jahren glücklich entschlafen ist, wurde nun Alles herbeigebracht und gezeigt, was mir eine Vorstellung von der Pracht und Herrlichkeit geben konnte, die an dem Hofe eines indischen Nabobs herrschte, und von deren Macht und Ansehen. Der Minister selbst begleitete mich durch den Palast, eine reiche Treppe führte zu einem Sitzungssaal, den lebensgrosse, in London ausgeführte Bilder der Nabobkönige schmücken. Ein zweiter Saal enthielt das lebensgrosse Bild des „G. Aug. Fried. Prinzen von Wales, gewidmet seinem Freunde Omradal-Omrah Nabob von Carnatic 1. Januar 1797" und Lord Cornwallis Arm in Arm mit einem Nabob, der Eine unter Fichten, der Andere unter Palmen wandelnd. Ich wurde weiter geführt nach einer Geschirrkammer und Wagenremise und mit flinken Händen enthüllten eine endlose Schaar dienstbarer Geister, die uns folgten, die vergilbte Pracht von seidenen und goldenen Thronsesseln, die einst die Bestimmung hatten, auf Elephantenrücken die allmächtigen Nabobs zu tragen. Als ich aus der von Staub und Moder erfüllten Rumpel- und Lumpenkammer wieder heraustrat, sah ich vor mir auf dem freien Platze eine mächtige Staubwolke aufwirbeln, die näher und näher kam, und allmälig einen riesigen Elephanten aus sich entwickelte. Das war wenigstens kein Scheinelephant, sondern ein riesiges prachtvolles Exemplar, wie ich es nie zuvor gesehen, — aber der „letzte Mohikaner" im Dienste des Nabobs, der wie sein Minister vom Gnadenbrot lebt. Seine gewaltigen Stosszähne waren halb abgesägt, auf meine Frage „warum?" erhielt ich von dem Wärter die Antwort: „Die Menschen lassen ihre Nägel auch nicht wachsen, sondern schneiden sie ab, ebenso muss man den Elephanten die Zähne schneiden". Es war ein gut dressirtes frommes Thier, das seine Kette am Rüssel selbst mit sich trug und auf Commando sich niederlegte. Ich sollte das Ungeheuer besteigen. Es gelang mir, an den Gurten, mit denen der Riesenkörper umschlungen war, auf den breiten Rücken zu klettern, vor mir auf dem Hals sass der Führer. Das Thier richtete sich auf und vorwärts ging es im langsamen Schritt. Starr vor Erstaunen standen die Büffel, die auf der Grasfläche vor dem Palaste weideten und mit entsetzter Geberde und langen Sätzen ergriffen sie die Flucht, als der Elephant gegen sie umwendete. Einige Leoparden und ein paar stattliche Elkhirsche (Cervus hippelaphus) vollenden den thierischen Theil des Hofstaates des Titularministers. Ich hatte offenbar den Minister und seine Umgebung sehr befriedigt durch die Ueberraschung und Verwunderung, die ich kundgab bei alledem, was so unerwartet sich mir zeigte. Ich nahm sehr verbindlichen Abschied für die interessanten Illustrationen, die ich zu einem guten Theil der Geschichte der Besitzergreifung der Koromandelküste durch die Engländer bekommen und durch die mir Manches klarer geworden. Aber armer Nabobminister, du weisst vielleicht nicht, dass auch dein Schicksal schon schwarz auf weiss geschrieben steht, und dass man es dich nicht lesen lässt, blos weil du ein alter Mann bist, und weil der Reis gerade so theuer ist, dass man deinen Hofstaat nicht dem Hunger preisgeben will!

Ein anderesmal besuchte ich die grosse „Pagode" oder die Parthasari da Pagode, den grössten Hindutempel in Madras. Ich hatte bei den kleineren Pagoden vergebliche Versuche gemacht, in das Innere gelassen zu werden, und wollte einmal mein Glück bei der grossen Hauptpagode versuchen, denn oftmals wird man ja von dem Diener da abgewiesen, wo Einen der Herr mit grösster Freundlichkeit empfängt. Diese Pagode ist ein grossartiger Bau aus Syenitquadern, umgeben von einer hohen, unten mit den üblichen weissrothen Streifen bemalten Mauer, auf der eine Schaar langschwänziger Affen sich herumtummelt. Ein grosser „Tank" mit verschiedenen Nebengebäuden liegt vor der Pagode und ein Elephant, zum Tempeldienst bestimmt, der jeden Morgen dem Gotte das Wasser bringt und auf seiner Stirne ein riesiges Farbenzeichen der Ramanudocha-Secte trägt, ist zur Seite angehängt. An der Strasse hatte man zu einem Feste, das eben gefeiert wurde, einen Tanzplatz für die Tempelmädchen errichtet und dieser Tanzplatz war auf folgende seltsame Weise ausgeschmückt: Im Hintergrunde stand eine Art Altar, reich mit Goldflitterwerk, geschliffenem und gefärbtem Glas behangen und mit allerlei abenteuerlichen Göttergestalten besetzt. Am Eingange links die Statue der medicäischen Venus, rechts Apollo vom Belvedere, auf kleinen Tischchen Schmetterlinge, Insecten, Muscheln in zierlichen Glaskästchen. An den Bretterwänden zur Seite neben Antonius von Padua die sinnenerregenden

Bilder indischer Odalisken, und neben Karl Borromäus alle jene schamlosen Darstellungen, die man an den verrufensten Orten von London und Paris nur Nachts feilbietet. Das ist die Ausstattung eines Tanzplatzes indischer Tempelmädchen. Zwei dunkle, pyramidenförmige Thürme ragen hoch über die Mauer der Pagode und ein schöner Säulengang führt zum Eingang. Ich schritt, ohne weiter zu fragen, rasch dem offenen Eingange zu, als plötzlich unter dem Thore ein Mann vortrat, ein Tuch vorhielt und mir freundlich, aber entschieden in geläufigem Englisch den Eintritt verwehrte. Die Schnur über die linke Schulter kennzeichnete ihn als Brahminen, der fanatische Blick seiner feurigen Augen interessirte mich, ich war neugierig auf die Antwort und sagte daher: „Auch ich bin ein Brahmine, ich werde mein Gesicht braun malen, mir das Sectenzeichen auf die Stirne malen, die Schnur umlegen, das Haar scheeren lassen, Turban und weisses Gewand tragen, ich werde so wiederkommen und Ihr werdet mich hineinlassen." Der Brahmine nahm seinen Turban ab, dass sein Haarschopf hinten im Winde flog, deutete auf den Tempel-Elephanten und erwiderte in pathetisch-stolzem Tone: „So wenig man aus einem Pferde einen Elephanten machen kann, ebenso wenig aus einem Europäer einen Brahminen, der Brahmine ist geboren." Das war gut gesagt, in den Tempel konnte ich nicht kommen, so wollte ich wenigstens Einiges über die Zeit seines Baues erfahren, und fragte deshalb, ob er wisse, wann diese Pagode gebaut sei, und ob sie so grossartige Werke auch jetzt noch bauen können. Da schaute er mich verwundert an: „Das ist nicht von Menschenhänden gebaut, das ist von Gott geschaffen; ein grosser Fels, ein Berg stand früher hier auf dieser Stelle, die Erde öffnete sich, der Berg versank und die Pagode erhob sich, vom Gotte geschaffen, aus der Tiefe. Das geschah aber lange vor Christi Geburt." Ich war nicht weniger überrascht von dieser Antwort, als der Brahmine wahrscheinlich von meiner Frage. Dass die brahminischen Dogmen so weit gehen, war mir neu. Die

Erklärung stritt aber zu sehr gegen meine geologischen Principien von Eruptionsformationen, ein Brahmine war ich auch nicht, um es glauben zu müssen, und so sagte ich: „Ich glaube das nicht." — „Wenn Du meinen Worten glaubst, so glaube ich auch Deinen, wenn nicht, so habe ich auch auf Deine Worte nicht mehr zu hören; so ist es Brauch in der Welt." Das war die kurze, entschiedene Dialektik des Brahminen, und ich war geschlagen. — Wie nichtssagend ist doch gegen dieses dogmenfeste Brahminenthum die nackte Moralphilosophie der Buddhisten! Auf Ceylon öffneten uns die gelbgeschürzten, glattgeschorenen, betelkauenden Buddhistenpriester fast mit kriechender Freundlichkeit gegen eine kleine Gabe in die Opferschale jeden Tempel. Von dem Brahmanentempel wird aber der Europäer als profaner Ungläubiger überall mit Entschiedenheit zurückgewiesen. Selbst was die Hand des Europäers nur berührt hat, gilt dem Hindu als unrein. Komisch ist, mit welch ängstlicher Zuvorkommenheit der Zuckerbäcker im Bazar dem Europäer, wenn er sich die hoch aufgethürmten Süssigkeiten betrachtet, kleine Proben anbietet, nur damit man sich so schnell wie möglich wieder entfernt und nicht durch das blosse Anschauen ihm die Kundschaft verdirbt. Nur der Paria, der „out caste people", geniesst Speisen aus europäischer Küche; schon der Bediente aber, den jeder Fremde in Madras hat und haben muss, läuft Einem täglich weg, um bei seiner Kaste „Reis zu essen".

Kein Wunder, dass das Christenthum unter den Hindus nur langsame Fortschritte macht, ja dass die Regierung lieber alle Greuel des heidnischen Cultus mit ansieht, wie sie heutzutage noch in fanatischer Selbstzerfleischung und Selbstopferung vorkommen, als dass sie durch Gewaltmassregeln religiösen Fanatismus gegen sich aufregt. Wie schnell entzündbar und gefährlich dieser bei den Hindus ist, das haben die letzten Meutereien von neuem zur Genüge bewiesen, wenn auch deren ursprüngliche Ursache eine ganz andere gewesen sein mag. Wo bei compacten Massen von Millionen alle

Lebens- und Gesellschaftsverhältnisse durch die Satzungen einer uralten Religion geregelt und geordnet sind, da kann christliche Lehre und Predigt nur von geringem Einfluss sein. Solche Völker müssen im Verlaufe von Jahrhunderten durch Volksschulen, technische Schulen, Gewerbe- und Handelsschulen, durch gleiches Recht und gleiches Gesetz und durch das Beispiel allmälig zu christlich-europäischem Culturleben erzogen werden. Solche Anstalten bestehen in Madras unter tüchtiger Leitung schon seit Jahren, und wir haben erfolgreiche Beispiele gesehen, die vollkommen den Eindruck rechtfertigen, den die feingeschnittenen, intelligenten Gesichter dieser braunen Kaukasier machen, dass sie für europäische Cultur empfänglich und fähig sind.

Ganz anders sind diese Verhältnisse bei den energielosen und weibisch schlaffen, buddhistischen Singhalesen auf Ceylon. Unter portugiesischer Herrschaft wurden sie Katholiken, unter holländischer Wesleyaner, unter englischer werden sie Mitglieder der englischen Kirche, und bei alledem sind sie vor- und nachher Buddhisten. Fragt man nach der Religion, so hört man immer ein und dasselbe „of masters religion". Das war die übereinstimmende Antwort aller meiner singhalesischen Kulis auf dem Adamspik. Und als wir oben waren bei der heiligen Fussspur des Gautama Buddha, da lagen sie trotz „masters religion" Alle niedergeworfen auf der Erde und brachten Todtenblumen und Liebeskussblüthen zum Opfer vor dem durch die Tradition geheiligten, künstlich aufgemauerten Machwerk ihrer Priester. Am wirksamsten unter allen Missionären schienen mir auf Ceylon katholische Priester zu wirken durch das Beispiel eines einfachen, wahrhaft apostolischen Lebens.

Man rechnet gegenwärtig die braune Bevölkerung des Weichbildes der Stadt Madras zu 700.000 Köpfen, worunter nur 1600 Europäer. Trotzdem hat der europäische Theil von Madras eine gewaltige Ausdehnung. Man darf sich darunter nicht eine Stadt mit Häuserreihen denken, sondern eine weit ausgedehnte Parklandschaft, in der zerstreut die sehr comfortabel eingerichteten, palastähnlichen europäischen Wohnhäuser stehen, jedes in einem besonderen, ummauerten oder umzäumten Park. Nur „Mount Road", die Hauptstrasse, entspricht einigermassen unserer Vorstellung von einer städtischen Strasse. Gewiss lassen die klimatischen Verhältnisse eine solche Stadtanlage sehr zweckmässig erscheinen, aber dem Deutschen, der gewohnt ist, „angenehme vis-à-vis" zu haben und zu seinem Hausnachbar oder zu seinem Freunde zu Fuss zu gehen, sagt eine solche in Gärten und Parken zerstreute Stadt, in der eine Equipage das allernöthigste Lebensbedürfniss ist, nicht zu. Mir kam das europäische Madras immer vor, wie unsere modernen Kaffeehäuser, wo in einem grossen Saale viele kleine Tische einzeln zerstreut stehen, die nur für Fremde, nicht aber für alte eingebürgerte Stammgäste eingerichtet erscheinen. Ich konnte mir in diesen zerstreut liegenden Häusern auch nur fremde Gäste, aber keine heimatlich ansässige Gesellschaft denken. Das ist in der That auch der Fall. Der Engländer, sei er ein Kaufmann oder Beamter, wohnt hier nur eine gewisse Reihe von Jahren, bis er sich so viel „Geld gemacht", um davon „in der Heimat angenehm" leben zu können. Das hört man überall offen aussprechen. Die für europäische Begriffe unerhört hohen Gehalte, welche die ostindische Compagnie ihren Beamten bezahlt (ein Steuereinnehmer, „Collector", z. B. hat 4000 bis 5000 Pfund Sterling = 40.000 bis 50.000 Gulden jährlich), macht das „sich Geld machen" hier auch dem Beamten möglich. Da die englische Regierung in ihren Colonien gleich hohe Gehalte nicht bezahlt, so sehen die Beamten dem wahrscheinlichen Regierungswechsel überall mit wenig Freude entgegen und halten ihn als ein Unglück für das Land.

Das europäische Madras schliesst in sich zwei hervorragende öffentliche Gebäude, die ich besonders erwähne, das eine das Government Centralmuseum, im Jahre 1851 gegründet, ein Museum für ethnographische und naturhistorische Sammlungen, mit dem ein kleiner zoologischer Garten verbunden ist. Ich las im amtlichen Ausweis, dass das Einschreibbuch des Museums für den Monat Januar 1858 nicht weniger als 36.522 Besucher nachweist, natürlich zum grössten Theile Eingeborene, und hörte, dass das der durchschnittliche monatliche Besuch des Museums seit seiner Gründung ist. Welches naturhistorische Museum der Welt kann eine gleich grosse Zahl von Besuchern nachweisen? Das zweite ist das „Madras-Club-House", das Alles in sich vereinigt, was z. B. in Wien ein grosser Leseverein, das Sophienbad und das grösste Hôtel zusammen bieten. In diesem „non plus ultra" eines Clubhauses wurde dem Commodore zu Ehren am 9. Februar ein grossartiges, von 120 Personen, der ganzen Elite der Madras-Gesellschaft, besuchtes Festdiner gegeben, das nur eine Reihe von Auszeichnungen in grossartiger Weise würdig beschloss und alle jene hervorragenden Männer zum herzlichen Abschied vereinigt hat, von welchen die Mitglieder der Expedition mit so zuvorkommender Freundlichkeit aufgenommen und in ihren verschiedenen Zwecken unterstützt worden waren.

Die Nikobarischen Inseln.

Reise durch die Inselgruppe.

Zuerst lassen Sie mich kurz von unseren Kreuz- und Querzügen durch die von Nord nach Süd in drei Hauptgruppen an einander gereihten, neun grösseren und neun kleineren Inseln berichten, dann von „Land und Leuten".

Nach einer angenehmen, aber höchst einförmigen, immer von gleichmässig schönem Wetter begünstigten Ueberfahrt von 14 Tagen (wir hatten Madras am 10. Februar verlassen) ankerte die k. k. Fregatte am 23. Februar Morgens in der nordwestlichen Bucht von Car Nikobar, der nördlichsten Insel des Archipels. Ein niederes flaches, in einem kleinen Hügel, der sich in seiner Mitte erhebt, kaum 150 Fuss hohes

Eiland lag vor uns, theils mit Wald bewachsen, theils mit Grasfluren bedeckt, und unter den Cocoshainen am Meeresstrand waren bienenkorbförmige Hütten der Eingebornen sichtbar. Während des Ankerns waren einige Canoës mit Eingebornen herbeigekommen, die jedoch in dem Augenblicke, wo jede Hand und jedes Auge auf Deck beschäftigt ist, keine Beobachtung finden konnten; sie entfernten sich wieder schnell in dem Glauben, wir seien Feinde und hätten sie deswegen nicht an Bord gelassen. Wie ein Lauffeuer verbreitete sich das Gerücht über die ganze Insel, dass furchtbare „Seeräuber" mit „dicken Kanonen" und einer weit überlegenen Anzahl von „Laskaren" angekommen seien. Weiber und Kinder flüchteten nach dem südlichen Theil der Insel, Wege und Stege wurden, so gut es in der Eile ging, durch darüber geworfene Baumzweige unkenntlich gemacht. Die kampffähigen Männer ergriffen Spiess und Schwert und aus dem sicheren Versteck, das der Urwald bietet, beobachteten sie die gefährlichen Fremden. Als das erste Boot von der Fregatte ausgeschickt wurde, um an der von Korallenriffen umsäumten und in heftiger Brandung stehenden Küste einen Landungsplatz zu suchen und als dieser hinter einem vorspringenden Riffe gefunden war und die Ersten von uns den Boden von Car Nikobar betraten, da schien Alles todt und stille, kein menschliches Wesen liess sich blicken. Wir waren unbewaffnet an's Land gegangen, damit die Eingebornen sähen, dass wir in friedlicher Absicht gekommen, und riefen in den Wald hinein verschiedene Namen, die wir aus der Reisebeschreibung der „Galatea" kannten. Das wirkte, einige der Muthigsten krochen aus ihrem Versteck hervor und mit der Frage „Good friend"? und der Versicherung „we good man, good people" kamen sie langsam näher. Wir versicherten ihnen dasselbe, zeigten, dass wir ganz unbewaffnet zu ihnen kamen, nur um sie zu besuchen und zu sehen, wie es ihnen gehe, und nun war die Brüderschaft schnell geschlossen. Sie legten ihre Spiesse und Säbelklingen weg und es war komisch zu sehen, wie diese nackten braunen Kerle, die vor Furcht beinahe zitterten, sich nun beeiferten, uns die Hände zu drücken und uns zu versichern, dass sie und wir „all one father, one mother" haben, dass wir Alle Brüder seien. Sie riefen Andere herbei, brachten uns als Zeichen der Gastfreundschaft junge Cocosnüsse zum Trinken, zündeten sich bei uns ihre Cigarren an, die sie in ihrem durchbohrten Ohrläppchen trugen und tranken mit höchster Befriedigung, die sich in einem stets wiederholten „very good" äusserte, aus unseren Rumflaschen; kurz, sie wurden bald so gemüthliche Menschen, dass sie sich's nicht nehmen liessen, mit der zärtlichst grinsenden Miene, deren ein Nikobarensergesicht nur fähig ist, auch ihren Arm um unsere Schulter zu legen und in dem ihnen eigenthümlichen Nikobarenser Englisch uns alle ihre Freundschaft auszudrücken, aber immer, wie mit einem „ceterum censeo" mit der Frage zum Schluss: „Was wollt ihr eigentlich?" „Wann geht ihr wieder weg?" („what you want?" „when you go away?") „Warum habt ihr so dicke Kanonen?" Was wir bei diesen komischen Kauzen, die fast alle englische Namen tragen, sich Lord Byron, Lord Nelson, Capitän John, Dr. Crisp u. s. w. nennen und von englischen Schiffscapitänen mit Zeugnissen über gutes Verhalten, über Redlichkeit und Zuverlässigkeit in Erfüllung von Handelscontracten ausgestattet sind, weiter erlebt haben während der fünf Tage, welche die Fregatte sich hier aufhielt, davon später mehr. Wir fuhren jeden Morgen um 6 Uhr an's Land; auf einer vorspringenden Inselecke wurde ein Zelt aufgeschlagen, da fand man sich gegen Mittag ein, um eine kleine Erfrischung zu sich zu nehmen, und um 5 Uhr Abends gab ein Kanonenschuss von der Fregatte das Zeichen, sich zu versammeln, um an Bord zu kommen. In sehr weiser Vorsorge für die Gesundheit derer, die bei den wissenschaftlichen Arbeiten am Lande beschäftigt waren, war diese Massregel, dass jeden Abend Alle wieder an Bord zurück sein sollten, während unseres ganzen Aufenthaltes auf den nikobarischen Inseln festgehalten worden. Und wir verdanken es gewiss dem Umstande, dass Keiner den schädlichen Dünsten ausgesetzt war, die bei Nacht aus den Sümpfen und Wäldern aufsteigen, dass wir keinen einzigen Fall von dem so gefährlichen Klimafieber zu beklagen haben, sondern nur in leichteren Fiebern, die bei Einigen ausbrachen, der ungesunden Gegend den Tribut leisteten.

Am 27. Abends ging der sehnlichste Wunsch unserer neugewonnenen Freunde in Erfüllung. Sie hatten tagtäglich gefragt, wann wir denn abreisen würden und geklagt, dass, so lange wir hier seien, ihre Weiber und Kinder, die aus Furcht in den „Jungle" entflohen, nichts zu essen haben. Die Fregatte ging unter Segel und ankerte am 28. Nachmittags an der Südseite von Car Nikobar. Als wir der Ostküste entlang segelten, da konnte man durch den Tubus bei dem aus 8 bis 10 Hütten bestehenden grossen Dorfe Lapate Hunderte von Weibern und Kindern erkennen, die in eiliger Hast zwischen den Hütten hin und her liefen, dann aber schnell Alle im Walde verschwunden waren. Offenbar waren das die Flüchtigen von der Nordseite, die nun mit ihren Schwestern von der Ost- und Südseite abermals auf der Flucht waren, als sie das „grosse Seeräuberschiff" sich nähern sahen. Als wir am 1. März an der Südküste landeten, da fanden wir auch in der That Alles wieder entflohen, nur Hunde und wehrfähige Männer waren zurückgeblieben. Ein blendend weisser Strand von Korallensand, übersäet mit tausend lebendigen Muschelschalen, die mit ihren usurpatorischen Bewohnern, den merkwürdigen Bernhards- oder Einsiedlerkrebsen, alle laufen können, Mangrove-Sümpfe voll grosser Cerithien, ein prachtvoller hochstämmiger Wald, durch den ein gebahnter Fusssteig führte, das war Alles, was uns die flache Südküste bot.

Wir gingen schon am Abend wieder unter Segel und kreuzten am 2. März bei dem kleinen Eiland Batty Malve. Die schwache Brise und die heftige Gegenströmung gestatteten nicht, der Insel so nahe kommen zu können, um ein Boot auszusetzen zur näheren Untersuchung der steilen Felsufer des unbewohnten, mit Wald bedeckten Eilandes. Den 3. März fuhren wir bei „Dschaura" (Schowry der dänischen Karte, ich folge der Aussprache der Eingebornen) vorüber, mit Curs nach dem östlicher gelegenen Tillangschong, dessen Nordspitze wir am 4. Morgens ganz nahe waren. Wind und Wetter waren so günstig, als man nur wünschen konnte, ein sicherer Ausluger war auf dem Fockmast, das Loth gab mit 40 Faden keinen Grund, das Wasser hatte die blaue Farbe der tiefen See. Die Fregatte konnte sich deshalb gefahrlos der Küste nähern. Wir segelten bis auf zwei Kabeln Entfernung zu der octaedrischen Felsklippe, die an der Nordspitze der Insel sich erhebt wie ein Fort, wendeten dann und liefen im Lee der Insel. An der Westküste von Nord nach Süd blieben wir immer auf 1, 2 bis 3 Kabel Entfernung, so dass man vom Deck das steil ansteigende Land fast mit den Händen erreichen zu können glaubte und jeden Stein, jeden Strauch und jedes Gras unterscheiden konnte. Nur ein schmales Felsband über der Brandung ist vegetationsleer, sonst ist die ganze Insel mit dichtem Urwald bewachsen, über den am Gipfel der 400 bis 600 Fuss hohen steilen Kuppen die schlanken Wipfel der Nibongpalme ragen. Endlich öffnete sich eine kleine sandige Bucht, an der einige Cocospalmen stehen, das Loth ergab einen guten Ankergrund und der Anker fiel. Wir hatten grosse Mühe, durch die Brandung an's Land zu kommen, und noch mehr, bei eingetretener Ebbe uns wieder einzuschiffen, aber wir kehrten Alle befriedigt Abends an Bord zurück. Der Wald hatte eine Menge interessanter Pflanzen und Hölzer geliefert und den Jagdfreunden unter uns so viele Tauben, dass sämmtliche Tischgesellschaften an Bord reichlich damit versorgt werden konnten. Mir hatten die Felsen schöne Serpentin- und Gabbroarten geliefert. Abends wurde Anker gelichtet, wir hielten uns jedoch in der Nacht nahe der Nordseite der Insel, so dass am 5. Morgens ein Seitenboot abgeschickt werden konnte mit einem der Herren Officiere, der die Aufgabe hatte, die Nordspitze zu umfahren und die Ostküste aufzunehmen, während die Fregatte an der Westseite gegen Süden fuhr. Das Boot sollte an der Südspitze mit der Fregatte wieder zusammentreffen. Beides wurde glücklich ausgeführt und dabei an der Südostseite der Insel eine gute, geschützte Ankerbucht entdeckt. Am 6. Morgens verliess die Fregatte das gänzlich unbewohnte Tillangschong und steuerte nach dem Nang Kaury-Hafen. Kamorta's Nordseite lag ganz in Sicht und rückte, wie wir ruhig auf glatter See dahinfuhren, langsam näher, ein flachhügeliges Land, das, obwohl ganz wilder Natur, durch die Abwechslung von Wald- und Grasflächen ein fast parkähnliches Ansehen gewinnt, am weissen Korallenstrand umgrenzt von Cocospalmen. Allmälig trat die flache cocos- und trepangreiche Insel Trinket hervor, die an der östlichen Seite von Kamorta vor der Einfahrt in den Hafencanal zwischen Kamorta und Nang Kaury liegt. Die Einfahrt war an dem schönen heiteren Abend bei einer schwachen Brise, die uns langsam aber sicher vorwärts schob, in der That reizend. Der niedere Strand von Trinket glänzte blendend weiss hervor unter dem dunkelgrünen Laubdach des Waldes und weissschäumende Wellenmauern, an den Korallenriffen brandend, zogen sich weit hinaus in das sonst spiegelglatte Meer, das kaum merkbar wie in tiefen Athemzügen auf und ab wogte. Links sahen wir das waldige Nang Kaury, rechts und links auf Kamorta und Nang Kaury Hütten, Dörfer am Strand, von denen Eingeborne in ihren Canoës zugerudert kamen, aber sich in sehr respectvoller Entfernung hielten und uns nur wie ein Beobachtungsgeschwader folgten. Rechts sah man durch den Canal zwischen Trinket und Kamorta hindurch auf Tillangschong, alle Küsten und der ganze Seehorizont zeigten eigenthümliche Fata morgana. Die südlichsten kleinen Felsklippen von Tillangschong schienen ganz in der Luft zu schweben. Die Küstenecken von Trinket und Kamorta zeigten keilförmige Lufteinschnitte am Meereshorizont; auf diesem selbst tanzten die brandenden Wellengipfel in der Luft. Die Canoës der Eingebornen zeigten nach abwärts ihr Spiegelbild und die darin sitzenden Figuren waren dadurch nach unten so verlängert, dass man glauben konnte, riesige Menschen gehen auf dem Meeresspiegel. Das waren Alles anziehende Gegenstände der Beobachtung, bis gerade mit Sonnenuntergang der Anker fiel im sogenannten Westhafen gegenüber dem Dorfe Itoé auf Nang Kaury.

Da lagen wir in einem so ruhigen Wasserbecken, wie noch nie auf der ganzen Reise, umgeben von dunklem Urwald, aus dem das Zirpen der Cykaden, der Schrei des Haushahns und der dumpfe Ruf der grossen nikobarischen Waldtaube bis auf's Schiff herübertönte. Sonst eine lautlose Stille, kein Lüftchen bewegte sich, keine Welle kräuselte sich; obwohl wir schon auf Car Nikobar bei unseren Excursionen im Schweisse badeten, so wurde doch erst hier die drückende, erschlaffende Schwüle der mit Wasserdämpfen gesättigten Tropenluft ganz fühlbar. Das Thermometer hielt sich fortwährend auf 28, 29 und 30 Grad C. und auch im Wasser, das durchschnittlich noch wärmer als die Luft, war keine Kühlung zu finden. Die Schweisstropfen rannen mir von den Fingerspitzen auf das Papier, wenn ich in meiner Cabine schreiben wollte.

Am 7. März machten wir den ersten Besuch am Lande. Wir fanden die Dörfer Itoé und Malacca gänzlich verlassen von den Eingebornen, nur die Schweine und Hunde waren zurückgeblieben. Im Dorfe Malacca zählte ich gegen 20 Hunde, die uns mit einem entsetzlichen Schakalgeheul empfingen, dann aber ebenso furchtsam wie ihre Herren in den Urwald entflohen, und ihnen nach die Schweine in mächtigen Sätzen. Bei dem Dorfe Feuang lagen zwei Prahus unter englischer Flagge aus Pulo Penang, um hier Cocosnüsse, essbare Schwalbennester und Trepang zu laden. Sie waren mit Malayen bemannt, mit denen keine Verständigung möglich war. Aber glücklicherweise trafen wir auf der einen als Kargo einen sehr intelligenten Chinesen, der gut englisch sprach. Owe Bengkong ist der Name des wackeren Sohnes aus dem Himmlischen

Reiche, der uns als Dolmetsch und als Zwischenhändler viele gute Dienste leistete, und der uns wahrhaftig wie ein civilisirter Europäer vorkam neben dem Nikobarenvolk. Als indess die Eingebornen sahen, dass wir mit dem Malayen in ganz ungefährlicher Weise verkehren, kamen auch sie allmälig herbei, gewannen von Tag zu Tag, als sie uns nur friedfertigen Beschäftigungen nachgehen sahen, mehr Vertrauen und versahen uns dann mit Hühnern, Eiern, Schweinen, Bananen, Ananas, Citronen und Pomeranzen, kurz mit Allem, was die reiche Natur dem armen Volke bietet. Weiber und Kinder bekamen wir aber auch hier nie zu Gesicht.

Die Fregatte lag fünf Tage im Hafen von Nang Kaury, bis die Sondirung und Aufnahme des grossen vielbuchtigen Hafens vollendet war, und segelte am 12. Morgens in die enge, durch zwei Felsthore bezeichnete westliche Einfahrt, dann zwischen Kamorta und Katschal hindurch nördlich gegen Teressa und Bompoka. Leider ging die ganze Zeit, die für den Besuch dieser Inseln, sowie für Dschaura und Katschal bestimmt war, in vergeblichen Versuchen, gegen Wind und Strömung aufzukreuzen, verloren.

Am 17. Morgens lagen wir an der Ostküste der kleinen Inseln Treis und Track bei Klein-Nikobar. Die Brise war schwach und eine Strömung von 5 Meilen Geschwindigkeit in der Stunde, die wie ein Fluss an den Ufern des ruhigen Wassers rauschend und brandend dahinschoss, hatte uns erfasst, so dass der Anker ausgeworfen werden musste. Dies verschaffte uns unerwartet Gelegenheit, diese kleinen Waldinseln zu besuchen. Die Landung gelang in der heftigen Brandung nur mit Hilfe einiger Eingebornen, die wir auf den sonst unbewohnten Inseln zufällig mit ihren Canoës trafen. Der Besuch war kurz, aber sehr interessant. Treis ist eine wahre Taubeninsel, voll der mannigfaltigsten, schönsten Taubenarten, und einem glücklichen Schuss des Commodore verdanken unsere Zoologen das erste und einzige Exemplar der prachtvollen nikobarischen Taube. Auch wurden auf Treis und Track die ersten Spuren von Braunkohle gefunden. Nachmittags mit eintretender Fluth setzte die Strömung zu unseren Gunsten um, und wir erreichten bald nach Sonnenuntergang den Ankerplatz in der nördlichen Bucht von Klein-Nikobar bei dem kleinen in dieser Bucht gelegenen Eiland Milu. Am Morgen des 18. März wurden längs der Küste von Klein-Nikobar auffallend viele Canoës bemerkt, die hin- und herfuhren, — das war wieder die weibliche Bevölkerung auf der Flucht, denn als wir an's Land kamen, da fanden wir, wie immer, das Nest leer, nur wenige Männer waren zurückgeblieben. Da für diese Station nur ein Tag bestimmt war, zogen die Naturforscher es vor, lieber das kleine abgeschlossene Terrain der auch mehr zugänglicheren Insel Milu zu untersuchen, als sich vergeblich abzumühen, in die Urwälder und Sümpfe von Klein-Nikobar einzudringen. In der That bot auch Pulo Milu, ein wahres Modell einer nikobarischen Insel, reichen Stoff und den seltsamen Anblick eines reinen Pandanuswaldes, so üppig und grossartig, wie wir ihn trotz der Häufigkeit des Baumes auf allen Inseln doch nirgends mehr gesehen. Schon am Abend wurde der Anker wieder gelichtet, der Ostküste von Klein-Nikobar entlang gesteuert und am 19. Abends im Georgs-Canal an der Nordseite von Gross-Nikobar südöstlich von der im Canal liegenden Insel Condul geankert. Am 20. besuchten wir die Insel Condul; wir trafen an der Ostseite zahlreiche Hütten, aber wieder bis auf wenige Männer verlassen. Einige von uns hatten es unternommen, die ganze Insel, deren Umfang höchstens zwei deutsche Meilen betragen mag, zu umgehen. Sie waren am frühen Morgen von der Ostseite nach der Nordseite gegangen und Abends trafen wir unsere Kameraden völlig erschöpft und ermattet, an der Südseite. Kletternd, schwimmend, sich durchhauend, hungernd und dürstend, waren sie so weit gekommen. So führen die Wege auf Nikobarien. Am 21. war der Sonntag ein erwünschter Ruhetag. Am 22. besuchten wir die Küste von Gross-Nikobar. Wir landeten in einer kleinen Bucht, in der eine malayische

Prahu vor Anker lag. In der fischreichen Bucht gelang den Matrosen ein wahrer Fischzug Petri. Der Fische war eine solche Legion, dass das Boot davon voll wurde. Wir trafen ausser den Malayen von der Prahu, die sich am Strande eine Hütte aufgeschlagen hatten, keine Menschen. Dichter Urwald und ausgedehnte Mangrove-Sümpfe boten der Beobachtung manches Interessante und gewährten reiche zoologische und botanische Beute, verhinderten aber jedes tiefere Eindringen. Am 23. Früh ging die Fregatte unter Segel und fuhr längs der Westküste von Gross-Nikobar. Der Plan, diese noch völlig unbekannte Küste aufzunehmen, scheiterte an der furchtbaren Brandung, die das zu diesem Zweck ausgesandte Boot umwarf, so dass Officiere und Mannschaft nur schwimmend das Land erreichten und in der Nacht mit vieler Mühe abgeholt werden mussten. Am 24. Abends wurde in der geräumigen Bucht an der Südspitze von Gross-Nikobar geankert, in welche der Galatea-Fluss mündet. Der Feiertag am 25. wurde an Bord begangen, und am 26. betraten wir zum letztenmale eine nikobarische Küste, der wir schon Abends für immer Lebewohl sagten.

Am 27. Morgens war längst alles Land ausser Sicht, wir steuerten in die Strasse von Malacca.

Capitän John, der Häuptling von Saui und die Eingebornen von Car Nikobar.

Capitän John, der Häuptling des Dorfes Saui an der Nordküste von Car Nikobar — seinen Namen hat er nach der üblichen Sitte seines Stammes von irgend einem englischen Capitän adoptirt, mit dem er in Cocosnuss-Handelsverbindung gestanden, — ist das Musterexemplar eines Car Nikobarensers. Eine untersetzte Figur, robust gebaut, ein lichtkastanienbrauner Kerl mit halblangem, rabenschwarzem und schlichtem Haar, das ihm gewöhnlich unordentlich über die niedere Stirn hängt, ohne Bart, mit einem düsteren Spitzbubengesicht, das sich an der Rumflasche zu einem Lumpengesicht verklärt, dass man es als Modell eines Strafhaus-Züchtlings aufstellen könnte. Die scharfen, glänzend schwarzen Augen haben trotz der trüben gelblichweissen Sclerotica einen Ausdruck von Intelligenz. So schwarz wie die Augen sind aber auch die Zähne, wären sie nicht vom Betelkauen schwarz geworden, so würde man künstlich nachgeholfen haben, um dieses erste menschliche Schönheitsmerkmal zu erzeugen; denn: „nur Hunde und Affen haben weisse Zähne, die Menschen müssen schwarze haben". Das ist die im südöstlichen Asien bei Millionen von Menschen verbreitete Ansicht. Eine plattgedrückte Nase, hervorstehende Backenknochen und ein kräftig entwickelter Kauapparat vollenden den hässlichen Kopf, der auf einem schön geformten, athletisch gebauten Körper ruht. Capitän John spricht ohne Zweifel vollkommen nikobarisch und malayisch, ausserdem versteht er aber etwas portugiesisch und französisch und spricht den nikobarisch-englischen Jargon in vollendetster Weise, deutsch hat er nicht gelernt, noch weniger dänisch, obwohl er sich Steen Bille's (Steen Bille, der Commandant der dänischen „Galatea"-Expedition, die im Jahre 1846 auf den Nikobaren dänische Colonien gründen sollte) und der Dänen recht wohl erinnert, die er als „no good men" bezeichnet, weil sie gekommen, nicht um mit seinem Volke Handel zu treiben, sondern um sich bei ihnen Häuser zu bauen.

Für gewöhnlich geht Capitän John in seiner Landestracht, d. h. nackt, bis auf eine schmale rothe oder blaue bandförmige Binde, die um die Hüften gebunden und zwischen den Beinen durchgezogen ist. In den durchlöcherten Ohrläppchen trägt er Cigarren oder kleine geschwärzte Bambusstöckchen, vorn mit Silber belegt, am häufigsten mit den kleinen englischen Dreipencestückchen, die wegen dieses landesüblichen Schmuckes daher als „Rupien" auch die gesuchteste Geldsorte sind, aber nur paarweise einen Werth haben. Das Bild der Königin Victoria ist dabei immer nach vorne gekehrt. Seine Capitäns-Auszeichnung ist ein alter schäbiger Filzhut, den er schief auf dem Kopfe sitzen hat. Sind aber Fremde da, so wirft sich Capitän John in Gala, er hat weisse Hosen an, ein weisses Hemd — ob gewaschen oder nicht, das ist einerlei — und seit die „Novara" vor Car Nikobar lag, sogar einen blauen, reich verzierten Uniformfrack von der weiland Triestiner Nationalgarde-Bande, den ihm sein Freund, „Commodore Wüllerstorf", dessen Namen er ganz gut ausspricht, geschenkt. Capitän John liebt sein Vaterland, sein Volk über Alles. Nach den Car Nikobarensern kommen aber gleich die Engländer. Die Engländer sind seine besten Freunde, die Engländer kommen nicht, meint er, sich Häuser bei ihnen zu bauen, sondern Handel mit ihnen zu treiben. Von den Engländern hat er die Sitte, den Fremden mit biederem Handschlag zu begrüssen, hat er seinen Namen, seine weissen Hosen, die Rupien für seine Ohrenhölzer, die Säbelklingen, um seine Cocosnüsse zu öffnen, Bohrer, Säge, Feile, Axt, um Bäume zu fällen, Hütten und Canoës zu bauen, von den Engländern bekommt er Rum und Schnaps für die gesunden Tage zur Erheiterung des Lebens, aber auch „Terpentin" und „Pillen" für die kranken Tage. Von ihnen weiss er, dass alle Menschen „all the same", d. h. gleich sind, dass alle Brüder sind, von einem Vater und von einer Mutter abstammen, von ihnen hat er endlich seinen „Jesus Christ", ein kleines dickes Buch, ein Talisman für Alles, den er Nachts, wenn er schläft, unter seinen Kopf legt, auf dass ihm die bösen Geister nichts anhaben, den er in Zeiten der Krankheit in der Hand hält, damit er wieder gesund werde. Dieses kleine dicke Buch, das er nur seinen vertrautesten Freunden zeigt, ist eine englische Bibel, auf deren erster Seite von einem englischen Schiffscapitän die Worte geschrieben stehen: „Ich habe in meinem ganzen Leben kein tugendhafteres Volk kennen gelernt als die Nikobarenser, es fehlt ihnen nichts als ein Missionär." Von den Engländern hat ferner Capitän John die meisten Zeugnisse und Empfehlungsschreiben, aus denen jeder Fremde unmittelbar ersehen kann, dass er ein ehrlicher intelligenter

Mensch ist, „gentlemanlike", und dass man, wenn man als solcher auch in den Augen des Nikobarensers erscheinen will, nicht mit den Weibern des Volkes „spielen und scherzen" darf, noch seine Schweine und Hühner schiessen. Mit dieser Mahnung schliesst übereinstimmend jeder solche Brief, den wir gelesen. Und von den Engländern hat endlich der Häuptling von Saui eine englische Flagge, die er, wenn Schiffe kommen, am Strande aufhisst, als Zeichen, dass die Engländer seine Verbündeten sind, dass sie ihn und sein Volk schützen werden! Würde ich von den Engländern sprechen, so müsste ich nun Reflexionen anknüpfen, die ich aber dem Leser selbst überlasse. Ich will Capitän John schildern, als Repräsentanten seines Volkes.

Capitän John hat Ideen, alle seine Sätze beginnen mit „vorausgesetzt" (suppose). „Vorausgesetzt," sagt er, „es kommen Fremde hierher und wollen sich hier Häuser bauen, das können keine guten Menschen sein, ein braver Mann liebt seine Heimat, bleibt zu Hause und nährt sich redlich, nicht auf Car Nikobar, dass die Cocosnüsse von den Bäumen fallen und das Volk verhungert." „Suppose, was wollt Ihr eigentlich hier?" fragte er immer wieder; „ihr seid nicht gekommen, um bei uns Cocosnüsse einzutauschen, ich bin besorgt, ihr habt so grosse Kanonen und so viele Sepoys, das ist ein Zeichen, dass es bei euch viele schlechte Menschen gibt. Das Alles hat und braucht mein Volk nicht. Capitän Wüllerstorf ist mein Freund, aber wann lichtet er die Anker?" Das ist der Ideengang und die scharfe Logik dieses grössten Genies von Car Nikobar. Leidenschaften kennt er keine andere als für die Rumflasche, er ist redselig, mittheilsam, gastfreundlich, lacht viel, erwartet, dass man ihm Geschenke macht, und nimmt diese, ohne zu danken, mit der grössten Gemüthsruhe hin. Mit nichtswürdiger Gleichgiltigkeit antwortet er aber, wenn man ihn nach seiner Ehegemalin fragt: „Sie lief davon in den Wald, hat zu viel Angst." Sein Stolz ist sein Sohn, ein hoffnungsvoller lebendiger Bursche von 15 Jahren, der künftige

Häuptling von Saui. Der Vater ist es durch sein eigenes Verdienst geworden, durch seine Einsicht, seine Sprachkenntnisse und durch seine Gewandtheit im Verkehr mit Fremden, er war früher Bürger des Dorfes Mus an der Ostküste, kam aber in Streit mit dem Häuptling und wanderte in Folge dessen mit seinem Anhang aus und gründete das Dorf Saui, das nur sieben Hütten zählt. Und bis heutigentags vermeiden es die Leute von Mus und von Saui zusammen zu kommen. Capitän John's Hütte ist die schönste und grösste im Dorfe, das Vollendetste in nikobarischer Baukunst, was man sehen kann. Am Meeresstrand der erfrischenden Seebrise ausgesetzt, umgeben von einem üppigen Cocoshain, ruht auf in den Sand gerammten Pfählen über den Boden erhoben der kunstvolle bienenkorbähnliche Bau. Der Boden der Hütte ist aus Bambusstäben mittelst Rotang verbunden und so construirt, dass die Luft von unten zwischen den einzelnen Stäben frei durchstreichen kann, darüber wölbt sich hoch und geräumig ohne Seiten oder innere Scheidewand das niedliche symmetrische Flechtwerk der ellipsoidischen Kuppel, durch einen eigenthümlich construirten Dachstuhl mit den Querbalken des Bodens sehr solid verbunden. Eine dicke Strohbedachung hält jeden Sonnenstrahl und jeden Regentropfen ab. Die Einrichtung ist eine höchst einfache. Im Hintergrund steht eine Art Herd, ein niederer ausgehöhlter, mit Sand und Steinen gefüllter Holzpflock, auf diesem verschiedene von Russ schwarze thönerne Gefässe, die von der benachbarten Insel Dschaura importirt werden. Darüber an der Dachwand hängen geschwärzte Cocosnussschalen paarweise zusammengebunden, die als Wasserflaschen dienen, geflochtene Körbe etc.; mehr nach vorn, dem Eingange der Hütte zu stecken an der Seite Säbelklingen, Wurfspiesse, Ruder. Ausserdem bemerkt man noch geflochtene Strohmatten, die zum Schlafen ausgebreitet werden, und kleine Holzschemel, die als Kopfkissen dienen; der gewöhnliche Platz, sich zu setzen, ist der Boden. Aus besonderer Liebhaberei hat Capitän John sich eine Schaukelbank aufgehängt und für

Gäste einen hölzernen Lehnsessel bereit, den ihm irgend ein fremder Capitän geschenkt. Die Hütte ist geräumig genug für dreissig Menschen, um darin zu schlafen. Eine Leiter führt zum Eingang im Boden und der schattige Platz unter der Hütte ist der Arbeitsplatz. Schweine- und Hühnerställe sind abseits.

Die nächste Standesperson nach Capitän John im Dorfe ist Doctor Crisp, Geister- und Krankheitsbeschwörer, ein ungemein wohlbeleibter Mann mit ewig lächelndem Vollmondgesicht. Nur sein Kopf hat das gewöhnliche Mass behalten und so fehlt der nackten Gestalt das gesuchteste aller Toilettestücke nicht, der schwarze „Cylinder". Eine solche Angströhre, wenn auch noch so alt und abgetragen, steht auf Car Nikobar im Werthe von 1500 Cocosnüssen! Doctor Crisp muss in den Augen seines Volkes ein sehr gelehrter Mann sein, denn er weiss von Terpentin, Kampher, Pillen, Eau de Cologne, Arak, „Rum", und verlangte von Jedem von uns, den er sah, diese Gegenstände. Ich wünsche Doctor Crisp nur eines, dass ihm mit seinem beliebtesten Heilmittel, mit Terpentin, das er in grossen Dosen für alle Leibesschäden eingibt, einmal eine Cur nicht so misslinge, dass er nach üblicher Landessitte bei festlicher Gelegenheit meuchlerisch ermordet werde, denn das ist auf den Nikobaren die Strafe für einen Doctor, dem auf eclatante Weise sein Patient stirbt, wenn er nicht schlau genug ist, die ganze Schuld auf die Ivis, das sind die bösen Geister, schieben zu können!

Ich könnte Ihnen noch mehrere hohe Namen vorführen aus anderen Dörfern, wie Lord Nelson, Lord Byron, Capitän Charle u. s. w. Namentlich ist mir Lord Nelson noch in lebhaftester Erinnerung, wie er mit riesigen Vatermördern aus Papier und dem schwarzen Sammtrock, den wir ihm geschenkt, auf der nackten Haut, beim Abschied am Strande stand, mit trunkenen Augen, aber mit unsäglich verklärter Miene vertraulich uns umarmte und betheuerte: „Lord Nelson, der Engländer, war ein grosser Mann, aber ich bin ein ebenso grosser Held." Und Capitän Charle, der treue Begleiter auf meinen Excursionen, in einem blauen Uniformrock, den der stolze Lord Nelson als „nicht gut" zurückgewiesen, wie erheiterten sich seine sonst immer so ängstlichen und besorgten Gesichtszüge zusehends, als er sah, dass wir ernstlich Anstalt zum Weggehen machten! Aber es genüge mit der Beschreibung jener beiden Musterexemplare. Ich bedauere, nicht ebenso Musterbilder der weiblichen Aristokratie aufstellen zu können. Nicht die Unzugänglichkeit der Herzen dieser Schönen ist Schuld daran, sondern die Unzugänglichkeit der nikobarischen Urwälder. Man sagt ihnen eine unbeschreibliche Hässlichkeit nach, vielleicht sind sie entflohen, um diese zu verbergen, vielleicht mussten sie entfliehen, weil ihre Männer sie für zu reizend halten und ihre schwachen Seiten kennen, oder aber sie sind vor uns entflohen, weil sie vor Anderen hatten fliehen müssen aus tugendhafter Angst, um ihre und Anderer Ehre zu retten.

Ich habe schon früher erzählt, welchen panischen Schrecken das Erscheinen des grossen Seeräuberschiffes unter der Bevölkerung von Car Nikobar erregte. Ein grosses Todtenfest, das schon lange vorbereitet war, sollte gefeiert werden, aber es wurde verschoben wegen der Gefahr, die dem Vaterland drohte. Eines Tages kehrte ich Mittags von einer Excursion zurück, die ich trotz der üblichen Phrase der Eingebornen: „It is not custom in these country", tief in den Wald gemacht hatte. Mit jener Phrase suchten sie uns von allen Fusssteigen zurückzuhalten, und wollten blos dulden, dass wir uns am Strande aufhielten. Da traf ich eine ungewöhnlich grosse Anzahl von Eingebornen versammelt, wenigstens 150 an der Zahl, Alles wehrfähige Männer mit Säbelklingen und Spiessen bewaffnet, zu meinem nicht geringen Erstaunen aber auch zwei Europäer unter ihnen mit Schiessgewehren. Ganz Car Nikobarien war, wie es schien, versammelt, um die Seeräuber zu bekämpfen. Von Osten und von Süden waren die Leute zusammengekommen, um ihren Brüdern im Norden zu helfen und auch die beiden Europäer, die von einem Schiffe für einige Wochen auf Car Nikobar zurückgelassen worden waren, um eine Ladung Cocosnüsse vorzubereiten, mussten mit. Es waren ein Sardinier und ein Franzose von der Insel Bourbon. Der Sardinier war ganz gerührt, mit uns in seiner Muttersprache zu sprechen und so viele nahe Nachbarn zu treffen; durch seine und des Franzosen Vermittlung waren die Eingebornen bald beruhigt, und der nikobarensische Feldzug endete einfach damit: „ein Jeder ging beschenkt nach Haus". Auch die Nikobarenser hatten eine Menge Geschenke mitgebracht, wahrscheinlich um die vermeintlichen Seeräuber zu besänftigen, Schweine, Hühner, Bananen, Ananas, die auf den Nikobaren besonders gut gedeihen, Orangen und Citronen. Der gegenseitige Austausch bot eine gute Gelegenheit, manche Eigenthümlichkeit dieses noch im naivsten Naturzustand lebenden Völkchens zu beobachten. Einer brachte zum Beispiel ein paar schöne Muscheln (Nautilus und Cypräen), kam mit freundlicher Miene auf mich zu und bot sie mir an: „present for you". Ich machte Miene, ihm dafür einige der beliebten „Rupien" zu geben. Er schien aber darüber sehr beleidigt und fragte, ob ich ihn denn bezahlen wolle. Ich sagte „nein" und darauf setzte er sich sehr vergnügt neben mich auf den Sand, nannte mich seinen guten Freund, rauchte mit mir eine Cigarre, befühlte dann meine Hose, meine Weste, mein Hemd, meinen Rock, und endlich musste ich den ganzen Inhalt meiner Reisetasche vor seinen prüfenden Blicken auskramen. Alles schien ihm zu gefallen, besonders mein geologischer Hammer machte grossen Effect und unter freudigem Lachen versuchte er damit Steine zu zerschlagen. Nun aber schien er die Wahl getroffen zu haben. Der Rock gefiel ihm am besten und mit unendlich liebäugelnder Miene schmiegte er sich näher an mich und sagte: „will you give me present?" und hielt dabei meinen Rockschoss prüfend in der Hand. Ich suchte ihm auseinanderzusetzen, dass er mit mir an Bord kommen solle, da wolle ich ihm Kleider geben; aber dazu war er nicht zu bewegen, und ehe ich mich's versah, hatte er seine Muscheln wieder genommen, ging weg und bot sie einem Anderen in gleicher Weise als Geschenk an. So sind sie Alle, sie bieten Alles als Geschenk an, sagen, sie wollen nicht bezahlt sein, erwarten aber, dass man ihnen ein Gegengeschenk macht, bei dem sie wenigstens 100 Procent profitiren. Wahrlich, ich muss zur Ehre der Nikobarenser sagen, dass wir sie für dümmer gehalten, als sie sind. Unsere sogenannten „Tauschartikel", die in Harmonikas, kleinen Spiegeln, Glasperlen und allerlei unechtem Schmuck bestehen, wurden immer mit Verachtung als „no good" zurückgewiesen. Sie wollten durchaus nur nützliche Dinge haben, Kleider, Werkzeuge, und das Ideal ihrer Wünsche ist die „double barreled gun". Oft hört man sie in traurig elegischem Tone sagen: „Wir sind ein armes Volk". Und wenn man sie fragt, warum, so antworten sie, weil wir uns keine Kleider, keine Werkzeuge machen können und weil wir keine doppelläufigen Gewehre haben. Ihre ganze Tendenz zielt darauf ab, diese Dinge von den Europäern einzutauschen, den Europäer aber abzuhalten, sich bei ihnen niederzulassen. Sie fürchten, dass dann der Cocosnüsse zu wenig werden, dass sie verhungern müssen, und eine dunkle Ahnung sagt ihnen, dass eine europäische Colonisation der Untergang, das Todesurtheil ihres Stammes ist. Das ist die Ursache ihrer Angst, wenn grosse fremde Schiffe kommen.

Ich halte die Car Nikobarenser für ein unschuldig naives Volk, das keine Laster kennt. Diebstahl, Neid und Eifersucht sind ihnen fremd. Ich habe sie überall, wenn man Einem etwas gegeben, brüderlich theilen sehen. Sie sind wie Kinder, bei denen Furcht und Zutrauen, Freude und Schmerz schnell wechseln. Unabhängigkeitsgefühl, Vaterlandsliebe, Trägheit und Gutmüthigkeit sind ihre Haupteigenschaften. Ihr hervorragendstes Talent ist Sprachentalent. Es ist gewiss merkwürdig, unter diesem Naturvolke einen Mann zu finden wie Capitän John, der Kenntnisse in fünf Sprachen besitzt, und bei diesem

Volke, das keine Schriftzeichen hat, das Englische förmlich eingebürgert zu treffen.

Freilich hat sich ein eigenthümliches Nikobarisch-Englisch gebildet, so dass sie rein Englisch eigentlich nicht verstehen. Aber da Jeder, der Englisch kann, diesen nikobarisch-englischen Jargon bald los hat, so ist mit diesem Volke eine Verständigung möglich in der Hauptsprache der civilisirten Welt. Charakteristisch ist, dass im Nikobarisch-Englischen das Wort „Sir", das bei den Singhalesen auf Ceylon schon der Säugling an der Mutterbrust stammelt, ganz fehlt. Ob ihr Sprachentalent so weit geht, dass sie von uns Deutsch gelernt haben, weiss ich nicht. Aber ihre Wissbegierde gab sich darin kund, dass sie unaufhörlich fragten, wie wir Das und Jenes heissen, und dann das Wort so oft nachsprachen, bis es sich ihrem Gedächtniss eingeprägt hatte. Die meisten unserer eigenen Namen hatten sie sich ganz gut gemerkt und sprachen dieselben vollkommen deutlich aus.

Wie es mit ihrem Musiktalent steht, weiss ich nicht, aber ihr Zeichnungstalent habe ich erprobt. Da sie immer so aufmerksam zuschauten, wenn wir etwas niederschrieben oder zeichneten, so forderte ich einmal Einen auf, mir die Fregatte zu zeichnen. Er zeichnete zwar verkehrt, die Masten nach unten, drehte aber, als er fertig war, das Blatt um und siehe da, eine vollkommen kenntliche Zeichnung des Schiffes mit allen Segeln. Noch mehr war ich aber erstaunt, als ich eine Hütte gezeichnet haben wollte und mein Nikobarenser in sicheren Zügen concentrische Kreise zog mit Radien vom Mittelpunkt aus, also den Grundriss des Daches entwarf.

Religiöse Vorstellungen fehlen dem Volke gänzlich, sie glauben nur an böse Geister, „Ivis", die Krankheiten, Gewitter und Stürme verursachen. Ebenso wenig scheinen sie entwickeltere sociale Verhältnisse zu haben. Sie sind sich Alle gleich, es gibt keine dienende, arbeitende oder gebietende Classe, der Jüngere holt dem Aelteren die Cocosnüsse vom Baum und schlägt sie ihm auf, und wenn sie in Gesellschaft mit einander gehen, trägt Einer für Alle den Korb mit den nöthigen Requisiten zum Betelkauen. Der Häuptling ist kein absoluter Herrscher, er hat Einfluss nur insoweit, als er sich durch Intelligenz und besondere Eigenschaften Achtung und Respect zu verschaffen weiss.

Ich habe die Car Nikobarenser besonders geschildert, weil sie in der That ein Völkchen für sich bilden, das sich in Sitten und Gebräuchen und sogar in der Sprache sehr wesentlich unterscheidet von den Bewohnern der südlicheren Inseln, obwohl sie mit diesen unzweifelhaft zu ein und derselben Race gehören, die ich den Indo-Chinesen für näherstehend halte als den Malayen; am wahrscheinlichsten aber bilden sie ein Uebergangsglied zwischen beiden, die Birmanen aus Mulmein, die wir auf ihren Prahus vor Car Nikobar getroffen, waren ganz und gar Nikobarenser bis auf ihre tätowirten Schenkel. Wir schätzen die Einwohnerzahl von Car Nikobar auf ungefähr 800 Köpfe, die in 14 Dörfern leben. Am meisten bewohnt ist die dem Nordost-Monsun ausgesetzte Ostküste. Die Car Nikobarenser sind reine Küstenbewohner, mit der Cocospalme, auf der ihre ganze Existenz beruht, an die Küste gebunden. Das Innere ihrer Insel scheinen sie nicht zu kennen, so klein auch dieselbe ist. Nirgends führen Wege hinein. Sie haben die Sage von wilden Menschen mit einem Auge, die im Urwalde unter Schlangen und wilden Schweinen leben. Weiter aber erstrecken sich ihre Kenntnisse nach aussen. Sie wissen, dass auf den Andamanen Menschenfresser wohnen, kennen die südlicheren Inseln dem Namen nach und stehen auch im Verkehr mit deren Bewohnern. Sonst wollen sie aber wenig mit ihnen gemein haben und bezeichnen sie als „böse Menschen". Von diesen bösen Menschen in meinem nächsten Briefe.

Die Eingebornen der mittleren und südlichen Inseln, Erlebnisse auf Kamorta und Trinket.

Leider war es uns versagt, die kleine Insel „Dschaura" (Schowry) zu besuchen, die Car Nikobar am nächsten gelegen ist, die bevölkertste aller nikobarischen Inseln im Verhältniss zu ihrer Grösse. Die Dschaurenser sollen die Industriellen unter den Nikobaren-Bewohnern sein, die alleinigen privilegirten Fabrikanten der Töpfe und Kacheln, die man in allen nikobarischen Haushaltungen trifft und die sie nach allen übrigen Inseln versenden. Wir konnten das nikobarische Manchester nur von der Ferne sehen, zählten aber nicht weniger als 27 grosse Hütten, die dicht gedrängt neben einander an dem cocosbewaldeten Strand stehen, am Fusse des die Südostspitze von Dschaura bildenden „Hatrock" (Hutfels). Wollte man irgend einen Wohnplatz der Eingebornen als Stadt betrachten, so wäre es dieser Complex von 27 Hütten, da wir alle anderen nikobarischen Ortschaften höchstens aus 8 bis 10 Hütten bestehend fanden. — Auch die stark bevölkerten Inseln Teressa und Bompoka haben wir nicht kennen gelernt. Erst auf der mittleren Gruppe der nikobarischen Inseln, auf Kamorta, Nang Kaury und Trinket sahen wir wieder Menschen. Auf den südlichen Inseln Klein- und Gross-Nikobar mit Pulo Milu und Kondul waren es im Ganzen vielleicht 12 Männer, die wir zu Gesichte bekamen. Die Art und Weise dieser Leute, die Einrichtung und Bauart ihrer Hütten stimmte vollkommen überein mit dem, was wir auf der mittleren Inselgruppe gesehen, unterscheidet sich aber sehr charakteristisch von Car Nikobar, so dass die Car Nikobarenser in der That ein Völkchen für sich bilden, die Bewohner von Dschaura aber möglicherweise das verbindende Mittelglied darstellen. Car Nikobar hat den lebendigsten Handel mit Fremden, es sollen jährlich 20 bis 30 Schiffe diese Insel besuchen und gegen drei Millionen Cocosnüsse ausführen. Während so Car Nikobar den Handel der nikobarischen Inseln repräsentirt, Dschaura aber die Industrie, so sollten die übrigen Inseln billigerweise in Kunst und Wissenschaft sich hervorthun, zumal, da sie der Schauplatz der verschiedenen missglückten europäischen Colonisations-Versuche waren. Dem ist aber nicht so. Man glaubt wohl bei den Bewohnern der mittleren und südlichen Inseln in mancher Beziehung entwickeltere sociale Verhältnisse zu bemerken, so kam auf Nang Kaury eines Tages auch ein Eingeborner zu uns und behauptete, dass er ein Christ sei, aber bis in die neueste Zeit haben die Bewohner von Teressa und Kamorta ihren üblen Ruf, bei guter Gelegenheit Seeräubereien zu treiben, bewahrheitet und die civilisirenden Einflüsse der Colonisations-Versuche, die aufopfernden Bemühungen christlicher Missionäre sind an ihnen spurlos vorübergegangen. Die Car Nikobaren hatten sich bewaffnet versammelt, um ihr Vaterland zu vertheidigen, auf Kamorta und Nang Kaury trieb die Furcht vor Strafe und das böse Gewissen die Männer wie die Weiber zur Flucht, so dass wir die Dörfer ganz leer fanden und oft noch, wenn wir uns mit einem Boote der Fregatte einem Dorfe näherten, sehen konnten, wie die Bevölkerung über Hals und Kopf in den Wald entfloh. Erst nach und nach und durch die Vermittlung des schon früher erwähnten Chinesen, den wir im Nang Kaury-Hafen trafen, wagten sich einige Männer heraus und traten mit uns in Verkehr. Sie erschienen aber, um sich als gute Leute zu zeigen, immer völlig unbewaffnet und versicherten, dass sie keine bösen Menschen seien, wohl aber die, welche in der anderen Bucht wohnen, nämlich in der Ulalabucht oder sogenannten „falschen Bucht", welche sich an der Westküste von Kamorta tief in's Land zieht. Die Leute waren durchaus nicht jene lachenden, heiter gemüthlichen Naturen, wie die Car Nikobaren, nur wenige von ihnen verstanden einige Worte englisch — es hat sich mehr Portugiesisch bei ihnen eingebürgert — und unser Verkehr mit ihnen war sehr beschränkt, so dass ich kaum etwas Mittheilenswerthes von ihnen erzählen könnte, wenn mir nicht jener zufällig anwesende Chinese eine besonders günstige Gelegenheit verschafft hätte.

Mit Hilfe dieses Owe Benghong hatte ich eines Tages von den Eingebornen ein Canoë gemiethet, auf dem ich, von zwei Eingebornen und zwei Malayen gerudert, von dem Chinesen selbst als Dolmetsch begleitet, zu geognostischen Zwecken eine Tour längs den Küsten der Inseln machte. Es sind nämlich an diesen Steilküsten die einzigen geognostischen Aufschlüsse zu finden, während auf den Inseln selbst Wald oder dichte Grasbedeckung alles Gestein verbirgt. Diese Küstenfahrt führte mich hinaus aus dem Hafen von Nang Kaury in den Canal zwischen Kamorta und Trinket. Hier, von der Fregatte entfernter, waren die Dörfer von den Eingebornen nicht verlassen. Da ich allein, unbewaffnet, und von Eingebornen selbst gerudert auf einem Canoë kam, entflohen diese auch nicht, und sogar Weiber bekam ich hier zu Gesicht, das erste und das einzigemal auf den nikobarischen Inseln.

Es war in dem Dorfe Hentoin an der Ostseite von Kamorta. Als ich mich mit dem Canoë näherte, bemerkte ich grossen Aufruhr im Dorfe, ein Hin- und Herrennen der Leute und sah namentlich die Weiber und Kinder alle in eine Hütte zusammenflüchten, die am Ende des Dorfes lag. Zugleich kam in einem Canoë Einer mir entgegengefahren, der mit meinen Eingebornen einige Worte wechselte und dann schnell wieder zurück zu den Hütten fuhr. Offenbar hatte er Erkundigungen über meine feindlichen oder freundlichen Absichten eingezogen. Als ich an's Land trat, da standen die Männer des Dorfes versammelt, unbewaffnet, gaffend mit weit aufgerissenen Mäulern. Ich fragte nach dem Capitän. Ein junger Mann mit rothem Tuch um die Lenden und einen ganz neuen Strohhut auf dem Kopfe trat vor, reichte mir die Hand und führte mich dann mit viel Anstand und Freundlichkeit nach einer der Hütten, stieg die Leiter voran und lud mich ein, ihm zu folgen. Es war eine neue, eben erst vollendete Hütte, der Eingang war mit frischem Laub geschmückt und zur Seite der Leiter standen in die Erde gesteckt junge, mit Bändern geschmückte Bäume, ganz so, wie man auch bei uns ein neu gebautes Haus einweiht. Noch mehr erstaunt war ich aber, als ich nun die Leiter hinaufstieg und auch das Innere der Hütte festlich geschmückt fand. Der Eigenthümer hatte zum Einweihungsfest sein ganzes Hab und Gut, das sonst in dem oberen Dachraum aufbewahrt ist, ausgehängt und zur Schau gestellt. Ehe ich mir jedoch alles Einzelne betrachten konnte, musste ich die ganze Etikette nikobarischer Empfangsfeierlichkeiten durchmachen. Zwei Holztruhen, offenbar Einrichtungsgegenstände aus einem im Kamorta-Canal verunglückten Schiffe, wurden in die Mitte gerückt, der Capitän setzte sich auf die eine Truhe und lud mich ein, zu seiner Rechten auf der andern Platz zu nehmen. Eine nikobarische Cigarre, aus chinesischem Tabak bestehend, der in einen Streifen von getrocknetem Pandanusblatt gewickelt ist, wurde mir angeboten, die Schale einer Tridacnamuschel wurde mit Schweinsfett gefüllt und mit einem darin befindlichen brennenden Dochte zum Anzünden der Cigarre dargereicht. Ich stellte all das Volk, das auf der Leiter nachgekrochen war und in doppeltem Kreise um uns herum auf dem Boden kauerte, offenbar sehr zufrieden, dass ich die Cigarre rauchte, noch mehr aber, dass ich als Gegengruss meine Cigarren unter sie vertheilte. Nun stellte sich mir ein kleiner, aber ausserordentlich jovial aussehender Mann, der offenbar dem Fremden zulieb ein frisch gewaschenes europäisches Hemd über seine nackte Haut angezogen, mit einem tiefen Bückling seine rothe phrygische Mütze abnehmend und mir die Hand zum Grusse darreichend, als „Doctor", vor. In einem Glase wurde mir Cocosnusswein, „Doa", präsentirt, dann Rum und als ich das Alles zurückwies, wurden junge Cocosnüsse herbeigebracht, deren erfrischendes Wasser ich, wie immer, mit grossem Behagen trank, dann liess mich der Capitän durch den Chinesen, der malayisch mit den Leuten sprach, fragen, ob ich wünsche, dass sein Volk vor mir spiele. Sieben junge Bursche, athletisch schön gebaute Gestalten, eines Bildhauermeissels würdig, stellten sich neben einander, legten die Arme jeder auf des Nächsten Schultern und begannen, sich im Kreis um uns herumbewegend, einen Tanz, zuerst in einer langsam pathetischen Schrittweise, dann eine Strophe einstimmig singend, in einem lebendigeren Tact, von Zeit zu Zeit nach dem Tacte mit einem oder mit beiden Füssen zugleich aufstampfend. Die Strophe wurde unter abwechselnder Bewegung nach rechts im Kreise herum, dann nach links, mehrmals wiederholt und der Tanz endete mit der langsamen Schrittweise, wie er begonnen. Die gesungene Strophe hatte eine in einem bestimmten Rhythmus sich bewegende Melodie, die mit richtigem musikalischen Gehör von den Tanzenden einstimmig gesungen wurde. Der Inhalt des Gesanges war ein erotischer. Während des Tanzes hatten sich dem Reigen zwei, in lange bis auf den Boden reichende Hemden verhüllte Gestalten angeschlossen. Ich fragte, was das zu bedeuten habe und hörte zu meinem nicht geringen Erstaunen, dass es zwei Weiber seien, dass gewöhnlich bei solchen Tänzen Weiber und Männer in gleicher Anzahl, und dass die langen weissen Hemden das übliche Tanzcostüm der Weiber seien. Es seien diesmal nur zwei Weiber beim Tanze erschienen, weil die andern zu viel Furcht vor dem weissen Fremden haben. In der That, ich hätte diese Gestalten nicht als Weiber erkannt. Sie waren so gross wie die Männer, sie hatten ebenso hässliche Gesichter, mit durch Betelkauen entstelltem Munde und trugen das Kopfhaar ebenso kurz geschnitten. Da die Männer auch bartlos sind wie die Weiber, so war die Bartlosigkeit kein Erkennungsmerkmal, dass es wirklich Weiber waren, davon war ich erst dann ganz überzeugt, als sie nach dem Tanze ihre schmutzigen Hemden auszogen und in ihrer gewöhnlichen Kleidung, einem kurzen vom Gürtel bis zu den Knieen reichenden, aus rothem oder blauem Zeuge bestehenden Rocke, vor mir standen. Sie erschienen aber in dieser Toilette um nichts schöner, und ich fand es sehr passend, als sie scheu sich in das Halbdunkel im Hintergrund der Hütte zurückzogen und hier hockend mit über die Brust geschlagenen Armen ihre hässlichen Formen verbargen. Dem Tanze folgte ein Fechterspiel, das vor der Hütte von zwei jungen Burschen aufgeführt wurde, aber in nichts Anderem bestand, als dass Beide mit langen Bambusstöcken auf einander einhieben und Jeder die Hiebe des Andern geschickt parirte. In der Hütte selbst sah es aus, wie in einem Kaufladen. In der Kuppel der

Hütte war in symmetrischer Anordnung der ganze Reichthum des Besitzers an Zeugen und Kleidungsstücken ausgehängt, bunte ostindische Tücher, baumwollene buntgedruckte Taschentücher, Hemden, Hüte, an den Wänden der Hütte die Waffen und der Hausrath. Letzterer war, wie die Hütte selbst, ganz neu, und dass der Besitzer ein besonders reicher Mann sein müsse, das bewies vor allem Andern der stattlich ausgerüstete Waffenschrank. Nicht weniger als 24 werthvolle Stücke, theils Säbelklingen, theils grosse, mittelalterlich aussehende Schwerter, waren an der einen Seite der Hütte neben einander auf einem besonders dazu angebrachten Holzrahmen aufgesteckt, und gegenüber an der andern Seite befanden sich Spiesse und Fischlanzen — die Nikobarenser haben weder Angeln noch Netze, sondern werfen die Fische mit Wurfspiessen. Der Capitän lud mich ein, etwas von den Hausgeräthen auszusuchen und es als Geschenk mitzunehmen. Ich machte, da ich mit Gegengeschenken leider nicht versehen war, von dem gastfreundlichen Anerbieten nur einen beschränkten Gebrauch, suchte mir aber neben anderen Kleinigkeiten namentlich einen nikobarischen Festhut aus, der sehr sinnreich ganz aus nikobarischen Cigarren zusammengesetzt und mit weissrothen Bändern geschmückt ist. Ich sah hier überhaupt eine Menge ähnlichen bunten Putzwerkes, das, wie ich hörte, Alles bei den Festen gebraucht wird, welche die Eingebornen hauptsächlich zur Zeit des Monsunwechsels auf dem Meere in ihren Canoës feiern.

Als ich die Hütte verliess, da zog der Doctor schnell wieder sein Hemd aus, und draussen am Strand sah ich an einem förmlichen Flaggenstock die dänische Flagge aufgezogen, roth mit weissem Kreuz. Ich war sehr erstaunt, denn wir hatten bisher vergeblich nach Spuren der Besitzergreifung der Inseln durch die königlich dänische Corvette „Galatea" im Jahre 1846 gesucht. Hier war nun eine dänische Flagge, die von der „Galatea" herrühren musste. Der Häuptling bezeichnete sie als seine Flagge, sagte, dass ihm noch zwei andere Dörfer gehören, eines auf Kamorta, das zweite auf Trinket, und dass diese Flagge das gemeinschaftliche Zeichen für die drei zusammengehörigen Dörfer sei. Mehr konnte ich von ihm nicht erfahren, diese Flagge ist die einzige Spur von der dänischen Corvette „Galatea", die wir auf den Inseln entdeckten.

Mein Weg führte mich weiter nördlich an der Ostküste von Kamorta. Der Häuptling von Hentoin erbot sich, mich zu begleiten, damit ich in dem Dorfe Enaka, zu dem ich kommen musste, und das, wie er sagte, ebenfalls ihm gehöre, gut aufgenommen werde. Er schickte ein Canoë mit zwei Burschen voraus, die uns ankündigen sollten, und fuhr selbst in meinem Canoë, liess es aber, damit wir schneller vorwärts kamen, noch mit zwei weiteren Ruderern bemannen. Ich traf am Strande vor dem Dorfe Enaka alle Männer versammelt und wurde in die Hütte des Doctors geführt. Als ich die Leiter hinaufstieg, grinsten mir am Eingangsloch zwei scheussliche, aus Holz geschnitzte Figuren, halb Mensch, halb Thier, abenteuerlich roth und schwarz bemalt, mit Cigarren und Laubwerk behängt und jede mit einem alten schwarzen Hut auf dem Kopfe, entgegen. Diese Figuren sind ein wesentlicher Bestandtheil des Teufelbeschwörungs-Apparates des Doctors, zu dem noch zahlreiche kleinere Figuren, Schweinskiefer, Fischköpfe, Schildkrötenköpfe u. s. w. gehörten, so dass es fast aussah, als lege sich der Doctor eine Schädelsammlung zu vergleichend anatomischen Zwecken an. Auch bei den Nichtdoctoren findet man aber oft einen ähnlichen Apparat, der bei Krankheits- oder Unglücksfällen dazu dient, die bösen Geister zu beschwören. Zur Seite gekauert, ganz in ein Tuch verhüllt, sass eine Figur und auf meine Frage antwortete der Doctor, das sei seine Frau. Ich trat näher, aber mit einem Schrei des Entsetzens drängte sich die Gestalt an die Wand, und erst als ich durch meinen Chinesen verdolmetschen liess, dass ich ihr nur „Salam" sagen wolle (diesen mohammedanischen Gruss verstehen die Nikobarenser), kam unter der Hülle ein scheussliches Hexengesicht zum Vorschein. Das zum Essen vorbereitete Mellori, Cocosnüsse u. s. w. bewiesen mir, dass ich hier eine Tischgesellschaft gestört. Ich fragte darum und bekam zur Antwort, dass die Kinder und Mädchen das vorbereitet, dass sich aber Alle in die kleine viereckige Hütte geflüchtet haben, die durch einen Gang mit der runden Haupthütte in Verbindung stand. Ich wollte hinübergehen, um einmal die hoffnungsvolle nikobarische Jugend zu sehen, musste aber den dringenden Bitten des Häuptlings, das junge Weibervolk nicht zu sehr zu ängstigen, nachgeben und mich damit begnügen, beim Weggehen zu sehen, wie sie neugierig und ängstlich zugleich aus den Löchern zwischen den Palmblättern herauslugten, mit denen die Hütte belegt war. Ich wurde auch mit Hühnern und Eiern beschenkt. In Hentoin und wieder in Enaka fielen mir in den Hütten eine Menge Gegenstände auf, Gläser, Porzellanteller, Schalen, ein Schleppsäbel, hölzerne Truhen, Kleidungsstücke, die nur von einem fremden Schiffe herrühren konnten. Doch konnte ich nirgends einen Namen entdecken, es waren Gegenstände englischen Fabricates, die nach der Aussage des Häuptlings von einem im Canal verunglückten Schiffe herrühren sollen, dem die Eingebornen zu Hilfe gekommen seien. Solche menschenfreundliche Züge von den Eingebornen der Nikobaren sind in der That ebenso erwiesen wie ihre Seeräubereien. Trotzdem war ich keineswegs überzeugt von der Aussage des Häuptlings.

Der Häuptling wollte mich nun noch in sein drittes Dorf an der Nordwestküste der gegenüberliegenden Insel Trinket bringen. Er nannte das Dorf Oal, der Chinese aber nannte es Junk Trinket, zwei Prahus sah man vor dem Dorfe geankert, aber der Tag war schon zu weit vorgeschritten, um das gegen drei Seemeilen von Enaka entfernte Dorf besuchen zu können. Ich wollte ein zweites näher liegendes Dorf auf Trinket noch sehen, von dessen Existenz mir der Chinese sagte; doch war der Häuptling nicht zu bewegen, mich dahin zu begleiten, da er mit den Leuten dort nichts zu schaffen haben möge. Ich verabschiedete mich daher und lud ihn ein, den andern Tag an Bord zu kommen, um Gegengeschenke in Empfang zu nehmen. Er fand sich auch richtig ein und wurde reich beschenkt; leider konnte sein Wunsch, dass wir in grösserer Anzahl an einem vorher bestimmten Tage ihn besuchen, damit er alles Nöthige zum Essen und Trinken vorbereiten könne, nicht erfüllt werden, da die Fregatte absegelte. Dieser Dreidörfer-Häuptling von Hentoin war nach seinem Benehmen entschieden der civilisirteste aller Nikobarenser, die wir kennen gelernt, und der phlegmatischen Indifferenz der anderen gegenüber eine wahre Ausnahme von der Regel. Aber hinter seiner Freundlichkeit und Zuvorkommenheit steckte offenbar viel Furcht vor den Kanonen der Fregatte und das Bestreben, sich und sein Volk als gute Menschen darzustellen, um frühere Sünden, die sie sich zu Schulden kommen liessen, vergessen zu machen. Ich vermuthe sehr, dass die Dörfer Enaka und Hentoin auf Kamorta schon die Kanonenkugeln englischer Kriegsschiffe verspürt haben, die in den Canal kamen, um die hier noch in den Vierziger-Jahren an dem Walfischfänger „The Pilot" und dem Schooner „Mary" begangenen Seeräubereien und Greuel zu rächen.

Ich fuhr von Enaka nach der gegenüberliegenden Küste von Trinket, liess die Segel aus Palmblättern, mit welchen das Canoë versehen war, setzen und war rasch über dem etwa $1^1/_2$ Meilen breiten Canal zwischen Kamorta und Trinket.

Die westliche Küste von Trinket bildet an der Stelle, zu der wir kamen, eine flache mit Mangroven umsäumte Bucht, von der sich, selbst aus geringer Entfernung nicht bemerkbar, ein schmaler und seichter, zu beiden Seiten mit dichtem Mangrovenwald bewachsener Meeresarm canalartig tief in's Land hineinzieht. Der etwa $^3/_4$ Meilen lange Canal ist nur für flache Boote befahrbar. Ich war überrascht, am Ende des Canals in so versteckter Lage ein ziemlich ansehnliches Dorf von ungefähr 10 Hütten zu finden. Dschanoha ist der Name des Dorfes. Schon die Lage an einem die Luft vergiftenden Mangrovensumpf war mir unheimlich, noch unheimlicher die zahllosen Canoës, die auf dem halb ausgetrockneten Sumpfe vor dem Dorfe lagen, weit mehr fast, als Menschen hier wohnen konnten. Ich konnte mich des Gedankens nicht erwehren, dass das der Apparat eines Seeräubergesindels sei, welches sich in diesem Versteck angesiedelt. Ich musste mich durch ein gut Stück Sumpf noch tragen lassen, bis ich auf trockenen Korallensandboden kam. Die Männer standen wie immer gaffend beisammen, aber ganz unbewaffnet. Als „Capitän" trat ein kleiner Kerl vor, mit Hosen und Hut angethan, und mit stechenden schwarzen Augen und so lichtgelber Hautfarbe, dass ich ihn sehr im Verdacht habe, es müsse Blut von Weissen in seinen Adern fliessen. Er redete mich portugiesisch an, ich verstand nur so viel, dass er wissen wollte, was mich in sein Dorf führe, und wann die Fregatte den Nang Kaury-Hafen wieder verlasse. Ich überliess die Antwort meinem dolmetschenden Chinesen, und musterte die nackten braunen Gestalten, die mich dicht umstanden. Widerlichere, unheimlichere, hässlichere Physiognomien hatte ich auf den Nikobaren nie gesehen. Einer hatte sein Gesicht orangeroth bemalt und war offenbar betrunken, ein Zweiter war ganz mit Blut befleckt, ein Dritter hatte ein Collier aus englischen Silberstücken umgehängt und ein Vierter schielte verdächtig auf meinen geologischen Hammer herab, den ich fest in der Hand hielt. Ich wollte eine Hütte sehen, und wurde von dem Capitän auch ohneweiters nach einer der grössten Hütten geführt, die etwas rückwärts stand.

Eine grosse Gesellschaft folgte und setzte sich im Kreis herum um ein weitbauchiges irdenes Gefäss, aus dem mittelst eines aus Bambusrohr verfertigten, unten mit einem Filtrirtuche versehenen Saughebers in ein Glas eingeschenkt und mir präsentirt wurde. Es war ein süsssaures, halbgegohrenes Getränk, Palmwein, an dem sich der Rothbemalte wohl seinen Rausch getrunken. Das Glas ging im Kreise herum, bis der Krug leer war. Während der ganzen Trinkscene aber wurde musicirt, Einer spielte auf einer Flöte, die aus einem Stück

Bambusrohr verfertigt war, der Andere auf der nikobarischen Guitarre, die aus einem dicken Bambusrohr mit darüber gespannter Rotangsaite besteht; ich wünschte, dass die Musiker auch singen, das wurde aber abgelehnt, weil in der Hütte erst kürzlich ein Mann gestorben sei; dagegen wurden mir die Instrumente auf meine Bitte ohneweiters überlassen. Zwei Frauen sassen auch hier im Hintergrund in eine Ecke gekauert. Ich liess sie unbeachtet, weil mir aller Appetit vergangen war, die Reize nikobarischer Schönheiten zu sehen. Dagegen interessirten mich die vielen europäischen Gegenstände, wie Gläser, Porzellansachen u. s. w. in der Hütte, sogar die Seitenwände bestanden aus Brettern einer Schiffscabine; und als ich bei einem Gang durch das Dorf noch einen Anker und andere Eisentheile von Schiffen im Sande liegen sah, da war ich überzeugt, dass dieses Dschanoha, von dem die Geographie der Nikobaren bis jetzt nichts wusste, ein Seeräubernest ist. Diese Leute und die Bewohner der Ulalabucht halte ich für die Rädelsführer bei den im Trinket-Canal früher begangenen Greueln und ich zweifle nicht, dass auch die von Hentoin und Enaka gelegentlich an den Räubereien und Mördereien theilgenommen. Ich wurde beim Abschied reich mit Cocosnüssen beschenkt und kam mit Sonnenuntergang sehr befriedigt von den Erlebnissen und Erfahrungen des Tages an Bord zurück.

Leider hatte ich später keine weitere Gelegenheit zu ähnlichen kleinen Expeditionen auf einem Canoë der Eingebornen und ich kann zur Charakteristik der Bewohner der mittleren und südlichen Inseln nur noch einige allgemeinere Bemerkungen beifügen.

Ich habe schon früher erwähnt, dass sie sich physisch in Nichts von den Car Nikobaren unterscheiden. Auffallend ist aber vor Allem die Verschiedenheit der Sprache, die sogar für die gewöhnlichsten Lebensbedürfnisse, wie für die Bestandtheile des Betelkauens andere Namen hat, als auf Car Nikobar. Wie hier das Englische, so hat sich auf den südlicheren Inseln von den europäischen Sprachen am meisten das Portugiesische eingebürgert. In der Kleidung unterscheiden sie sich von den Car Nikobarensern hauptsächlich durch einen langen Bandstreif, welcher von der um die Weichen geschlungenen Binde hinten herabhängt und im 17. Jahrhundert den Glauben an eine geschwänzte Menschenrace auf den Nikobaren veranlasste. Das Haupthaar tragen sie meist kurz geschoren, bei jungen Burschen sieht man aber häufig um den tonsurartig geschorenen Kopf noch einen Kranz langer Locken stehen, den sie malerisch mit einem rothen Band umschliessen. Bei Vielen sind durch eine besondere Behandlung die Zähne zu unförmlichen schwarzen Klumpen zusammengewachsen, über denen sich die Lippen gar nicht mehr schliessen können, und das gilt trotzdem als ein Schönheitsmerkmal in der nikobarischen Aesthetik. Die Hütten sind nach einem besseren Muster gebaut als auf Car Nikobar, sie sind höher gestellt, so dass unter dem eigentlichen Boden der Wohnhütte noch eine zweite offene Etage Platz hat, auf der man Hühnerställe, Holz- und Früchtevorräthe sieht. Der Boden selbst besteht aus, mit der Axt gearbeiteten Brettern und die Dachkuppel erhebt sich erst über einer bretternen Seitenwand, in der Fensterlöcher angebracht sind. Hunde, Schweine, Hühner sind dieselben wie auf Car Nikobar, aber ausserdem halten sich die Eingebornen hier noch Papageien und Mainavögel (Gracula religiosa) und treiben damit auch Handel. Ueberall begegnet man einem mannigfaltigen Apparat, um die bösen Geister abzuhalten. Schon vor dem Dorfe im Wasser stehen lange Stöcke, die in gewissen Abständen mit Blätterbüschen, langen Schweinskiefern und Cocosschalen behangen sind, sie sollen den bösen Geist vom Dorfe abhalten. Steigt man die Leiter zu einer Hütte hinauf, so grinsen dem Eintretenden fratzenhafte, buntbemalte und behängte Figuren bald in Menschengestalt mit Schwert und Spiess, bald in Froschgestalt und anderen unenträthselbaren Phantasiebildern entgegen, die den bösen Geist von der Hütte ferne halten sollen. In der Hütte selbst sieht man dann noch eine Menge in Holz geschnitzte

Dinge, wie Katzen, Fledermäuse, Schildkröten, Krokodile, Papageien, die alle zu ähnlichen Zwecken dienen müssen; merkwürdig ist, dass jede dieser Figuren, wie es scheint, täglich gefüttert wird, denn vor jeder sieht man Betel, Mellori, Cocos und eine Cigarre liegen.

Den naiven Unschuldszustand der Car Nikobarenser scheinen die Bewohner der südlicheren Inseln hinter sich zu haben, ohne aber deswegen in irgend einer Beziehung besser oder vorgeschrittener zu sein. Die Häuptlingsstellung ist entschieden eine einflussreichere, bestimmter definirte; ein Unterschied von Classen gibt sich darin zu erkennen, dass sich manche auf die, die Inseln besuchenden Schiffe als Arbeiter gegen einen bestimmten Lohn verdingen. Das englische Silber ist auch hier der gesuchteste und geschätzteste Tauschartikel, Gold aber noch ganz unbekannt. Wie auf Car Nikobar sind Cocosnüsse der Haupthandelsartikel, dagegen Trepang, Schildpatt, essbare Vogelnester, Papageien verhältnissmässig unbedeutende Nebenartikel. Wir trafen an den verschiedenen Inseln im Ganzen gegen 12 kleine Schiffe geankert, meist Birmanen aus Pegu und Malayen von der malayischen Halbinsel. Diese Schiffe machen während der Nordost-Monsunzeit zwei- bis dreimal die Reise und mögen damit einen Massstab abgeben für den jetzigen Handelsverkehr. Alle jene Artikel liefert der Meeresstrand allein, was können und werden aber die Inseln produciren, wenn einmal ihre Urwälder gelichtet und ihre Sümpfe getrocknet sind? Man blicke auf Ceylon, man vergleiche Pulo Penang!

Nikobarische Waldbilder.

Wenn man es unternimmt, ein Bild von der Natur der nikobarischen Inseln zu entwerfen, so kann man einem solchen Versuche mit Fug und Recht keine andere Aufschrift geben als „Waldbilder". Nähert man sich im kleinen Boote der Küste einer Insel, so befindet man sich oft schon mitten im Wald, noch ehe man den Fuss auf trockenen Boden setzen kann, —

im Mangrovenwald. Und betritt man die Küste selbst, so ist man an trockener sandiger Stelle im Cocoswald, an sumpfiger Stelle im Pandanuswald. Und will man aus all diesem Wald hinaus, so kommt man immer wieder in den Wald, in einen Hochwald mit riesigen Bäumen und in den Urwald, bis man endlich den Wald vor lauter Wald gar nicht mehr sieht. Nur auf den nördlichen Inseln kann es gelingen, sich durchhauend durch dicht verflochtenes Gestrüpp plötzlich auf freie Grasflächen zu kommen. Aber das Gras ist so hoch und dicht, dass man nicht weiter kann, und die Sonne brennt so heiss, dass man sich abermals in den Schatten des Waldes flüchtet. Der Wald ist der ganze Reichthum und die einzige Schönheit dieser Inseln und ihn in seiner Verschiedenartigkeit zu schildern, ist meine schwierige Aufgabe.

Cocos- und Mangrovenwald sind ausschliessliche Küstenwälder. Sie haben sich in den Bereich der Küste getheilt und ihre Gebiete sind scharf von einander abgegrenzt, gewöhnlich durch vorspringende Felsecken, auf denen ausnahmsweise auch dem Urwald gestattet ist, sich an der Küste zu zeigen. Sie existiren so friedlich neben einander, ohne sich ihr Gebiet gegenseitig streitig zu machen, denn wo der eine gedeiht, da fehlen dem anderen alle Bedingungen des Lebens.

Der Mangrovenwald ist ein Wald im Meere, ein Lagunenwald, der auf einem nicht weniger merkwürdigen Unterbau sich erhebt, als die „Lagunenstadt". Seichte und schlammige, vor Brandung geschützte Ufer, die während der Fluth regelmässig von Salzwasser überschwemmt werden, tief eingeschnittene Meeresbuchten, in welche Flüsse münden, sind das Gebiet der Mangroven. Da solche tiefe Buchten und Flüsse auf den grösseren südlichen Inseln häufiger sind als auf den nördlichen, so ist auch der Mangrovenwald dort häufiger, der Cocoswald in demselben Masse seltener. Zwei Hauptformen von Rhizophoren geben dem Mangrovenwald seine Physiognomie. Sie stehen nicht gemischt unter einander, sondern bilden, an den Ufern getrennt zwei sehr charakteristische Säume. Der äussere Saum ist eine niedere Rhizophorenart, deren saftig grüne, üppige Laubkrone mit glänzenden Blättern und langen kerzenartigen Früchten unmittelbar auf der Wasserfläche liegt, auf einem Unterbau von bogenförmig ausgespannten Wurzeln, die ein dichtes Netzwerk bilden. Hinter diesem äusseren Buschwald steht ein Hochwald, aus dessen sumpfigem Boden, der während der Ebbe trocken liegt, allenthalben knorrige Wurzelknie oder Wurzelspitzen hervorragen, als wäre er mit Pfosten ausgeschlagen. Dazwischen erheben sich 60 bis 80 Fuss hoch die schlanken geraden Stämme, die oben an knorrigen Aesten eine saftiggrüne Laubkrone tragen. Kein Unterholz stört den Durchblick durch die Säulenhallen dieses Waldes, aber Millionen von grossen Sumpfmuscheln (Cerithium in vielen Arten) liegen im feuchten Schlamme, dass man ganze Schiffsladungen davon sammeln könnte; und Schnepfen und Reiher aller Art gehen da auf ihren Fang aus. Tiefe und fischreiche Canäle, die man mit den Canoës der Eingebornen befahren kann, ziehen sich in Schlangenwindungen oft weit durch diese Mangrovensümpfe und man trifft am Ende solcher Canäle in versteckter Lage nicht selten Dörfer, so auf der Insel Trinket das von mir schon erwähnte Seeräuberdorf Dschanoha. Oder man gelangt durch eine allmälig sich verändernde Vegetation, für die das Vorkommen einer stammlosen Wasserpalme (Nipa fonticans) charakteristisch ist, aus dem Brackwasser in das Süsswasser eines Flusses. Der Mangrovenwald gedeiht nur im Salzwasser und ragt in den sumpfigen Thälern der Flüsse bei deren Mündung oft weit hinein in's Land, so weit als das Wasser brackisch ist. So ist es erklärlich, dass der Wald auch plötzlich vernichtet werden kann, wenn durch ein stürmisches Ereigniss die Mündung des Flusses mit einer Sandbarre versperrt wird und dem fluthenden Meerwasser der Eintritt versagt ist. Die Wälder sterben dann ab im süssen Wasser. Die hohen Stämme stehen da abgedorrt und gebleicht, ein gespenstiger Leichengarten zwischen üppig grünen Urwaldhügeln. Des Morgens, wenn die Sonne aufgeht, liegt ein weisser Nebel über dem todten Sumpf und miasmatische Dünste verpesten die Luft, — das sind die Plätze, welche Gift aushauchen. Die Baumleichen mahnen den Fremden, der hier die allgewaltig schaffende und zerstörende Natur bewundert, an die Leichen so mancher seiner Brüder, welche die feuchte Erde dieser Inseln birgt.

Es war an der Nordküste von Gross-Nikobar, wo ich den Anblick eines solchen abgestorbenen Mangrovenwaldes hatte. Der Fluss hat aber hier die Barre von neuem durchbrochen, so dass nun das Meerwasser wieder Zutritt hat und unter dem todten Wald ein junges Mangrovengebüsch üppig gedeiht. Erhält sich aber die Barre und vertrocknet sie allmälig den Sumpf, so ersteht um das Süsswasserbecken der Flussmündung ein Pandanuswald, und wo dem Menschen früher nur der Tod gedroht hat, da findet er dann Bäume voll nahrhafter Früchte, um sein Leben zu fristen.

Wie ein heiteres Lebensbild neben einem düsteren steht neben den schweren einförmigen Laubmassen der Mangroven der luftige freie Cocoswald. Ohne Aufhören rauscht die Brandung über vielgestaltige Korallenfelder zur weisschimmernden Sandküste, die in sanftem Bogen sich von Felsecke zu Felsecke zieht. Sie wirft Korallentrümmer und Sand höher und höher auf und baut das Land langsam immer weiter. Die schweren, vielleicht von fernen Gestaden hergeführten Früchte, die sie ausgeworfen, sind aufgegangen auf diesem Korallensand, und ein Kranz üppiger Palmenkronen auf schlankem Stamme, beladen mit tausend schweren Nüssen, ladet den Menschen zum Leben ein. Ohne Cocospalme wären die Inseln wahrscheinlich heute noch unbewohnt, auf dem Cocoswald beruht die ganze Existenz der nikobarischen Racen. Rechnet man die Einwohnerzahl sämmtlicher Inseln zusammen zu 5000 und nimmt man an, dass jeder Mensch täglich drei Cocosnüsse braucht (das ist nicht zu viel gerechnet, da der Nikobarenser kein anderes Wasser als Cocosnuss-Wasser trinkt und ausser ihm selbst auch seine Schweine, Hunde und Hühner von Cocosnuss leben), so gibt das einen jährlichen Verbrauch von durchschnittlich

$5^1/_2$ Millionen Nüssen. Die jährliche Ausfuhr an Nüssen von allen Inseln zusammen kann auf ungefähr 10 Millionen geschätzt werden (Car Nikobar allein zwei bis drei Millionen). Daraus ergibt sich ein jährlicher Ertrag von 15 bis 16 Millionen Cocosnüssen. Eine Palme trägt aber durchschnittlich 40 Nüsse im Jahre; für einen Ertrag von 16 Millionen Nüssen wären somit 400.000 Cocospalmen nothwendig und auf jeden Bewohner würden 80 Palmen kommen. Da aber 400.000 Cocospalmen als Wald, wie er auf den Nikobaren vorkommt, bequem auf einer halben deutschen Quadratmeile Platz haben, so wäre dies das ungefähre Areal des Cocoswaldes auf den Inseln, weniger als der sechzigste Theil ihrer Gesammtoberfläche, die 33 bis 34 deutsche Quadratmeilen umfasst. Auf den nördlichen Inseln nimmt der Cocoswald wohl ein verhältnissmässig grösseres Areal ein, dagegen fehlt er den südlichen, namentlich Gross-Nikobar fast ganz. Die nördlichen Inseln sind daher auch beiweitem die bewohnteren, und die Cocospalmen sind dort als Eigenthum vertheilt, während sie auf den südlichen Inseln das freie Gemeingut Aller zu sein scheinen.

Der Nikobare lebt nicht blos vom Cocoswald, sondern er lebt auch im Cocoswald und hat sich damit nicht blos die bequemste Lage für seine Hütte ausgesucht, sondern auf dem trockenen, den Winden ausgesetzten Meeresstrand gewiss auch die gesündeste. Die 5000 Nikobarenser wohnen deshalb eigentlich nur auf $^1/_2$ Quadratmeile Landes. Wie man an einem cocosbewaldeten Strande an's Land steigt, da kann man sicher darauf rechnen, dass sich das blumenreiche Gebüsche von Hibiscus, Guettarda oder Scävola öffnet und die Hütten der Eingebornen sich zeigen; geht man am Strande dahin, so sieht man, wie dieses Gebüsch gleich einer künstlichen Hecke den Cocoswald gewöhnlich nach aussen, gegen das Meer zu umsäumt. Wie schnell lernt doch auch der flüchtige Reisende die Cocospalme schätzen! Wenn wir ermattet und schweisstriefend aus der schwülen Luft der Laubwälder zum Strande kamen, zu dem von erfrischendem Luftzug durchstreiften Cososwald, und der sonst so träge und bewegungslose Nikobare, nun flink wie eine Katze, — seine Füsse mit demselben Bastband verbunden, das ihm sonst so malerisch die schwarzen Locken umschliessend als Stirnband dient — zum Wipfel der höchsten Palme kletterte, wenn dann die schweren Nüsse donnernd zur Erde fielen und in freier Hand durch einen sicher geführten Hieb mit der scharfen Säbelklinge geöffnet uns dargereicht wurden, wie erquickend und labend war uns da der kühle Trunk des Wassers aus der jungen Nuss, und wie appetitlich zugleich aus dem natürlichen Gefäss von zartem weissen Fleisch mit grüner Umhüllung! Wem so die junge Nuss durch den gefälligen „Wilden" frisch vom Baume gebrochen in tropischer Sonnengluth zur Labung gedient, nur der kennt das Köstliche dieser Frucht, die an reichbesetzter europäischer Tafel, alt und vertrocknet als Rarität aufgetischt, Jeder als fade und geschmacklos verächtlich zurückweisen wird. Wir haben dabei nicht blos den Labetrunk gehabt, sondern zugleich den Genuss eines Bildes, einer Scene aus den Tropen, wie es uns seit frühester Jugend aus Reisebeschreibungen in der Phantasie lebte. Uebrigens nur bei Car Nikobaren habe ich die beschriebene Art, mit über den Knöcheln zusammengebundenen Beinen die Cocospalme zu erklettern, gesehen, auf den anderen Inseln sind Tritte in die Bäume gehauen, so dass man wie auf einer Leiter bequem hinaufsteigen kann. Ueberall findet man die Eingebornen gleich bereit zu dem Freundschaftsdienst, die Nüsse vom Baume zu holen, ja sie bieten es immer mit grosser Gefälligkeit von selbst an, und es ist die erste Frage, die an den Besucher eines Nikobaren-Dorfes gerichtet wird, „will you young nut to drink?"

Die Cocospalme wird von den Nikobaren nicht eigentlich cultivirt, sondern nur gepflegt und die junge Pflanze wird gewöhnlich eingehegt, um sie vor den Schweinen zu schützen. Der Cocoswald ist meist frei von Unterholz, nur selten durch Gras und Gestrüpp verwachsen, aber ausser den Fusswegen, die durch ihn von Hütte zu Hütte oder von Dorf zu Dorf führen, doch keineswegs einladend zum Spaziergang, da der ganze Boden voll alter Schalen und dürrer Blattzweige liegt, so dass man fortwährend stolpert. Der Cocoswald ist auch fast nirgends ganz ungemischt. Er lässt den Hochwald, der gewöhnlich hinter ihm liegt, gleichsam zwischen sich durch bis an das Meeresufer vordringen. An solchen Stellen trifft man gigantische Ficus, Baringtonien, Hernandia, Terminalia, Calophyllum mit ihren Riesenstämmen und schattigen Laubkronen dicht am Strande, mit Tausenden von Schmarotzern bedeckt, die Wurzeln von der Brandung bespült. An diese gewaltigen Laubbäume, die am offenen Strande in ihrer ganzen majestätischen Grösse sichtbar, dem Landenden häufig als Erstes entgegentreten, knüpft sich hauptsächlich der Eindruck von der Grossartigkeit und Ueppigkeit der Vegetation auf den nikobarischen Inseln.

Die Cocospalme steht überall nur am äusseren Rand des flachen Korallensand-Landes. Sie ist nirgends über die ganze Fläche dieses Landes bis zum Fuss der Hügel verbreitet, obgleich sie da cultivirt ebenso gut gedeihen müsste, als am Strand. Die Fläche hinter dem Saum des Cocoswaldes ist von einem Walde eingenommen, den ich als Hochwald vom eigentlichen Urwald unterscheide.

Dieser Hochwald ist ein Laubwald, wenn auch nicht ausschliesslich. Man begegnet überall neben den Riesenstämmen von Ficus, Calophyllum, Terminalia, Hernandia, Thespesia Sterculia u. s. w. der zierlichen Arecapalma (Areca Katecha), der stacheligen Spanischrohr-Palme (Rotang oder Calamus) und einzelnen Pandanus. Wollte ich eine botanische Aufzählung geben, so müsste ich noch zahllose weitere Namen zusammenstellen. Aber ich will nicht Resultate der Specialuntersuchung geben, ich will nur den Eindruck schildern. Der Hochwald ist selten so verwachsen, dass man sich nicht leicht durchhauen kann. Häufig findet man auch Fusssteige der Eingebornen durchführen und kommt, wenn man diese verfolgt, zu Pisangpflanzungen, zu kleinen Gartenparcellen mit Zuckerrohr, Orangen und Yam, die sich die Eingebornen hier angelegt haben, oder man trifft eine kleine Waldhütte, unter der aus einem umgeschlagenen

„Eheang"stamm (Calophyllum inophyllum, das Schiffsbauholz der Nikobarenser) eine Canoë ausgehöhlt wird. Wegen seiner leichteren Zugänglichkeit war dieser Wald das Haupt-Jagdrevier unserer Zoologen und Jagdfreunde, die hier eine reiche Beute von Vögeln aller Art, Fledermäusen und Eichhörnchen machten. Den schönsten Hochwald sah ich an der Südseite von Car Nikobar. Ein gut betretener Fusssteig führte mitten durch den an der Südseite gelegenen Cocoswald, die südwestliche Ecke der Insel abschneidend, an die Westseite. Die Eingebornen hatten mich vergeblich abzuhalten gesucht, dem Wege zu folgen, und ihre gewöhnlichen Mahnworte, dass ich in „Jungle" kommen werde, der voll giftiger Schlangen sei, waren umsonst, ich wollte einmal tiefer in's Innere gelangen und folgte daher mit einem meiner Collegen dem Fusssteig. Ein junger Nikobarenser, ein wahrer Antinous seiner Race, vom schönsten, ebenmässigsten Körperbau, war uns lange gefolgt, mit einemmale aber seitwärts im Walde verschwunden. Wir gingen im tiefsten Schatten fort zwischen hundertstämmigen Banianbäumen (Ficus indica?), die aber hier in ebenso kolossale Höhe gewachsen, wie in Indien in die Breite, zwischen Stämmen mit gewaltigen Mauerwurzeln, von deren Kronen Stricke und Seile von allen Dicken herabhingen, an denen man wie an Tauen zur Höhe klettern könnte, zwischen Bäumen mit platter makelloser Rinde und anderen mit zerrissener, narbiger Rinde, die bedeckt war mit tausend Schmarotzerpflanzen, unter denen ein grosser prächtiger Strichfarn (Asplenium Nidus) am meisten in die Augen fällt. Grosse Krabben mit feurigrothen Scheeren und einem Leib von dem schönsten Blauschwarz liefen vor uns in ihre Löcher, von denen der Boden des Waldes voll ist. Rechts und links raschelte es im dürren Laub von Eidechsen, in den Kronen der Bäume musicirten Cycadenschwärme, grüne rothwangige Papageien flogen kreischend von Baum zu Baum und von den Aesten und Zweigen ertönte der Ruf des Mainavogels und der dumpfe Lockton der grossen nikobarischen

Waldtaube. Wie ferner Donner wurde die Brandung allmälig wieder hörbar, einzelne Cocospalmen und Pandanen mischten sich unter die Laubbäume, Alles Zeichen, dass wir uns der Küste wieder näherten. Mit einemmale ein Gestöhne und Geächze in dem Dickicht, eine schwere durchbrechende Masse — siehe da, ein fettes Mutterschwein mit vier Ferkeln, das uns aber, da wir uns ganz stille hielten, nicht bemerkte. Ich wollte sehen, welchen Eindruck ein plötzlicher Schuss auf das Thier machen würde. Der Schuss ging in die Luft, das Schwein stand einen Augenblick mit aufgestellten Borsten und entfloh dann in das Dickicht. Aus dem Dickicht aber von der anderen Seite traten wie hergezaubert zehn Eingeborne, alle mit langen Stöcken und ihren Messern oder Säbelklingen. „Take care", „take care" war ihr gemeinschaftlicher Ruf; es waren dieselben Gesichter, die uns beim Eingang in den Wald gewarnt und dann verlassen hatten. Sie waren also offenbar nachgeschlichen, um uns zu beobachten, und kamen augenblicklich zum Vorschein, als sie Gefahr für ihre Schweine fürchteten. So wild die nackten braunen Kerle mitten im Walde aussahen, so seltsam die Frage ihres Anführers: „how many shoot?" klang, als wollten sie unsere Streitkraft der ihrigen gegenüber erfahren, so waren sie doch alsbald besänftigt, als wir uns auf einen umgeworfenen, halbvermoderten Baumstamm setzten und Cocosnüsse zum Trinken verlangten. Flink war einer von ihnen auf Befehl des Anführers oben auf einer nahen Palme und dröhnend fielen die Nüsse zu Boden. Da sassen wir und um uns kauerten die „Wilden" — heute kamen sie mir so vor — rauchend und betelkauend, und auf ihren Lockruf kamen auch die so erschreckten Schweine herbei und wurden nun mit den ausgetrunkenen Cocosnüssen tractirt. Ich betrachtete mit innigem Behagen die ganze Scene. Es war so ganz die rechte Staffage für den Wald: braune nackte Menschen, schwarze borstige Schweine, ein grosser Wald voll Papageien. So hatte ich mir's oft gedacht, wenn ich Cook gelesen.

Wie neben dem Cocoswald auf trockenem Sandboden die Mangrovensümpfe stehen, so tritt an die Stelle des Hochwaldes auf sumpfigem Boden der Pandanuswald. Die Mangrovensümpfe haben salziges, die Pandanussümpfe süsses Wasser. Pandanusse wachsen auf den nikobarischen Inseln überall auf jedem Terrain, man sieht Pandanusse im Cocoswald, im Hochwald, im Urwald, auf den Grasfluren, Pandanusse von wenigstens drei verschiedenen Arten. Aber ganze Wälder von Pandanus, wo dieser merkwürdige Baum jede andere Vegetation, ausser einigen Areca- und Rotangpalmen, gänzlich verdrängt hat, trifft man blos auf sumpfigem Süsswasser-Alluvium längs des Laufes der Flüsse oder Bäche, hauptsächlich nahe dem Meere, wo die Flüsse stagnirende Wasserbecken bilden. Hier ist es Pandanus Milone, die grösste Pandanus-Art, welche die Wälder bildet. Ich halte dafür, dass der Pandanuswald, den wir auf Pulo Milu, einer kleinen Insel an der Nordseite von Klein-Nikobar, getroffen, das eigenthümlichste, frappanteste tropische Vegetationsbild ist, das wir gesehen. Der Pandanuswald lässt sich mit nichts vergleichen, er ist so eigenartig, so fremdartig, als wäre er ein Ueberbleibsel aus einer früheren Erdperiode. Ich zweifle auch, ob er irgendwo so üppig und grossartig sich wiederfindet, wie auf den nikobarischen Inseln, wo der Pandanus den Brotfruchtbaum der Südsee ersetzt. Staunend ob der bizarren Laune der Natur, betrachtet man die seltsamen Bäume, die spiralförmig geordnete Blätter haben, wie die Dracänen, Stämme wie Palmen, Aeste wie Laubbäume, Fruchtzapfen wie Coniferen und doch nichts von alledem sind, sondern etwas ganz Besonderes für sich; durchschnittlich so hoch wie die Palmen, 40 bis 50 Fuss, stehen auf Pulo Milu die Pandanen als schlanke glatte Stämme, die auf einem 10 bis 12 Fuss hohen Wurzelsockel ruhen, wie auf einem künstlich aus rundgedrechselten Stäben aufgebauten, konisch zusammengestellten Pfeilerwerk. Manche dieser Wurzelstäbe erreichen den Boden nicht und ahmen in ihrem Jugendzustand als Luftwurzeln die unaussprechlichsten Formen nach. Nach oben wiederholt sich dieselbe Form in den Aesten. Daran hängen Fruchtkolben, 1½ Fuss lang, 1 Fuss dick, im reifen Zustand prächtig orangegelb, mit hellgrünen Tupfen, und während man hinauf sieht, ob Einem die centnerschwere Frucht nicht auf den Kopf fällt, stolpert man unten über die Füsse, die der Wald Einem von allen Seiten vorhält. Der Pandanus ist auf den nikobarischen Inseln nicht gepflegt, er wächst in üppigster Fülle wild und ist nach der Cocospalme für die Eingebornen die wichtigste Nahrungspflanze, die eigentliche Charakterpflanze der nikobarischen Inseln. Die immensen Fruchtkolben, welche der Baum trägt, bestehen aus vielen einzelnen keilförmigen Früchten, die sich roh nicht geniessen lassen; aber in Wasser abgekocht, lässt sich eine mehlhaltige, äpfelmusartige Masse auspressen, das sogenannte „Mellori" der Portugiesen, das mit dem Fleisch der jungen Cocosnuss zugleich genossen das tägliche Brot der Eingebornen ausmacht. Der Geschmack dieses Pandanusmuses steht in der Mitte zwischen Aepfelmus und gelben Rüben und ist dem Europäer keineswegs unangenehm. Ist die mehlhaltige Masse ausgepresst, so bleiben die holzigen Fasern der Frucht bürsten- oder pinselartig übrig und werden von den Nikobarensern auch als natürliche Bürsten benützt, während die getrockneten Blätter des Baumes das Papier für die nikobarischen Cigaretten geben.

Hat man sich durch den Hochwald und Pandanuswald hindurchgearbeitet, so gelangt man auf den Nikobaren gewöhnlich an den Fuss von Hügeln, die auf den nördlichen Inseln mit hohem Gras bewachsen, auf den südlichen mit dichtem Urwald bedeckt sind. Dieser auffallende Unterschied in der Vegetations-Bedeckung des Hügellandes beruht auf einem sehr wesentlichen Unterschied der Bodenzusammensetzung. Das Hügelland der nördlichen Inseln besteht aus einem ausserordentlich unfruchtbaren Thonmergelboden, das Hügel- und Bergland der südlichen Inseln aber aus einem ebenso fruchtbaren Sandstein- und Thonschieferboden. Wo das üppigste Tropenklima nichts Anderes hervorzubringen vermochte, als steifes, trockenes Lalanggras (Imperata) und rauhe scharfe Halbgräser (Scleria, Cyperus, Diplaceum), da hat die Natur dem Boden deutlich genug den Stempel der Unfruchtbarkeit aufgedrückt, und gerade auf solchen unfruchtbaren Grashügeln, die aus der Ferne zwischen dem Wald so heimatlich wie üppige Weizenfelder anlocken, hatten die Colonisten am Nang Kaury-Canal ihre Häuser und Gärten gebaut. Das Gras wächst nun hoch über ihren Gräbern, die Brandung spielt mit den Ziegeln, aus denen sie gebaut, und Haus und Hof, Garten und Feld, Weg und Steg sind spurlos verschwunden. Auf Car Nikobar habe ich diese Grasheiden zum Theil abgemäht gesehen, weil die Eingebornen das Gras zur Dachbedeckung benützen, auf Kamorta standen grosse Strecken in Feuer und Flammen, dass der Himmel bei Nacht blutroth die Fregatte erleuchtete, die im Nang Kaury-Haufen vor Anker lag.

Der nikobarische Urwald! Berg und Thal ist von ihm voll und das Küstenvolk von Gross-Nikobar erzählt von einem wilden Volksstamm, von „Waldmenschen" („Jungle men") mit langen Haaren, die keine Hütten bewohnen, die auf den Bäumen des Urwaldes hausen und von wildem Honig, von Wurzeln und von Jagd leben. Aber kein europäisches Auge hat diese Waldmenschen gesehen, kein europäischer Fuss ist durch den Urwald gedrungen in's Innere. Wir sind wohl viel herumgeklettert in Bachschluchten, die sich hineinziehen in diese Urwälder, wir sind bewundernd vor Farnbäumen gestanden, echten Urwaldkindern, die dreissig Fuss hoch, wie Palmen, ihre zierlichen Kronen aus dem Schatten des Waldes zum Licht erheben, wir haben Affen verfolgt, mit Säbel und Schwert uns durchhauend, aber ich glaube fast, es ist leichter, Tunnels und Stollen durch feste Felsmassen zu treiben, als durch nikobarische Urwälder Wege zu bahnen. Jene dunklen Wälder auf Hügeln und Bergen, über welche die schlanke Nibongpalme (Areca Nibong) — mit ihren Blüthen und Fruchtbüscheln am Stamme und unterhalb der Krone das eigentliche Wahrzeichen der nikobarischen Inseln —, so hoch die vom Nordostwind nach einer Seite gedrehten Wipfel erhebt, sind uns ein Räthsel geblieben, und ebenso ihre Menschen und Thiere. Nur ein Bild schwebt mir in lebhafter Erinnerung, das ich dem Urwald zurechne. Ich sah es auf Car Nikobar, als ich auf kleinem Kahne den Commodore ein Flüsschen hinauf begleitete, das in die nördliche Bucht mündete.

Das war ein Bild in Wirklichkeit, wie man es aus phantastischen Theaterdecorationen ahnt. Da erhob sich die schlanke Nibongpalme am steilen Flussufer aufsteigend bis zu 100 Fuss Höhe, und neben ihr die zierliche Katechenpalme. Riesige Laubbäume mit niederen dicken Stämmen wölbten ihre schattigen Laubkronen über den Fluss, Pandanen hoch wie auf Stelzen spiegelten sich im glatten Wasser. Bambusgebüsche belebt von Schmetterlingen, nymphäenartige Wasserpflanzen, grüne Algenbänke, Vegetation in üppigster Fülle im Wasser, am Ufer und in der Luft über uns. Denn überall hing es herab in Blättern und Blüthen, in dicken und dünneren lebenden Tauen, und eine Riesenguirlande zog sich in hohem Bogen über den Fluss, gewunden wie eine Schraube, selbst Schmarotzer, umhängt und umwunden von tausend grünen und blühenden Schmarotzern. Beschreiben lässt sich das Bild nicht, nur die Kunst des Malers könnte es nachahmen.

Von Gross-Nikobar nach Singapore.

Am 26. März Abends lichteten wir die Anker und segelten aus der Bucht des Galatea-Flusses an der Südseite von Gross-Nikobar. Am 27. Morgens war längst alles Land ausser Sicht. Das Wetter, das auf den Nikobaren unsere Unternehmungen so sehr begünstigt, schien mit einemmale verändert. Die ersten 14 Tage unserer Fahrt bis zum 9. April waren die ungünstigsten, die wir auf der ganzen Reise erlebt. Tag und Nacht fast zu allen Stunden und aus allen Himmelsgegenden heftige

Gewitter mit Wasserhosen, Blitz, Donner und den stärksten Regengüssen. Stürmisch mit Windböen kamen die Gewitter bald von der Küste von Sumatra, bald von der malayischen Halbinsel hergezogen, bald kamen sie uns aus der Malaccastrasse entgegen und liessen unsere wackere Mannschaft Tag und Nacht nicht zur Ruhe kommen. Mit den Gewittern wechselten Windstillen von drückend schwüler Hitze, und wenn einmal eine Brise sich erhob, so kam sie aus der Strasse von Malacca uns gerade entgegen, und verhinderte, verbunden mit einer starken Gegenströmung aus der Strasse heraus, jedes Vorwärtskommen. Auf- und ablavirend zwischen der Nordküste von Sumatra und Djunk Ceylon hatten wir bis zum 9. April Abends in 14 Tagen kaum mehr Weg gemacht, als ein guter Dampfer in eben so viel Stunden zurücklegt. Es war ein schlechter Trost für uns, dass zahlreiche Schiffe — wir zählten an manchen Tagen 6 bis 8 — unser Schicksal theilten. Neidisch blickten wir den Dampfern nach, die unbehindert ihren Curs in die Strasse verfolgten. Unsere Situation war umso unbehaglicher, als in der zweiten Woche nach unserer Abfahrt von den Nikobaren nacheinander Mehrere erkrankten, sowohl von den Naturforschern, wie von der Mannschaft, alle mehr oder weniger mit Symptomen von Fiebern, begleitet von heftigem Kopfschmerz. Wir hatten nach Ablauf der zweiten Woche gegen 26 Kranke an Bord. Da aber unter der Mannschaft mehr Erkrankungsfälle solche trafen, die auf den Nikobaren niemals am Lande gewesen, so waren die Meinungen darüber, ob die Fieberanfälle eine Nachwirkung des nikobarischen Klimas seien, sehr getheilt. Bei mehreren Fällen war dies ganz entschieden. Unsere Kranken wurden mit Chinin behandelt, und zwar so erfolgreich, dass schon in Singapore das Spital wieder leer war.

Am 9. April Abends endlich änderte sich Wetter und Wind und die ganze um uns befindliche Escadre von Segelschiffen lief mit vollen Segeln vor dem Wind in die Strasse von Malacca. Am 11. Morgens lag Pulo Penang, die Areca- oder „Prince of Wales"-Insel, Backbordseite gegenüber, — waldige Bergkuppen, — düster und trübe mit schweren Wolken behangen, die den lieblichen Reiz dieses englischen Besitzthums, wie er von allen Besuchern geschildert wird, nicht ahnen liessen. Am 12. steuerten wir zwischen den Sam Bilangs- oder Neun-Inseln und der Insel Djara hindurch, die hohen Waldberge des Königreichs Perah wurden sichtbar. Das Fahrwasser der Strasse wird von der Mündung des Perahflusses an mehr und mehr enge. Seichte Bänke und kleine Felsinseln erschweren die Schifffahrt, und es ist eine gewöhnliche Vorsichtsmassregel, dass die Schiffe bei einigermassen ungünstiger Witterung während der Nacht vor Anker gehen. Da die Strasse guten Ankergrund und nirgends viel mehr, als 20 Faden Tiefe hat, so ist das Ankern überall möglich. Indessen sind die Seekarten zuverlässig und genau und an der gefährlichsten Stelle, auf einer nur 1 Faden tiefen Sandbank, die sich fast im Curs der Schiffe befindet, liegt jetzt ein Leuchtschiff. Dieses Leuchtschiff passirten wir am 13. April in einer langen Reihe von Schiffen vor und hinter uns, und segelten kühn die Nacht hindurch immer vor dem Wind. Am Morgen des 14. April lag der Berg Ophir (auch Ledang oder Pudang genannt, 5700 Fuss hoch) bei Malacca vor uns, und bald waren wir Malacca selbst, der Stadt, gegenüber. Die Fahrstrasse führt so nahe an der Festlandsküste, dass man die Kirchen und Häuser der Stadt sieht, und dass die Fregatte Signale mit der Signalstation austauschen konnte. Die Stadt, einst die malayische Hauptstadt, hat ihre frühere Bedeutung ganz verloren. Pulo Penang mit der Provinz Wellesley, Malacca und Singapore sind die drei sogenannten Straits-Settlements der Engländer, deren Gouverneur unter dem Generalgouverneur von Indien steht. Die Gegend von Malacca war noch vor wenigen Jahren berüchtigt durch Seeräubereien. Boote mit Früchten, Lebensmitteln und Verkaufsgegenständen aller Art legen sich an die Seite der vorbeipassirenden Schiffe und versahen auch uns mit Hühnern, Eiern und köstlichen Ananas. Aber solche Boote spionirten zugleich die Bemannung und Vertheidigungsfähigkeit der Schiffe, und es kam häufig vor, dass schwache Schiffe in der Nacht, wenn sie in Windstille oder vor Anker lagen, von einer überlegenen Macht überfallen wurden. Noch Steen Bille erwähnt vom Jahre 1846, dass er hier die Kanonen der „Galatea" mit Schrot laden liess und die Wachen für die Nacht verstärkte.

Wir aber fuhren kühn auch diese zweite Nacht hindurch fort und hatten die Freude, am Morgen des 15. April vor der Einfahrt von Singapore zu stehen. Das Bild war reizend; bergige Waldinseln an der Küste von Sumatra, die Carimonsinseln, ein ganzer Archipel kleiner Inseln vor uns, auf einer der Leuchtthurm, und zwischen den Inseln in den Canälen segelnde Prahus, chinesische Dschunken, aus- und einlaufende Vollschiffe und Barkschiffe, Alles die Nähe der grossen Handelsstadt verkündend. Ebenso glücklich wie unsere Fahrt durch die Strasse war die Fahrt durch das Labyrinth von Inseln, durch das sich die Schiffe auf die Rhede von Singapore hindurchwinden müssen. Diese Rhede, welcher Anblick nach den einsamen Gestaden der nikobarischen Inseln! Tausende von Schiffen von allen Grössen, von allen Formen, die Flaggen aller seefahrenden Völker! Nie bisher schien es mir, so zahlreiche Schiffe von so vielen verschiedenen Nationen beisammen gesehen zu haben. Ein stolzer französischer Dampfer lag uns zur Rechten, eine englische Kriegscorvette zur Linken. Zwischen beiden fiel um 2 Uhr der Anker der „Novara".

Singapore.

Noch keine Station hatten wir Alle so sehnsüchtig herbeigewünscht, wie Singapore. Kranke wie Gesunde fühlten in gleicher Weise das Bedürfniss sich zu erholen, die Lebensmittelvorräthe waren auf die Neige gegangen, für die Waschmänner lagen Haufen aufgethürmt in Kisten und Kästen — und der Augenblick, in welchem das dicke Briefpacket mit Nachrichten aus der Heimat an Bord kommen sollte, war nicht zu erwarten. Der Anker war gefallen, ein dickleibiges Packet war an Bord gekommen, sein Inhalt vertheilt. Aus der Heimat lauteten die Nachrichten gut, aber von Singapore mussten wir die wenig erquickliche Botschaft vernehmen, dass seit mehreren Tagen am Lande sowohl, wie auf der Rhede die Cholera sich zeige. Der englische Stationscommandant, als er den Commodore v. Wüllerstorf gleich nach der Ankunft der „Novara" freundlich begrüsste, bestätigte die unerfreuliche Nachricht, und die Flaggen „auf halbem Topp" bei mehreren Schiffen, die in unserer Nähe lagen, waren ein trauriges Zeichen, dass Sterbende auf diesen Schiffen lagen. Der ursprüngliche Plan, mehrere Wochen in Singapore zu bleiben, konnte unter solchen Umständen nicht ausgeführt werden. Er wurde dahin abgeändert, wieder unter Segel zu gehen, sobald die Fregatte verproviantirt und die Wäsche gewaschen. So befanden wir uns schon nach fünf Tagen Alle wieder an Bord und am 22. April Morgens unter Segel nach Batavia.

Was soll ich nun nach so kurzem Aufenthalt von Singapore schreiben, dieser Stadt vor den Thoren des Himmlischen Reiches mit einem wahrhaft babylonischen Völker- und Sprachengewirre? Neben dem monopolisirenden Batavia ist der merkwürdige Freihandelsplatz entstanden und emporgewachsen so rasch und kräftig wie keine zweite Stadt des Ostens. Eigentlich soll Singapura, die Löwenstadt, schon 1160 von dem Malayenfürsten Sang Nila Utama, der sich für einen Abkömmling Alexander des Grossen hielt, gegründet, später aber von javanischen Eroberern wieder zerstört und vernichtet worden sein. Als im Jahre 1819 Sir Stamford Raffles, der Exgouverneur von Java, nach der Zurückgabe von Batavia an die Holländer mit richtigem Scharfblick die Singapore-Insel als den günstigsten Platz für ein britisches Emporium in den malayischen Gewässern auswählte, da wehte die englische Flagge auf einer Seeräuber-Insel, Singapore war ein armseliges malayisches Dorf mit 200 Menschen, die Insel eine junglebewachsene Wildniss. Nach Verträgen vom Jahre 1824 mit den Holländern und dem Sultan von Djohore wurde es zum Freihafen erklärt, Freiheit wurde verkündet für Handel und Wandel, Freiheit für Kommen und Gehen, Freiheit für Acker- und Häuserbau, Freiheit für jede Race und jede Religion. So zählt Singapore, die Stadt und Insel, heutzutage 100.000 Einwohner, 1000 grosse Schiffe laufen jährlich ein auf seiner Rhede aus Europa, 2000 bis 3000 Dschunken und Prahus kommen aus China, aus dem indischen Archipel und woher immer, ebenso viele gehen jährlich. Europäer und Amerikaner und nicht weniger als 24 verschiedene asiatische Völker strömen hier zusammen und treiben Handel; schwarze, weisse, braune und gelbe Menschen, Barbaren, Halbbarbaren und civilisirte Völker, Heiden und Christen, Seeräuber und ehrliche Menschen, alle Elemente treiben sich bunt durch einander, einträchtlich und friedlich, von dem einen grossen Zwecke beseelt: „Geld zu machen".

Die Stadt Singapore besteht eigentlich aus drei verschiedenen Städten, der Chinesenstadt westlich am rechten Ufer des Flusses, der Europäerstadt östlich am linken Ufer und den Kamponys (Dörfern) der Malayen ringsum in den Salzwassersümpfen. Man rechnet 70.000 Chinesen, 8000 bis 9000 Malayen, 7000 bis 8000 Indier, 360 Europäer und gegen 1000 Mischlinge, farbige Abkömmlinge von Europäern. Höchst merkwürdig ist das Verhältniss der männlichen zur weiblichen Bevölkerung, man kann höchstens $^1/_7$ der Gesammtbevölkerung Weiber rechnen, unter den Chinesen war im Jahre 1850 — und das hat sich bis heute nicht geändert — das Verhältniss der Weiber zu den Männern wie 1 zu 18. Gewerbe, Ackerbau und ein grosser Theil des Handels ist in Händen der Chinesen, die Europäer sind Kaufleute und Beamte, die Indier Bediente und Kutscher, die Malayen treiben sich als Fischer und Bootsleute auf dem Wasser herum oder arbeiten im Walde. Der Europäer sitzt den Tag über in seiner Kanzlei oder in seinem Comptoir und führt sonst, wie überall in Indien, in seinem Landhaus, so gut es Mittel und Umstände erlauben, ein Nabobleben. Auf Singapore hat sich der Europäer das niedere Hügelland rings um die Stadt zu seinem Wohnplatz ausgesucht. Fast jeder der Hügel ist geziert durch ein schönes europäisches Landhaus, umgeben von Gärten und Muscatnusspflanzungen an den Abhängen. Die europäische Stadt besteht fast nur aus öffentlichen Gebäuden und Hôtels. Eine schöne englische Kirche ist eben im Baue begriffen. Die kaiserliche Expedition wurde von den hier ansässigen Deutschen und Engländern sehr freundlich aufgenommen, ich müsste die Namen beinahe aller Europäer anführen, wollte ich die Männer persönlich nennen, denen wir zum Danke verpflichtet sind. Wo Geld gemacht wird, wird gewöhnlich wenig Wissenschaft gemacht. Nichtsdestoweniger erscheint in Singapore unter der Redaction des Herrn J. R. Logau, jetzt in Pulo Penang ansässig, noch jährlich ein Band eines ausgezeichneten wissenschaftlichen Journals „Journal of the Indian Archipelago", das die werthvollsten Arbeiten und Resultate freiwilliger wissenschaftlicher Forschungen bringt. Da uns selbst die Kürze der Zeit keinerlei wissenschaftliche Untersuchungen möglich machte, so bin ich glücklich, die ganze Reihenfolge von Bänden dieses Journals durch die Güte des Herrn A. Logau in Singapore für eine unserer Bibliotheken in Wien erhalten und auch für fernere Jahre eine bleibende Verbindung mit der Redaction des Journals angeknüpft zu haben.

Am meisten interessirt den Fremden die Chinesenstadt. Der Canal zwischen der Europäer- und Chinesenstadt, bedeckt von zahllosen Booten, gross und klein, gibt ein interessantes Bild von der Rührigkeit und Geschäftigkeit des Volkes. Ebenso die Strassen der Stadt. Schlosser, Tischler, Schuster, Schneider, Spengler u. s. f. — Alle sieht man emsig und fleissig arbeiten in der offenen Halle, die den unteren Theil des chinesischen Hauses bildet. Sieht man dazu noch die zierliche, nette Einrichtung der reicheren Häuser, die bizarre, aber nichtsdestoweniger Kunst und Geschmack zur Schau tragende, reich geschmückte Pagode mit wunderbaren Holz- und Steinschnitzereien, so bekommt man in der That allen Respect vor den Söhnen des Himmlischen Reiches mit ihren langen Zöpfen. Aber an drei grossen Uebeln leidet die Stadt: an Spielhöllen, an Opiumkneipen und an einer mit jedem Jahre anwachsenden Menge von Proletariat. Die ersten sind strenge verboten, die zweiten privilegirt und das Proletariat ist geduldet. Ein Regiment Madras-Sepoys, eine Abtheilung Artillerie und einige hundert Polizeisoldaten, Malayen und Indier, sorgen für die öffentliche Sicherheit und Ruhe.

Die Singapore-Insel, die im Ganzen einen Flächenraum von 206 englischen Quadratmeilen umfasst, ist von mehreren guten Strassen von Süd nach Nord und Ost durchschnitten. Als cultivirt kann jedoch nur das Hügel- und Flachland in einem Umkreis von 4 bis 5 englischen Meilen um die Stadt betrachtet werden, da sieht man schöne Wiesen zur Viehweide, Cocosnuss-, Areca-, Zuckerrohr- und Muscatnuss-Plantagen, Gärten und Landhäuser. Auf der ganzen übrigen Insel wechseln Pfeffer- und Gambiepflanzungen mit Urwald, überall sieht man Rauch aufsteigen von Waldstrecken, die für die Cultur niedergebrannt werden, und armselige malayische und chinesische Colonien sind zerstreut durch die Wildniss, den mörderischen Angriffen des Königstigers ausgesetzt.

Es ist eine interessante Thatsache, dass das Raubthier auf der Insel sich erst zeigte, seit sie bevölkert ist und cultivirt wird, seit Viehheerden und Menschen reiche Beute bieten. Tiger sollen früher auf der Insel selbst nie heimisch gewesen sein, sondern zu Raubzügen bei Nacht vom Festland über den schmalen Canal geschwommen sein. Da sie sich in gefährlicher Weise mehrten, setzte die englische Regierung vor Jahren einen Preis von 100 Dollars (200 fl.) auf jeden Tiger. Die Tiger nahmen ab, da man ihnen nun fleissig nachstellte, — aber als statt ihrer gefährliches malayisches Raubgesindel in den Wäldern sich einnistete, sah dem Vernehmen nach die Regierung sich wieder veranlasst, die Tigerprämie aufzuheben. So kommt es, dass jetzt die Tiger wieder zahlreich geworden sind und die Gegend schon wenige Meilen vor der Stadt unsicher machen. Man rechnet, dass in den letzten Jahren jährlich 100 Menschen von den Tigern gemordet wurden, dass aber auch Jahre vorkommen, wo auf jeden Tag ein Mensch kommt. Nur in Gruben sucht man die Bestien zu fangen, auf regelrechte Jagd geht Niemand. Wer soll hier auch jagen? Alles hat zu arbeiten, und wie die Tigerjagden ausfallen, welche Kaufleute bisweilen mit einander verabreden, davon hat man uns komische Fälle genug erzählt. Manche von uns wünschten sich hier ein Tigerfell zu kaufen, aber abgesehen von den hohen Preisen ist es kaum möglich, ein fehlerfreies Fell zu bekommen, da die meisten Tiger, die gefangen werden, vom Genuss des Menschenfleisches räudig sein sollen.

Die Tigerjagd hatte an Bord der „Novara" wohl eine grosse Rolle gespielt, als wir noch in See waren, es waren Wetten gemacht worden, wer den ersten Tiger schiesse; als wir aber am Lande waren, da dachte Niemand mehr daran.

Von Singapore nach Batavia.

Innerhalb drei Tagen war die Fregatte durch den chinesischen Schiffsverproviantirer Whampoa auf sechs Monate vollständig verproviantirt. Der Name dieses Mannes verdient genannt zu werden, er ist eine der merkwürdigsten und für ankommende Schiffe wichtigsten Persönlichkeiten in Singapore. Schon sein Vater ist ein vermöglicher Mann gewesen, unser Whampoa ist Millionär und lässt seinen Sohn in Schottland europäisch erziehen, wohl das erste Beispiel dieser Art. Selbst die Engländer in Singapore müssen dem langzöpfigen Sohne des Himmlischen Reiches ihre Achtung zollen. Wiewohl mehrere englische „ship chandlers" etablirt sind, hört man doch selbst von den Engländern nur Whampoa, den Chinesen, empfehlen. Wären doch ihre Schiffsverproviantirer am Adriatischen Golf solche Chinesen wie Whampoa! Whampoa hat alles nur Erdenkliche, was ein Schiff nöthig haben kann, und Magazine, so grossartig, dass er in derselben Zeit noch drei weitere Fregatten auf Jahre hätte verproviantiren können. Whampoa ist aber nicht blos der reelle pünktliche Kaufmann, er ist Plantagenbesitzer, Schweinezüchter en gros und bei alledem, wie die Engländer selbst sagen müssen, „gentleman". Er versteht es, in seinem herrlich gelegenen, prachtvoll eingerichteten Landhause die Elite der europäischen Gesellschaft von Singapore um sich zu sammeln, und ist bekannt wegen der glänzenden Diners, die er gibt. Er liess es sich nicht nehmen, auch von den Officieren und Naturforschern der „Novara" mehrere bei sich zu sehen und diesen seinen Ruf auch uns gegenüber zu bewähren. Es war ein heiterer, vergnügter Abend in Gesellschaft mehrerer der in Singapore residirenden Consuln, an dem viele Toaste ausgebracht wurden, und wohl der erste Toast eines Chinesen „auf das grosse österreichische Land und des grossen österreichischen Landes Kriegsschiff Novara". Wir hatten es Whampoa zu danken, dass wir so schnell wieder reisefertig waren und schon am 22. April unter Segel gehen konnten nach Batavia.

In windgünstiger Zeit können die 560 Seemeilen nach Batavia von Segelschiffen leicht in 5 bis 6 Tagen zurückgelegt werden. In der Zeit des Monsunwechsels aber, in die unsere Reise fällt, sind die Brisen so schwach und wechselnd, dass gewöhnlich mehr als die doppelte Zeit nothwendig ist. Wir waren 14 Tage unter Segel. Am 25. April überschritten wir zum drittenmal in 105 Grad 31 Minuten östlich von Greenwich den Aequator. Diesmal war „die Linie" förmlich wie auf's Wasser gezeichnet. Den ganzen Tag lang fuhren wir durch unzählige gelbe Streifen, die viele Meilen weit die Oberfläche des Wassers bedeckten. Wir hatten dieselbe Erscheinung schon einmal an der brasilianischen Küste gehabt, sie ist bekannt unter dem Namen „See-Sägespäne". Es sind Milliarden von Conferven ähnlichen Körpern, welche die Färbung des Wassers verursachen. Nirgends noch hatten wir aber die Erscheinung über eine so grosse Fläche ausgebreitet beobachtet. Ausserordentlich häufig sind in dem seichten, wenig bewegten, mit Inseln übersäeten Meere zwischen Borneo und Sumatra Seeschlangen (Hydrophis-Arten). Jeden Tag wurden mehrere derselben gesehen, ruhig an der Oberfläche des Wassers liegend, wenn sie dem Schiff aber nahe kamen, schnell untertauchend, — hoch über unseren Masten schwebten Fregattvögel, und Insecten aller Art kamen an Bord geflogen, sogar die lästigen Moskitos.

Den Schiffen nach Batavia liegen zwei Wege offen, die innere Route durch die Rhio- und Bangkastrasse oder die äussere durch die Singapore- und Gasparstrasse. Die „Novara" wählte die letztere und feierte am 30. April in der Gasparstrasse den Jahrestag ihrer Abfahrt von Triest.

Ein festliches Diner hatte Officiere und Naturforscher vereinigt und freudig stimmten wir Alle in das vom Commodore ausgebrachte Hoch auf den erhabenen Urheber der Expedition, auf „Se. k. Hoheit den durchlauchtigsten Erzherzog Ferdinand Maximilian". Ein zweites freudiges Hoch galt von unserer Seite dem hochverehrten Commodore. Möge das zweite Jahr der Reise für uns ein ebenso glückliches sein, wie das erste!

Ein kurzer Blick zurück auf das verflossene Jahr ist hier wohl am Platz.

Wenn ich den Seeweg, der hinter uns liegt, von Mittagspunkt unserer Fahrt zu Mittagspunkt zusammenrechne, so ergibt sich die nicht geringe Anzahl von 20.773 Seemeilen, und wenn ich die Tage zusammenzähle, die wir zur See zugebracht, so sind es 238 Tage, zwei Drittel des Jahres; 127 Tage bleiben für die Aufenthalte am Land, für neun verschiedene Stationen, deren Bilder in der Erinnerung vorüberziehen, fast wie Traumbilder. Die Küsten von schon drei

Welttheilen hat Oesterreichs Flagge begrüsst. Die unter ihrem Schutze stehen, wurden überall mit offenen Armen empfangen. Freundschaftliche Beziehungen wurden angeknüpft mit Männern des Staates und der Wissenschaft. Wir haben persönlich den Gruss unserer Akademien und wissenschaftlichen Gesellschaften zu ähnlichen Instituten und Vereinen an fremden Gestaden gebracht. Möge dies dazu dienen, dass auf der Basis persönlicher Bekanntschaft der Austausch der Resultate des Strebens nach Wissen und Kennen ein allgemeinerer werde für unser Vaterland. Wohl sind fremde Länder und Völker nur in flüchtigen Bildern an uns vorübergezogen, aber auch die flüchtigen Bilder haben einen Eindruck hinterlassen, und die eigene persönliche Anschauung, so lückenhaft sie bei einem Flug um die Erde bleiben muss, sie ermöglicht doch ein richtigeres Verständniss von Vielem, was man selbst nicht sieht, was man nur hört oder liest. Und wenn auf der anderen Seite auch wir etwas dazu beigetragen haben, die Vorstellungen und Begriffe Anderer von unserem Vaterlande zu berichtigen, so ist auch damit ein Zweck erreicht. Vielleicht mag dies der Fall gewesen sein überall da, wo wir immer wieder hören mussten, „wir haben nie wahre Oesterreicher gesehen, wir haben uns die Oesterreicher nicht so vorgestellt".

Mit Befriedigung blickt man zurück auf die Punkte, wo es galt, durch Beobachtung und Forschung Lücken auszufüllen, wo es möglich war, ein abgeschlossenes Bild sich zu schaffen zur Erkenntniss für uns und Andere. Wenn diese Punkte auch nur wenige waren, fast verschwindend zum grossen Erdganzen, so mögen sie sich doch anreihen als das Geringe, was einer kleinen Anzahl in kurz zugemessener Frist möglich war, an das Grosse, was für das Feld des Wissens im Laufe von Jahrhunderten schon erobert ist.

Für uns selbst sind gerade diese wenigen unbedeutenden Punkte das Bedeutendste. St. Paul, der kleine Vulcankegel in einem unermesslichen Weltmeer, und die Sambilangs oder Neuen Inseln, die Nikobaren noch in frischer Erinnerung, sie haben uns Kisten und Kästen gefüllt mit Plänen, Aufzeichnungen aller Art, mit Steinen, Pflanzen und Thieren. So war es unsere Aufgabe. Nach vollendetem Werke mögen Andere urtheilen, was von dem, was wir errungen haben und noch zu erringen hoffen, als bleibender Schatz gewonnen ist. — —

Am 3. Mai feierte die „Novara" in der Sundasee durch eine ernste Todtenmesse das Andenken des Helden, dessen Thaten sie ihren Namen verdankt, des Feldmarschalls Grafen Radetzky.

Am 4. Mai hatten wir die „Tausend Inseln" in Sicht, die vor der Bucht von Batavia liegen, und heute den 5. Mai, da ich dieses schreibe, sind wir glücklich angekommen auf der Rhede von Batavia. Um $2^1/_2$ Uhr Nachmittags ist der Anker gefallen.

Aufenthalt auf Java.

Batavia.

Am 5. Mai Nachmittags waren wir auf der Rhede von Batavia angekommen, den 29. Mai waren wir wieder unter Segel nach Manila. Tage überreich an Erlebnissen liegen zwischen jenen beiden Daten.

Wir waren in Batavia längst erwartet, die Anordnungen des Generalgouverneurs waren längst nach allen Theilen der holländisch-ostindischen Colonien gegangen zu feierlichem Empfang der Expedition, zu kräftiger Unterstützung ihrer Mitglieder. Ein deutscher Kaufmann, der eben von Celebes kam und den ich am ersten Tage in Batavia traf, erzählte mir von Macassar, dass die ganze Bevölkerung schon seit Monaten sehnsüchtig das fremde Kriegsschiff erwarte, und dass der Wächter bei der Signalstation hoffe, so oft ein grosses Schiff am Horizont sich zeige, der Erste die Ankunft der „Novara" melden zu können. Mussten wir solches von Celebes, von Macassar hören, so liess sich noch mehr von Batavia, der glänzenden Hauptstadt Holländisch-Indiens, erwarten, von Java, dem Stolz und Reichthum der holländischen Krone. Wir wussten, wie zuvorkommend unsere Landsmännin Ida Pfeiffer bei den Holländern aufgenommen war und wir durften Aehnliches erwarten, aber unsere Erwartungen wurden weit übertroffen.

Was in dem Bereiche der Möglichkeit einer reichen, mächtigen Regierung liegt, wie es die holländische Herrschaft auf Java ist, war aufgeboten, um den Mitgliedern der Expedition die wenigen Tage ihres Aufenthaltes auf Java, — leider nicht sechs Monate, wie man von uns erwartet hatte, — so angenehm und lehrreich, als möglich zu machen. Und was Männer der Wissenschaft, deren Java, seit die holländische Regierung wissenschaftliches Streben und Forschen in ihren Colonien auf die grossartigste Weise unterstüzt und befördert, mehr zählt, als wir irgendwo bisher auf unserer Reise getroffen, — darunter Namen von allgemein europäischem Rufe, wie Dr. P. Bleeker und Dr. Franz Junghuhn, — was Männer der Wissenschaft bieten konnten, wurde geboten mit freundschaftlicher Collegialität.

Se. Excellenz der Generalgouverneur Ch. F. Pahud, hatte den Commodore, die Officiere und Naturforscher zu sich nach seinem Wohnsitze zu Beutenzorg eingeladen. Von hier aus wurden Ausflüge weiter in's Innere von Java unternommen, nach dem fast 10.000 Fuss hohen Gipfel des erloschenen Vulcankegels Pangerango, nach Tjandjur, nach dem Hochplateau von Bandong u. s. w. Ueberall hatte die Regierung den Mitgliedern Post- und Reitpferde frei zur Disposition gestellt. Wie auch eingeborne Fürsten des Landes, die Regenten von Tjandjur und Bandong, Alles thaten, nicht blos um die Gäste zu unterhalten, sondern um ihnen auch die Erreichung wissenschaftlicher Zwecke möglich zu machen, davon werde ich später erzählen bei Gelegenheit einer geologischen Reise durch die Gebirge, die das Plateau von Bandong umgrenzen.

Wollte ich Ihnen die Tage in Batavia schildern, so müsste ich schreiben von den glänzenden Diners, die zu Ehren des Commodore gegeben wurden bei Sr. Excellenz dem Generalgouverneur, als er in Batavia war und die Expedition begrüsste, bei dem Admiral, dem commandirenden General, bei Mitgliedern des hohen Rathes von Indien, bei Residenten und bei dem österreichischen Consular-Agenten Herrn Fraser, ich müsste Ihnen schreiben von einem festlichen Balle, den die Gesellschaft „Concordia" der Expedition gab, bei dem alle Damen in österreichischen Kaiser- und Landesfarben erschienen, von einer grossartigen Jagdpartie, die Oberst v. Schierbrand, Chef des Geniewesens in Holländisch-Indien, für den Commodore und Commandanten veranstaltete und die durch die Theilnahme der ganzen Bevölkerung in der Umgegend des Jagdplatzes zu einem wahren Triumphzug und Volksfeste wurde. Die Triumphbogen, die überall errichtet waren, die dichten Spaliere der Bevölkerung am ganzen Wege, die Aufführung nationaler Tanzweisen von javanesischen und chinesischen Bajaderen und Musikspiele, Alles das berechtigt wohl zu obigen Ausdrücken.

Ich müsste eine lange Liste von Raritäten aller Art aus dem indischen Archipel hersetzen, wollte ich einzeln anführen, wie reich die Expedition beschenkt wurde. Von allen Seiten strömten Schätze an ethnographischen, anthropologischen und naturhistorischen Gegenständen zusammen, welche die Sammlungen der „Novara" bereicherten, wie nie zuvor.

Aber ich selbst habe wenig von alledem erlebt, da ich fern von den glänzenden Ball- und Speisesälen in den thätigen Kratern von Vulcanen und in den tiefen Schluchten der Gebirge im Innern von Java herumkletterte und erst nach Batavia zurückkehrte, als die Stunde des Abschiedes nahe war. Jedoch meine kurzen Zeilen mögen den Holländern genügen als Beweis, dass wir die Ehren und Auszeichnungen, mit welchen sie uns überhäuften, nicht vergessen haben, dass wir sie zu würdigen und zu schätzen wissen, und unseren Landsleuten zum Beweis, dass das Stück Oesterreich, das als „Novara" um die Welt geht, mit allen Ehren und mit offener Herzlichkeit auch an den fernsten Gestaden begrüsst wird, und dass wir so mit freudigem Stolze und frohem Muthe unsere ferne Bahn weiter verfolgen.

Ehe ich Sie nun durch Lalanggras-Steppen, durch Kaffeegärten und durch Urwälder hinaufführe auf die luftigen Gipfel der gewaltigen Feuerberge Javas, will ich noch Einiges über Batavia selbst erzählen.

Der äussere Glanz des aristokratisch-stolzen Batavia entspricht vollständig dem unermesslichen Naturreichthum der herrlichen Insel, deren Hauptstadt es ist. Keine Stadt des Ostens, die wir gesehen, hat das elegante und geputzte Aeussere, wie Batavia. Ich verstehe dabei natürlich die neuen europäischen Stadttheile Wettevreden, Molenvliet Ryswyk u. s. w., nicht das alte, ganz untropisch angelegte Batavia oder die chinesischen und malayischen Stadtviertel. Nirgends auch ist mir so sehr eine fast steife und pedantische Eleganz der Toilette, zumal unter den Männern, aufgefallen, die im grellsten Widerspruch steht zu einem unter tropischem Himmel höchst bequemen chinesischen Negligé der allereinfachsten Art, in dem man Männer und Frauen den Tag über in den offenen Veranden der Häuser sieht, bis sie Abends ihre Toilette machen. Kurz vor Sonnenuntergang und während der kurzen Dämmerungszeit sieht man dann den Holländer ohne Kopfbedeckung, aber nie ohne Stock, gekleidet, wie man in Europa nur in grosse Gesellschaften oder auf Bälle geht, spazieren gehen und fahren, oder die nie fehlende Manila-Cigarre rauchend in der Veranda vor den offenen Thüren der glänzend erleuchteten Salons sitzend und Freunde und Bekannte bei sich empfangend. Die Abendstunden von 5 bis 7 Uhr sind die Besuchstunden, die Stunden, in welchen Batavia im glänzendsten Lichte erscheint. Alle Häuser sind verschwenderisch erleuchtet, elegante Equipagen mit Fackelträgern durchziehen die Strassen, die Sterne funkeln vom Himmel und ferne Blitze am Horizont erleuchten magisch auf Momente die Palmen und Uranien und die zierlichen Gärten, welche die erleuchteten Salons umgeben.

Batavia ist als Hauptstadt der für das Mutterland einträglichsten Colonie noch ganz das stolze Batavia, wie es früher der Centralpunkt der gegen die Eingebornen despotischen, gegen Ausländer und Fremde monopolistisch ausschliessenden Regierung war, der Sitz eines aristokratisch stolzen, weil mächtigen und einflussreichen Beamtenthums. Batavia hat an äusserem Glanze in den letzten Jahren sicherlich zugenommen, aber als Welthandelsstadt von dem, was es ehemals war, viel verloren. In demselben Masse, als Singapore, der junge kräftige Freihandelsplatz, emporgeblüht, ist der holländische Handel zu Batavia und an anderen Plätzen Holländisch-Indiens gesunken. Die Regierung erkannte die Gefahr, und Macassar auf Celebes, und Rhio, Singapore gegenüber, wurden zu Freihäfen erklärt. Die Massregel hatte aber die gehoffte und gewünschte Wirkung nicht, theils weil die Lage dieser holländischen Freihäfen nicht die Vortheile bietet, wie die Lage von Singapore, theils weil die Massregel eine verspätete war.

Der Handel der Eingebornen aus dem Archipel hatte seinen vollen Zug schon nach Singapore genommen. Der Schaden war nicht mehr gut zu machen. Die Holländer sahen nun kein anderes Mittel mehr, als Concurrenz mit den Engländern in Singapore selbst, um die Eingebornen dort an holländische Waaren zu gewöhnen und so allmälig wieder an sich zu ziehen. Um aber dem grossen allgemeinen Handel in den Colonien selbst einen neuen Aufschwung zu geben, hat die Regierung in den letzten zwei Jahren damit angefangen, einen Theil der Landesproducte, die sie bis jetzt alle selbst nach Holland auf den Markt gebracht, wie z. B. Zucker, schon an Ort und Stelle durch Auctionen dem allgemeinen Handel freizugeben. Man hofft, dass dieses System auch auf andere Colonial-Producte, namentlich auf Kaffee, ausgedehnt werde, und spricht im Zusammenhang damit von sieben weiteren Häfen an der Küste von Java, die noch im Laufe dieses Jahres dem grossen Handel geöffnet werden sollen. Bis jetzt waren nur Batavia, Samarang und Surabaja dem allgemeinen Handel geöffnet. Gewiss würden diese Neuerungen nur von günstigem Erfolge für die Handelsverhältnisse der Colonien und für die Einnahmen der Regierung sein.

Schwieriger ist eine andere Frage zu lösen, welche die inneren Angelegenheiten betrifft, in der die Regierungspartei und eine liberale Partei, die hauptsächlich aus den jüngeren Aerzten und aus Advocaten zusammengesetzt ist, einander gegenüberstehen. Die Frage ist: Frohnarbeit der Eingebornen, wie bisher, oder freie Arbeit der Eingebornen? Die Frohnarbeit, wie sie auf Java eingeführt ist, besteht nämlich darin, dass der Eingeborne für die Regierung arbeiten muss, zu den von der Regierung selbst festgesetzten Preisen. Zum Beispiel die Regierung hat Kaffeepflanzungen in einer Gegend. Die in der Nähe liegenden Dörfer müssen die ganze Kaffeecultur besorgen und bekommen für den Pikul (120 Amsterdamer Pfund) abgelieferten Kaffees, der in Batavia circa 26 fl. kostet, $3^1/_2$ fl. von der Regierung bezahlt, eine Summe, welche sich auf die bei der Cultur beschäftigten Individuen in der Art vertheilt, dass oft im Jahre auf einen Kopf nur 12 Deut (100 Deut = 1 fl.) kommen, während bei entlegeneren Kaffeepflanzungen fast die ganze Zeit der Eingebornen zur Cultur nothwendig ist und dem Privatmann ein Pikul Kaffee durchschnittlich auf 10 fl. zu stehen kommt. Oder: die Kulis, Lastträger, bekommen von der Regierung für 1 Paal (5 holländische Paale = 1 deutsche Meile) $2^1/_2$ bis 3 Deute. Das sind Arbeitslöhne, nach europäischen Begriffen fast verschwindend kleine Grössen, bei denen in Europa sicherlich keine Arbeiterfamilie bestehen könnte. Die freie Arbeit für Private kostet freilich das Drei- und Vierfache und noch mehr, aber sie kommt in einem Lande, wo die Cultur fast ausschliesslich in den Händen der Regierung ist, kaum in Betracht.

Ich habe auf Java nur die Preanger Regentschaften aus eigener Anschauung näher kennen gelernt. Die Bevölkerung dieser Regentschaften, durchaus Sundanesen, die als Gebirgsvolk von den Javanesen des Ostens sehr charakteristisch verschieden sind, gilt für die unverdorbenste und loyalste auf ganz Java. Die betrügerischen, übervortheilenden Chinesen sind gesetzlich aus den Preanger Regentschaften ganz ausgeschlossen. Ich habe da die despotische Gewalt der holländischen Regierung und was sie dadurch auszuführen im Stande ist, kennen gelernt, aber noch mehr den Despotismus der eingebornen Häupter und Regenten ihrem Volke gegenüber und eine Aristokratie der Kasten unter den Eingebornen selbst, ebenso absolut wie bei den Hindus. Die holländische Regierung hat das System, das sie unter den Eingebornen vorfand, nur beibehalten und gewiss in viel milderen Formen. Ich habe mich ferner überzeugt, dass trotz einer Bevölkerung, die hier beinahe so dicht ist, wie die Bevölkerung von Irland (Java zählt 10 Millionen Menschen auf 2500 Quadratmeilen), Jedermann zu leben hat; ich habe selbst in den entlegensten und armseligsten Gebirgsdörfern nur zufrieden aussehende, heitere, lachende und wohlgenährte Gesichter gesehen; bei den geringen Bedürfnissen, die der Eingeborne hat, bei der reichsten und üppigsten Tropennatur, die ohne viel Mühe das Nothwendige bietet, ist es auch begreiflich, wie eine ganze Familie mit 5 Deuten täglich alle ihre Bedürfnisse befriedigen kann. Es ist aber eine allgemeine Eigenschaft aller tropischen Völker, dass sie nicht mehr arbeiten, als sie durchaus müssen, um leben und existiren zu können. Freie Arbeit hat zur nothwendigen Folge höhere Arbeitslöhne und diese machen den Eingebornen nicht reicher, sondern nur fauler. Wenn zu dieser Ansicht selbst die freidenkendsten Männer kommen, die aber Land und Volk auf Java aus persönlicher Erfahrung durch und durch kennen gelernt haben, so muss man wohl glauben, dass die Einführung freier Arbeit auf Java noch nicht an der Zeit ist. Von ganz anderer Bedeutung für das wahre Wohl des eingebornen Volkes wäre die Einführung von Volksschulen. In Batavia existirt eine medicinische Schule für Eingeborne, auf der Kinder von angesehenen eingebornen Familien des Archipels, junge Prinzen und Prinzessinen, auf Kosten der Regierung herangebildet werden, die Ersteren zu sogenannten „Doctors Java", die Letzteren zu Hebammen, aber für eigentlichen Volksunterricht geschieht wenig oder nichts, ebenso wie durchaus keine Anstrengungen gemacht werden, die Javanesen zum Christenthum zu bekehren. Als Grund hört man sehr häufig anführen, dass die Javanesen als Christen weit weniger willige und treue Diener seien, wie sie es als Mohammedaner waren.

Mit Recht ist man überrascht über die wissenschaftliche Thätigkeit nach allen Richtungen hin, welche in den niederländisch-indischen Colonien, kräftig und liberal unterstützt von der Regierung, entwickelt wird. Man ist überrascht, zumal wenn man an die früheren Zustände und Verhältnisse in dieser Beziehung denkt. Jetzt findet man auf Java Männer der Wissenschaft mit keiner anderen Aufgabe, als der naturwissenschaftlichen, zu forschen und zu untersuchen, selbst den höchsten Civilbeamten an Rang und Gehalt gleichgestellt. Civil- und Berg-Ingenieure sind in allen Theilen des weit ausgebreiteten Archipels thätig, um genaue Karten aufzunehmen und die grossen Schätze des Mineralreiches, besonders die reichen Kohlenfelder auf Borneo und Sumatra, nutzbar zu machen. Der reiche Inhalt von fünf verschiedenen wissenschaftlichen Journalen und Monatsverhandlungen, die in Batavia erscheinen, zeugt von dem Fleiss und den Resultaten officieller und persönlicher Bestrebungen. Und zu alledem kommen noch zahlreiche Prachtwerke über Holländisch-Indien, welche in Holland selbst mit Unterstützung der Regierung erscheinen.

Die Naturforscher der „Novara" rechnen es sich zu grosser Ehre an, zu Mitgliedern ernannt worden zu sein von wissenschaftlichen Corporationen, wie die altberühmte batavische Genossenschaft für Künste und Wissenschaften und der Verein für Naturwissenschaften in Niederländisch-Indien.

Mögen die Wissenschaften so fortblühen unter dem herrlichen tropischen Himmel Javas, auf dass dereinst vollendet dastehe der Tempel der Pallas unter Palmen!

Ausflug nach dem Gipfel des Gunong Pangerango und dem thätigen Krater des Gunong Gedeh.

Von der Rhede von Batavia sieht man in blauer Ferne hoch hervorragend über das Flachland, das die Nordküste von Java bildet, mächtige Bergmassen, schöne kegelförmige Berggipfel. Sie führen bei den Seeleuten den Namen des „grossen Gebirges" der „blauen Berge". Am frühen Morgen, bei Sonnenaufgang strahlen die Berge, von der Morgensonne beleuchtet, rein und klar weit hinaus in's Meer. Der dreigipfelige zerrissene Bergkegel rechts ist der Gunong Salak, ein ausgebranntes vulcanisches Gerüste, aus dem noch im Jahre 1699, von Blitz und Feuerstrahlen und von gewaltigen unterirdischen Kanonaden begleitet, ungeheure Massen von Sand und Schlamm hervorbrachen, welche als Schlammströme, — losgerissene Baumstämme, Cadaver von wilden und zahmen Thieren, von Krokodilen und Fischen mit sich führend, — bei Batavia in das Meer sich ergossen und die Mündungen von Flüssen und Bächen verstopften. Seither liegt dieser Berg zerrissen und zerborsten bis in's innerste Eingeweide todt da, friedliche Culturen und üppiger Urwald ziehen sich an seinem einst so furchtbaren Gehänge in die Höhe. Links vom Salak, an Umfang und Höhe um Vieles bedeutender, erhebt sich das Gedehgebirge. Der höchste Punkt, der schlanke regelmässige Kegel, das ist der 9300 Fuss hohe Gunong Pangerango, und neben ihm links, fast in gleicher Höhe, kann ein gutes Auge am frühen Morgen, wenn die Sonne die Gipfel beleuchtet, die nackten Felswände des thätigen Kraters des Gedeh erkennen und vielleicht dann und wann eine leichte Dampfwolke aufsteigen sehen. Schon um 10 Uhr aber lagern sich Wolken um die luftigen Gipfel. Die Wolken häufen sich gegen Mittag und um 3 Uhr Nachmittags, fast mit ausnahmsloser Regelmässigkeit, hängt ein schweres Gewitter an den Bergen, dessen Blitze noch in später Abenddämmerung die Rhede von Batavia erleuchten.

Die luftigen Höhen des Pangerango und Gedeh, sie waren das Ziel unserer Sehnsucht vom ersten Augenblick an, als wir sie erblickten. Was musste es für ein Genuss sein, nachdem man fünf Monate lang tief unten am Spiegel der See in den feuchten, erhitzten Schichten der Atmosphäre gelebt hat, nun einmal auf 9000 Fuss Höhe wieder frische, trockene Bergluft zu athmen und nach monatelangem Schwitzbad bei 30 Grad C. einmal wieder tüchtig durchzufrieren. Unsere Sehnsucht wurde befriedigt, unser Wunsch ging in Erfüllung.

Am 13. Mai waren wir Alle in Beutenzorg, dem Wohnsitz des Generalgouverneurs, — mit dem berühmten botanischen Garten, der einen ebenbürtigen Rivalen nur an dem botanischen Garten von Calcutta hat, — um den Commodore versammelt, um mit ihm die Partie nach dem Pangerango auszuführen. Die Regierung hatte Alles für die Reise auf das vortrefflichste arrangirt. Der Commodore war begleitet von dem Adjutanten des Generalgouverneurs, von Herrn de Koek und von Herrn Dr. P. Bleeker, und am 14. Mai Morgens brach die Gesellschaft in drei sechsspännigen Reisewagen auf nach Tjipannas am nordöstlichen Fusse des Pangerango, da der Berg nur von hier ohne Mühe zu besteigen ist. Der Weg von Beutenzorg nach Tjipannas ist ein Theil der grossen Poststrasse, die von Batavia nach Surabaja führt, die aber auf dieser Strecke den 4620 Pariser Fuss hohen Gebirgspass des Megamendung, eines Ausläufers des Gedehgebirges, überschreitet. Die Strasse führt von Beutenzorg zuerst langsam bergan, durch reich cultivirte Gegenden mit herrlichen Reisfeldern und Cochenillepflanzungen an Gadok vorbei mit einem von der Regierung gehaltenen Reconvalescentenhaus, wo die interessanten zoologischen Sammlungen des hier ansässigen deutschen Arztes Dr. Bernstein Veranlassung zu einem kurzen Aufenthalte gaben. Von der vierten Poststation von

Tugu an führt die Strasse durch Kaffeegärten und über diese durch unbewohnte Wildniss so steil zur Höhe des Passes, dass statt der Pferde vier Paar Büffel vor jeden Reisewagen gespannt werden mussten. Die Höhe des Passes bildet die Grenze zwischen der Regentschaft Beutenzorg und den Preanger Regentschaften, zugleich die Grenzscheide zwischen malayischer und sundanesischer Sprache, die aber für den beider Sprachen gleich unmächtigen Fremden nur insoferne von Bedeutung ist, als er von nun an, statt durch das Wort „Api" Feuer zur Cigarre zu verlangen, „Sono" sagen muss, vorausgesetzt, dass er ein Raucher ist — eine Eigenschaft, die, nebenbei gesagt, in Holländisch-Indien keinem Manne fehlt. Wir erreichten das 1000 Fuss unterhalb des Passes gelegene Tjipannas gegen Abend und fanden in dem Landhause des Generalgouverneurs Alles vorbereitet zur Aufnahme und Beherbergung der Gesellschaft, die hier vermehrt war durch einige Herren, die von Tjandjur zur Begrüssung des Commodore entgegengekommen waren.

Am 15. Morgens brachen wir zu Pferde auf nach dem Berge, der tief herab in schweren Wolken verhüllt lag und uns wenig Günstiges für eine Aussicht von seinem Gipfel versprach. Ein Reitsteig ist angelegt bis auf den höchsten Gipfel; wohl führt der Pfad oft steil an tiefen Abgründen vorbei zur Höhe, aber die javanischen Pferde, eine kleine kräftige Race, klettern sicher und ausdauernd auch die steilsten Stellen hinan. Die Cavalcade bestand aus 30 Reitern, da eine beträchtliche Anzahl von Eingebornen als Leib- und Ehrengarde unserem Zuge sich angeschlossen hatte, und die sonst so einsamen Wälder waren heute belebt von Hunderten von Menschen, die mit Pferden, Lebensmitteln, Betten, Tischen und Stühlen hinaufgezogen waren zu dem hohen Gipfel, auf dem wir die Nacht zubringen wollten. Noch ein gutes Stück aufwärts von Tjipannas sind die Gehänge des Gebirges frei von Wald etwa bis 4000 Fuss Höhe. Man sieht kleine Dörfer zerstreut liegen und reitet über Wiesenflächen, auf denen Büffel weiden, oder durch Tabak- und Kaffeepflanzungen. Da, wo der Wald allmälig beginnt, wo uralte Riesenstämme gleichsam als einzelne Vorposten stehen geblieben sind, hält man verwundert bei üppigen Artischoken- und Erdbeerfeldern an und begrüsst die wohlbekannten Kinder der Heimat auf dem fremden Boden. Mitten unter ihnen steht aber ein gar seltsamer Kamerad mit schlanker, pyramidenförmiger Krone. Ein Dach schützt ihn vor den senkrechten Strahlen der Sonne, durch einen Zaun ist er eigens abgegrenzt und durch Rotang gegen Wind und Wetter festgebunden. Man sieht aus Allem, dass das ein kostbarer, seltener Baum sein muss, der so sorgfältig gehegt ist. Sogar ein eigenes Wächterhaus ist zur Seite gebaut und eine blecherne Tafel bei dem Baume trägt die Aufschrift: „Cinchona calisaya", also ein Chinabaum; ja, eine jener Chinapflanzen, denen die holländische Regierung zum Nutzen und Frommen der Menschheit auf Java eine neue Heimat gegründet hat. Der Baum, der hier gesund und frisch gedeiht, ist die sogenannte Mutterpflanze, die im Jardin des plantes in Paris aus Samen keimte, welche Wedell aus Bolivia mitbrachte; im Jahre 1832 auf Java verpflanzt, ist er nun zu einem 16 Fuss hohen, Früchte tragenden Baum gewachsen. Das war die erste Chinapflanze auf Java. Jetzt stehen weitere 80 Exemplare aus Pflanzen und Samen gezogen, welche Hass Karl aus Peru brachte, unweit von der Mutterpflanze im Waldesschatten unter hohen Rasamala-Bäumen und weiter landeinwärts an anderen Vulcankegeln noch 620 weitere Pflanzen. Wahrhaftig kostbare Pflanzen! Denn jedes Exemplar soll der Regierung bis jetzt 3000 fl. holländisch kosten. Man erwartet mit Spannung in diesem Jahre die ersten reifen Samen.

Von Tjibodas führt der Weg weiter an einer tiefen, von der üppigsten Vegetation erfüllten Bachschlucht hin in einen majestätischen Wald, in welchem die riesigen Stämme des Rasamalabaumes (Liquidambar Altingia) 80 bis 100 Fuss hoch sich in die Lüfte erheben, aus einem echt tropischen Unterholze von wilden Musen und zierlichen Baumfarren. So ging es aufwärts bis zu der plateauförmig ausgebreiteten Thalfläche Tjiburrum (d. h. „Rothwasser"), der ersten Station, 5100 rhein. Fuss hoch. Eine Bretterhütte mit einem kleinen Versuchsgarten zur Cultur ausländischer Gewächse aus kälteren Zonen, die hier waldeinsam über den von Menschen bewohnten Regionen liegt, zeugt von der Thätigkeit des botanischen Gärtners zu Beutenzorg, dem man überhaupt die Anlage des ganzen Weges auf den Gipfel des Pangerango zu danken hat. Wir hielten uns nur so lange auf, bis die Pferde umgesattelt waren. Dann ging es mit frischen Pferden rüstig aufwärts, steil bergan auf schmalem Zickzackwege fort und fort durch todtenstille, düstere Waldmassen, durch die kein Ton hallte, als das Schnauben der mühsam kletternden Pferde und das dumpfe Rauschen der Bergwasser in tiefen Schluchten. Man kommt dem rauschenden Bache näher und näher und erblickt da mit Staunen einen in der kühlen Bergluft dampfenden Fall heissen Wassers. Die 45 Grad C. warme Quelle entspringt, gleich am Anfange ein ganzer Bach, sprudelnd einem Trachytfelsen dicht beim Wege und stürzt brausend und schäumend in eine tiefe, mit den herrlichsten Baumfarren erfüllte Schlucht. Ich habe nie ein üppigeres, an die Urzeiten der Erdbildung unmittelbar erinnerndes Naturbild gesehen, als hier den Wald von Baumfarren, eingehüllt in die von einem vulcanisch heissen Quell aufsteigenden Dampfmassen, und gleich daneben ein zweiter in die Schlucht sich stürzender Bach von kaltem frischen Bergwasser! Verkündet schon die heisse Quelle die Nähe vulcanischen Feuers, so zeigt ein Stein- und Schuttfeld, das nun überschritten werden muss, von der verheerenden Macht des nahen Kraters des Gedeh, aus dem die unterirdischen Kräfte nicht glühende Lavaströme, aber von Zeit zu Zeit gewaltige Stein- und Schlamm-Massen emporstossen, die, an den steilen Gehängen herabströmend, Alles verwüsten und verheeren. Dann noch eine steile Felswand hinan und wir hatten die zweite Station, Kandang Badak (7200 Fuss), erreicht.

Kandang Badak heisst Versammlungsort der Rhinozerosse. Diese Thiere sollen hier einzeln immer noch vorkommen, aber dass eine Schaar von nahezu 200 Menschen und fast ebenso viel Pferden zu viel Geräusch und Lärm in die sonst so einsamen Waldungen bringt, um das scheue Thier nicht zu vertreiben, und dass wir uns somit aus eigener Anschauung von der Richtigkeit der Benennung nicht überzeugen konnten, ist leicht begreiflich. Auch hier steht eine Bretterhütte, die schon mehrmals durch glühende Steine, die der Gedeh ausgeworfen, niedergebrannt worden sein soll. Auch sieht man noch die Spur einer Baumfarnpflanzung, die der Botaniker Hass Karl angelegt, weil die Pflanze blutstillende Eigenschaften besitzt und deswegen in der Medicin verwendet wird. Der Weg theilt sich hier einerseits zum thätigen Krater des Gedeh, den man nur zu Fuss erreichen kann, andererseits zum Gipfel des Pangerango. Wir wechselten zum zweitenmal die Pferde und hatten noch das letzte Stück Weges vor uns, den über die übrigen Gebirgsrücken hoch emporragenden, steil ansteigenden Kegel des Pangerango. Er lag ganz in dicken Nebelwolken verborgen und nur an den steilen, kurzen Zickzacklinien des Weges konnte man erkennen, dass dieser an einen freistehenden, regelmässigen Kegel hinaufführe, der mit einer Neigung von 25 bis 30 Grad ansteigt. Nun machte sich auch die kühle Luft der höheren Regionen in vollem Masse geltend und was man fühlte, das zeigte der Wald auch dem nicht botanischen Auge. Zwar immer noch Baumfarren bis hinauf zum höchsten Gipfel, aber schon lange nicht mehr neben riesigen Rasamala-Stämmen, sondern zwischen krüppelig und knorrig aussehenden niederen Bäumen, deren Stämme mit frischgrünen Mooskissen überzogen sind und von deren Aesten langes graugrünes Bartmoos herabhängt, das malerisch absticht von den rothen Blüthen der Bäume. Es ist ein Wald von Leptospermum und Agapetes, der üppig den ganzen Kegel bis zur höchsten Spitze überzieht.

Es war gerade Mittag, als wir von Südost her den Gipfel des Kegels betraten. Mir war Junghuhn's Beschreibung, als er im Jahre 1839 — der erste Sterbliche — diese Höhe betrat, in frischer Erinnerung; „ich fand keine Spur eines menschlichen Treibens," sagt er, „und wand mich mühsam auf Rhinozerospfaden durch die tief überhängenden Blättergewölbe des Gesträuches. So gelangte ich durch die Waldung zu einem kahlen Grund in der Mitte des Gipfels, wo ein Rhinozeros am Bache lag und ein anderes am Rand des Wäldchens weidete. Schnaubend flogen sie auf und davon!" Wie ganz anders sah es doch heute aus!

Die wenig concav vertiefte Gipfelfläche senkt sich gegen Südwest, wo ein klares Brünnlein, die höchste Quelle auf Java, entspringt und glich heute fast einem Heerlager. Ueberall Menschen und Pferde und lustig lodernde Feuer und neben einem Erdbeergarten voll reifer Früchte eine wohnliche, vor Wind und Wetter schützende Hütte, in der bald darauf die Champagnergläser klangen! Aber Alles in dickem, fein rieselndem Wolkennebel. Wir hofften vergeblich den ganzen Nachmittag auf heiteren Himmel; während sonst der Südost-Passat der höheren Luftregionen der eigentliche Herr dieser Höhen ist und den reinsten blauen Himmel über ihnen wölbt, waren es heute nur kurze Augenblicke, in welchen er Herr wurde über den Nordwest-Monsun der tieferen Regionen, welcher an der westlichen Kraterkluft des Mondalawangi heraufstreichend, fortwährend Wolken über den Gipfel des Pangerango wälzte. So interessant dieser Kampf des feuchten Luftstromes der Tiefe und des trockenen Luftstromes der Höhe war, so war es doch ärgerlich, dass der Südostwind nicht Herr werden konnte. Nur auf Augenblicke war wie durch Gucklöcher bald da, bald dort ein kleines Stück Landes unter unseren Füssen sichtbar und nur einmal lag der nahe Abgrund des Gedehkraters offen da. Erst in der Nacht wurde es sternhell, wir mussten uns also in Betreff der Aussicht auf den nächsten Morgen vertrösten und uns heute begnügen mit dem, was uns zunächst umgab, und das war keineswegs ohne Interesse. Wächst doch hier oben eine Blume, die zu den schönsten gehört, welche die Natur hervorgebracht und die auf keinem anderen Fleck der Erde bis jetzt gefunden wurde, die von Junghuhn hier entdeckte und benannte Primula imperialis (jetzt Cancrinia chrysanta genannt) und mit dieser seltenen Blume in Gesellschaft eine Menge anderer Pflänzchen, die an heimatliche Alpenregionen erinnerten, durch das Gebüsch aber schlüpfte einsam und wenig scheu ein drosselartiger Vogel (Turdus fumidus), der nebst einem kleinen zierlichen, zaunkönigähnlichen Vogel die einzigen beflügelten Bewohner der Bergeshöhe bildet.

Die Sehnsucht, einmal wieder tüchtig zu frieren, war den Meisten bald gestillt, es war in der That empfindlich kalt, bei 8 bis 9 Grad C., und als die Nacht einbrach, da wählte wohl Jeder in der Hütte seinen Platz mit Vorliebe möglichst nahe bei dem lustig knisternden Ofenfeuer.

Der Pangerango, 9326 Pariser Fuss hoch, ist ein erloschener Eruptionskegel — als solcher der grösste auf ganz Java — der sich an der östlichen Seite eines ebenfalls erloschenen ungeheuren Kraterabgrundes erhebt. Dicht neben dem Pangerango in einem Abstand von nur einer Seemeile gegen Südost und mit diesem durch den 7000 Fuss hohen Rücken Pasce Alang verbunden, erhebt sich ein zweiter Vulcankegel, der G. Gedeh, fast zu gleicher Höhe (9230 Fuss). Sein Gipfel ist eingestürzt und auf dem Boden des grossen Einsturzkraters erhebt sich ein neuer, noch niederer Eruptionskegel mit einem tiefen Kraterschachte, dem thätigen Krater des Gedeh. Bei klarem Wetter sieht man vom Pangerango herab bis hinein in diesen Krater, ein Anblick, der am 16. Morgens der Reisegesellschaft in seiner vollen Grossartigkeit geboten war.

Ich selbst habe mich aber mit zwei Gefährten noch vor Tagesanbruch auf den Weg gemacht, um zum erstenmal in meinem Leben den Rand eines thätigen Kraters selbst zu betreten und hinabzuschauen in den geheimnissvollen Schlund. Kurz vor der Station Kandang Badak führte der Weg ab von dem Reitsteig, den wir gekommen waren. Wir mussten zu Fuss auf einem ganz verwachsenen und selten betretenen, schmalen Pfade emporklimmen und kamen bald aus dem Walde heraus auf die losen Stein- und Schlackenfelder, die, von niederem Gebüsche und Gras nur spärlich bewachsen, den oberen Theil des Gedehkegels bilden. Ein starker Geruch nach Schwefelwasserstoff kam uns von der Solfatare entgegen, die unter dem Krater in einer tiefen, wilden, von nacktem Gestein erfüllten Felsenschlucht liegt. Weisse Wasser- und Schwefeldämpfe drangen hervor aus der dunklen, an ihrem oberen Rande schwefelgelb beschlagenen Felsspalte; wir stiegen mühsam aufwärts und gelangten endlich an den Rand des Einsturzkraters. Welcher Contrast, wenn man von hier vorwärts und wenn man rückwärts blickte!

Rückwärts stand, klar vom Fusse bis zur Spitze, der schöne üppig grün bewaldete Kegel des Pangerango, hell schimmerte von seiner Höhe das dort errichtete trigonometrische Fernzeichen, während aus dem Walde Schüsse herüberhallten als ein Zeichen, dass die Reisegesellschaft auf dem Rückweg vom Gipfel war. Vor uns aber öde und wüste, graue Steinmassen, die hohe amphitheatralisch geformte Felswand des Einsturzkraters, regelmässig aufgebaut aus säulenförmig abgesonderten Trachytbänken und unter ihr der dampfende Eruptionskegel, ein wüster Stein- und Schutthaufen in Grau, Gelb, Roth, Weiss und Schwarz. Aus dem gewaltigen Schlunde des Einsturzkraters, an dessen nackte Felswand der neue Eruptionskegel angelehnt liegt, zieht sich zur Seite tief hinab, bis sie sich in den dunklen Waldmassen verliert, eine kahle Felsschlucht voll Stein- und Blockwerk, voll Sand, Schutt und Schlamm. Das ist der Abflusscanal der Schlamm- und Trümmermassen, die der thätige Krater von Zeit zu Zeit auswirft; den unteren Theil des Stromes hatten wir gestern beim Ritte nach dem Pangerango passirt. Aber wir waren noch nicht am Ziele unserer Wanderung. Wir mussten erst hinab- und dann zum thätigen Krater selbst wieder hinaufklettern. Es war leichter ausgeführt, als wir es uns nach dem Anblick von oben gedacht, und ohne Unfall war das Ziel bald erreicht.

Da stand ich nun, was ich so sehnlich gewünscht, am gähnenden Rand eines thätigen Kraters. Ich konnte keinen Schritt mehr vorwärts, wenn es mir nicht gehen sollte, wie den Steinblöcken, die meine Gefährten zum Rande rollten, die dann donnernd hinabstürzten und unten zerschellten. Ein trichterförmiger Abgrund von 250 Fuss Tiefe lag vor mir, sein Grund erfüllt mit Schlamm, in dem da und dort gelbliche Wasserpfützen standen. Die mich begleitenden Javanesen behaupteten, dass sie es hier nie so ruhig gesehen, dass sonst der Krater immer voll Dampf gewesen. Diesmal stiegen nur aus einzelnen Seitenspalten des Schachtes schwache Wasserdämpfe in die Höhe, ebenso wie sie überall aus den Rissen und Spalten an der Aussenseite des Schuttkegels hervorbrachen. Nur Wasser, Wasserdämpfe, Schlamm und eckige Gesteinstrümmer, die Schutt- und Trümmermassen der abgestürzten Felsen des Einsturzkraters, sah ich hier, aber keine Spur von geschmolzenen Massen, von Lavaströmen, die der heutige Krater des Gedeh zu Tage gefördert. Die ganze historische Thätigkeit des Gedeh lässt sich vergleichen mit den Explosionen eines Dampfkessels, der geheizt ist durch die im Innern des Berges noch nicht erkalteten, in rothglühendem Zustand befindlichen Massen uralter trachytischer Lavaströme, die bei ihrem Emporbrechen den Vulcankegel selbst aufbauten. Wasser, Schlamm und Steine hat der Berg zu wiederholtenmalen bis in die neueste Zeit ausgeworfen, fein zerriebenen Sand, vulcanische Asche, die bis nach Batavia flog, auch glühende Steintrümmer und glühender Sand wurden mitgerissen und bildeten die Feuergarben, die man sah, — aber bis zu heissflüssigen Lavaströmen, bis zu rund abgeschmolzenen Bomben hat er es in historischer Zeit nicht gebracht. Dazu reicht seine innere Lebenskraft nicht mehr hin, er ist ebenso in seinem letzten Stadium, im Absterben, wie alle übrigen Vulcane Javas. Es ist die letzte Reaction des inneren Feuers gegen das von aussen eindringende atmosphärische Wasser. Selbst die thätigsten Vulcane auf Java, der Gunong Guntur und Gunong Lamongan, werfen nur glühende Gesteinstrümmer und glühende Asche aus, eigentliche Lavaströme hat man nie gesehen.

Wir mussten eilen, um mit der übrigen Reisegesellschaft in Tjipannas wieder zusammen zu treffen und fuhren noch denselben Tag nach Tjandjur. Der eingeborne Regent von Tjandjur hatte für den Commodore Festlichkeiten, Volkstänze u. s. w. auf den andern Tag arrangirt. Während daher der grössere Theil der Gesellschaft hier zurückblieb, fuhr ich selbst mit Dr. Sch. noch in der Nacht weiter nach Bandong, das wir um Mitternacht erreichten. Das prächtige europäisch eingerichtete Palais des reichen Regenten von Bandong war unser Absteigequartier, und das Ziel unserer Reise für den nächsten Tag war Franz Junghuhn in Lembang, der berühmte Geologe von Java.

Der Vulcan Tangkuban Prau.

An der Nordseite des Plateaus von Bandong, einem wahren Eden zwischen donnernden Vulcanbergen, einer unerschöpflichen Reiskammer für das ganze Sundaland, erhebt sich eine lange Gebirgskette 6000 Fuss über den Spiegel der See, 4000 Fuss über die Hochebene von Bandong. Drei Hauptgipfel treten in dieser Gebirgskette markirt hervor. Der Sundanese, gewohnt, die Naturerscheinungen, welche sein herrliches Vaterland bietet, mit Namen zu benennen, die eine charakteristische Eigenschaft ausdrücken oder eine sinnbildliche Bedeutung haben, nennt den östlichen, abgestumpft kegelförmigen Berggipfel Gunong Tungul, d. h. abgebrochener Baum oder Stumpf, und meint, dass der mittlere lange Rücken, der Tangkuban Prau oder das umgekehrte Boot, aus dem umgeworfenen Stamme jenes Baumes gebildet wurde und dass der vielgezackte dritte Gipfel der Burangnang, d. h. Baumäste, die Krone des Baumes mit Aesten und Zweigen sei. So verbindet der Sundanese die drei vulcanischen Hauptgipfel jener nördlichen Gebirgskette durch ein Bild. Nur der mittlere langgestreckte Rücken, gerade der Berg, dessen Form am wenigsten solches vermuthen lässt, ist heute noch ein thätiger Feuerberg. Sein Kraterfeld, zu dem ich Sie hinaufführen will, ist eines der grossartigsten Schauspiele in der Vulcanwelt Javas.

Bevor wir aber durch die Urwälder hinaufsteigen nach dem Kraterrande, lassen Sie uns eintreten in ein einsam stehendes, aber sehr wohnlich aussehendes, von Gartenanlagen umgebenes Haus, das am Fusse des Berges auf 3900 Fuss Meereshöhe in einem fast europäischen Klima nahe bei dem kleinen Dorfe Lembang liegt. Hier wohnt, abgeschieden von der Welt und nur für die Wissenschaft und seine Familie lebend, der Mann, dem die erste genaue und umfassende Kunde von den Vulcanen Javas zu verdanken ist, der sie alle selbst bestiegen zu einer Zeit, wo noch nicht Reitsteige auf die 10.000 Fuss hohen Gipfel führten, sondern nur jene merkwürdigen, aber gefährlichen Zickzackbahnen, welche sich das Rhinozeros selbst auf die höchsten Vulcangipfel Javas ausgegraben und ausgetreten, um sich da oben an der würzigen Kräuter- und Grasvegetation gütlich zu thun. Gefährlich sind diese Wege, weil es wohl dann und wann vorkommt, dass man in dem canalartig ausgefurchten engen Hohlweg bei einer plötzlichen Biegung sich ganz unerwartet tête-à-tête befindet mit dem Ungeheuer, und dass — links ein Abgrund, rechts eine Felswand — beide Theile keine Möglichkeit sehen, zu entfliehen und nichts übrig bleibt als Kampf auf Leben und Tod, bis der Stärkere über den Leichnam des Schwächeren hinwegsteigt. Früher musste man auch auf den Tangkuban Prau Rhinozeroswegen folgen, jetzt führt von Lembang aus zur Höhe ein vortrefflicher Reitsteig, den Junghuhn angelegt hat.

Franz Junghuhn, ein Deutscher von Geburt aus dem Mannsfeld'schen im Harze, trat als Militärarzt in holländische

Dienste und ist jetzt als „Inspector für naturwissenschaftliche Untersuchungen und Director sämmtlicher Chinaculturen auf Java" von der holländischen Regierung mit reichen Mitteln ausgestattet. Seine imponirende Persönlichkeit trägt ganz die riesige, physische sowohl wie geistige Kraft und Ausdauer zur Schau, von der sein berühmtes Werk über Java volles Zeugniss gibt. Wie leid that es mir, durch die Zeit gedrängt, meinen Aufenthalt in Lembang bei dem interessanten Manne, der mich so herzlich aufgenommen, abkürzen zu müssen und durch ein leichtes Unwohlsein, von dem Junghuhn gerade betroffen war, mich des Genusses beraubt zu sehen, von ihm selbst, dem gründlichsten Kenner des Landes, auf den ferneren Touren, die er mir vorgeschlagen, begleitet zu sein.

Am 18. Mai Morgens brach ich in Begleitung von Herrn Dr. de Vry, dem Freunde Junghuhn's, von Lembang aus auf nach dem Tangkuban Prau. Der Regent von Bandong hatte uns vortreffliche Reitpferde von echter Macassar-Race geschickt, und gefolgt von einer Anzahl berittener Sundanesen, standen wir nach zweistündigem Ritte durch herrliche Urwälder am Rande des Kraters.

Dicke Nebelwolken erfüllten den Abgrund, an dessen Rande ich stand; ich konnte nichts sehen, ich wusste nicht, ging es da tief hinab, war der Abgrund weit und breit, ich hörte nur ein fürchterliches Sausen und Brausen aus verschiedenen Richtungen, das aus grosser Tiefe heraufdrang, als arbeiteten da unten hundert Dampfmaschinen oder als stürzten schäumende Wasserfälle über hohe Felsen. Einzelne Bäume am Rande des Abgrundes waren abgestorben und sahen schwarz, wie verkohlt, aus; ich schrieb es den schwefligsauren Dämpfen zu, die ich roch und die wohl, wenn der Krater in voller Thätigkeit, mit vernichtender Stärke sich entwickeln mögen. Und hier, in diesen unheimlichen Abgrund sollte ich hinabsteigen auf einer schmalen, steilen Felskante, die zwischen senkrechten Felswänden im Nebel sich verlor! Es war mir unheimlich zu Muthe, als ich den Javanen, die vorauskletterten, folgte. Aber ich hatte selbst den Befehl gegeben, mich auf den Grund des Kraters hinabzubringen, und kletterte vertrauend nach, da ich wusste, dass die Leute schon öfters unten gewesen, um Schwefel zu holen.

Glücklicherweise hoben sich die Nebel während unserer Fahrt in die Tiefe, und mit einemmale lag klar vor mir der ganze furchtbare Abgrund vom oberen Rande bis zum Boden. Ich sah mit Ueberraschung und Erstaunen, dass die Felskante, auf der wir standen, nur eine schmale Mittelrippe war, die zwei tiefe, fast kreisrunde Kraterkessel, gemeinschaftlich umfasst von einer elliptischen, hoch sich erhebenden Kratermauer, trennte. Also ein merkwürdiger Doppel- oder Zwillingskrater. Aus beiden Kesseln, rechts und links, stiegen zischend und brausend weisse Dampfwolken auf bis zur Höhe des Kraterrandes. Im Krater links (westlich), den die Eingebornen „Kawah Upas" oder Giftkrater, nannten, lag inmitten der dampfenden Solfataren ein ruhiges, schwefelgelbes Wasserbecken und die wohl nahe an 1000 Fuss hohen Kratermauern bedeckt fast bis zum Grunde grünes Buschwerk. Ganz anders der Krater rechts (östlich), „Kawah Ratu" oder Königskrater; der Kraterboden schien trockener Schlamm zu sein, zerrissen und zersprungen, und mit furchtbarem Ungestüm brachen aus den Rissen und Sprüngen Wasser- und Schwefeldämpfe hervor. Die Kratermauern, die hier nur 500 bis 600 Fuss hoch sind, standen nackt und kahl da bis zur Höhe; man konnte im ersten Momente glauben, ein Schneefeld vor sich zu haben mitten im grünen Urwald, so bleich weissgrau sieht hier alles Gestein aus, zersetzt und verwandelt durch die saueren Dämpfe, die dem Grunde entströmen. Und auf den weissen, öden Steinmassen überall schwarze, verkohlte, knorrige Stämme von Sträuchern und Bäumen, ebenso wie sie auch rings um uns auf der Felsrippe dastanden, die Reste der früheren Vegetation, die Zeugen der letzten Eruption im Jahre 1846, bei welcher der Königskrater heissen, von Schwefelsäure geschwängerten Schlamm, Sand und Steine auswarf, weit im Umkreis die Waldung tödtend und verheerend. Doch schon jetzt keimt wieder üppiges Grün von Farren und von, der Heidelbeere ähnlichen Thibaudia, die in den Kratern recht eigentlich heimisch ist, zwischen den nackten Steinen hervor und neben dem durch die Einwirkung der schwefligsauren Dämpfe und des schwefelsäurehaltigen Schlammes ganz braunkohlenartig veränderten verkohlten Busch- und Baumwerk.

Wir erreichten fortkletternd glücklich zuerst den Grund des Giftkraters; da war Vorsicht am Platze, denn der ganze Grund um den Kratersee bis zu den steil ansteigenden Kraterwänden besteht eigentlich aus nichts, als dampfenden Solfataren, aus löcherigen, rissigen Schwefelkrusten, über die man gut voraus sondirend mit einem Stocke wie auf einer Eisdecke geht, immer in Gefahr, einzubrechen, zwar nicht in eine unergründliche Tiefe, aber in heissbrodelndes, angesäuertes Wasser, in dem ich Niemandem rathen möchte, ein Fussbad zu nehmen. Stösst man die Krusten auf, so schimmern an der Unterseite die glänzendsten, reinsten Schwefelkrystalle entgegen. Dieser Schwefel, der hier in gewaltigen Massen zu kleinen Hügeln aufgethürmt liegt, ist es, der den Javanen bisweilen in die schauerliche Tiefe verlockt. Der stärksten Solfatare, welche dicht an der Mittelrippe liegt, kann man nicht nahekommen, da sie siedendes Wasser durch eine aus Schwefel bestehende Röhre, die sie sich gebildet, geysirähnlich 1 bis 2 Fuss hoch herauswirft.

Vom Giftkrater stiegen wir hinüber in den Königskrater. Die festen Schuttmassen der letzten Eruption boten da einen sicheren Grund zum Auftreten, bis man in die Nähe der brausenden Solfatare gelangt und der nachgebende heisse Schlamm das Weitergehen unmöglich macht.

Der Besuch dieser beiden Krater, die sich von Jahr zu Jahr verändern, bot reichen Stoff zu Beobachtungen. Es war längst Mittag vorüber, als wir wieder den mühsamen, steilen Pfad zur Höhe hinaufkletterten. Noch lange stand ich oben unter dem vor den Sonnenstrahlen schützenden Dache der Hütte, die Junghuhn hier errichtet, von wo ich nun den ganzen Abgrund mit beiden dampfenden Kratern übersehen konnte in seiner ganzen furchtbaren Grösse. Die Ellipse des oberen Randes misst nicht weniger als 6000 Fuss in der Länge und 3000 Fuss in der Breite, und von diesem Rande geht es 800 Fuss fast senkrecht hinab in die Tiefe.

Es war der letzte Krater, in den mir auf Java zu schauen vergönnt war; meine weiteren Wanderungen galten den petrefactenführenden Schichtensystemen in den südwestlichen Grenzgebirgen des Plateaus von Bandong.

Aufenthalt auf Luzon; Manila.

Die günstigste Fahrt, welche die „Novara" auf der ganzen Reise bisher gemacht, war die Fahrt von Batavia nach Manila. In 17 Tagen wurde der Weg von 1800 Seemeilen zurückgelegt, bei stets heiterem Wetter und angenehmer Südwest-Monsunbrise. Schon am 14. Juni hatten wir die Küste von Luzon in Sicht und am 15. jagte uns der frischgewordene Südwest-Monsun förmlich hinein in die Bai von Manila. Als wir zwischen dem Fels „La Monja" (der Nonne) und der Insel Corregidor, welche in der Einfahrt liegen, hindurchsegelten, begegneten wir dem grossen englischen Schraubendampfer „Concordia" mit 450 Chinesen an Bord, als Arbeiter nach der Havana bestimmt! Ich kenne die Bedingungen nicht, unter welchen die Chinesen für die Havana engagirt wurden, aber ich konnte mich des Gedankens nicht erwehren, dass das nur eine moderne Form von Sklavenhandel sei. Die Chinesen scheinen dazu bestimmt zu sein, das Deficit an Arbeitskraft, das durch das Aufhören des Handels mit schwarzen Menschen sich ergab, zu decken. Wenn sie nicht durch freiwillige Auswanderung kommen, so weiss man sich die gewinnsüchtigen Söhne des Reiches der Mitte auf andere Weise zu verschaffen. Schon in Rio de Janeiro hatten wir Chinesen getroffen.

Die Bai von Manila ist ein ganzes Binnenmeer, so gross, dass, als wir schon die Insel Corregidor in der Einfahrt passirt hatten, Manila noch unter dem Meereshorizonte lag. Wir erreichten gegen 2 Uhr den Ankerplatz, nicht vor Manila, sondern vor Cavite, 7 Seemeilen südlich von Manila.

Cavite — Festung, Arsenal, Schiffswerfte und Cigarrenfabriksstadt — liegt auf einer schmalen, weit in die Bai von Manila sich ziehenden, niederen Landzunge. Grössere Schiffe, namentlich Kriegsschiffe, ziehen den tieferen nnd geschützteren Ankerplatz Cavite der seichten offenen Rhede von Manila vor. Wohl Jeder, besonders ein Naturforscher, wenn er auf dem sterilen Sandstrand von Cavite den Boden von Luzon zuerst betritt, muss ein Gefühl von völlig getäuschten Erwartungen haben, und wird von den schwarzen Festungsmauern, von dem weissen Sand so schnell wie möglich hinwegeilen nach Manila, als dem nächsten Ziel seiner Sehnsucht und seiner Hoffnungen. Ein kleiner Schraubendampfer fährt täglich von Manila nach Cavite; dieser brachte uns am 16. Mittags nach Manila, nachdem ein dahin gesendetes Boot mit der unsere Hoffnungen und Wünsche wenig befriedigenden Nachricht zurückgekehrt war, dass die königlichen Postbeamten anderthalb Stunden lang vergeblich nach einem Briefpacket an die „Novara" herumgesucht hätten. Derselbe Dampfer führte uns am 24. Juni wieder zurück nach Cavite und an Bord.

Die Annalen von Manila werden voll sein von grossartigen Beschreibungen dieser Tage, vom 16. bis 24. Juni 1858; es waren die Tage der Vorbereitung und Ausführung glänzender Festlichkeiten — der „fiestas Reales" zu Ehren des neugeborenen Prinzen von Asturien. Jeder Tag hatte seine anderen Freuden: Illumination der ganzen Stadt, Feuerwerk, Regatta, Pferderennen, Stiergefecht, Hahnenkämpfe, Bälle u. s. w. Die „Novara" hatte Einladung erhalten auf den Ball, der am 24. die Festlichkeiten beschliessen sollte. Da wir jedoch die anderen Festtage nicht mitgefeiert hatten, so war auch wenig Veranlassung da, an diesem Balle theilzunehmen, umso mehr, als schon im voraus vom Commodore bestimmt war, in der Nacht vom 24. auf den 25. die Anker zu lichten. Windstille hielt uns jedoch bis zum 26. vor Cavite gebannt.

Es lässt sich nicht leugnen, dass nach dem glänzenden und grossartigen Empfang der Expedition auf Java und nach den vielfachen interessanten Erlebnissen unter den Holländern der Aufenthalt in Manila wenig befriedigend sein konnte. Umso mehr verpflichtet sind wir aber den in Manila ansässigen Deutschen, besonders Herrn Steffan, Agenten des österreichischen Lloyd, Herren Wegner und Schmid, Apotheker, dem Amerikaner Herrn Wood und dem Engländer Herrn Andrews, die uns mit Rath und That vielfach unterstützten, auf unseren Ausflügen begleiteten und aus ihren Sammlungen mit vieler Zuvorkommenheit uns beschenkten.

Es war von grossem Interesse, nachdem wir englische Colonien kennen gelernt, nachdem wir die Holländer auf Java besucht, nun auch spanische Besitzungen zu sehen, und es ist in der That merkwürdig, wie gänzlich verschieden die Zustände sind, zumal in Ländern, die ihrer Natur nach so ähnlich, wie die Sunda-Inseln und die Philippinen. Was ich nach so kurzen Besuchen darüber sagen kann, ist nicht ein massgebendes Urtheil, sondern eine Ansicht, die sich bei Jedem nach dem, was er sieht und erfährt, nothwendig bildet und die ich auszusprechen wage. Die englischen Colonien (ich meine Indien, Ceylon, die aussertropischen und ausserasiatischen Colonien), in welchen der Europäer nicht mit den compacten Massen alter Culturvölker in Berührung tritt, haben ganz andere Verhältnisse und die holländischen Colonien gleichen ihnen darin völlig; in beiden ist der Europäer der despotische Herrscher über Völker von anderer Religion, von anderen Sitten und von gänzlich verschiedenen, althergebrachten gesellschaftlichen und staatlichen Verhältnissen. Weder die Engländer noch die Holländer haben sich irgendwie amalgamirt mit den unterjochten Völkern — die Zahl der Mischlinge ist eine geringe, sie ist von keiner Bedeutung —, noch haben sie vermocht, dieselben zu ihrer

Religion, Sitte und Sprache zu bekehren. Keinerlei gemeinschaftliche Interessen verbinden die fremden Elemente. Der Eroberer sucht aus dem unterjochten Lande so viel wie möglich Gewinn zu ziehen, dieser einzige Zweck wird auf die absoluteste Weise verfolgt. Während die Tendenz und die Sache dieselbe ist, ist aber die Form und die Art und Weise der Ausführung bei Holländern und Engländern in Vielem verschieden. Gewiss haben die Holländer die mildere Form getroffen und sehr klug daran gethan. Einzelne Züge sind charakteristisch. Der eingeborne Indier muss dem Holländer so gut dienen und gehorchen, als dem Engländer. Während aber der Engländer seinen Diener nöthigt, englisch zu sprechen, lernt der nachgiebigere Holländer malayisch, damit der Eingeborne seine Befehle verstehe. Man wird in Englisch-Indien niemals sehen, dass ein Engländer dem Eingebornen die Hand reicht, noch weniger, dass eine englische Lady und eine braune Schöne in einer und derselben Gesellschaft sich treffen und sich freundlich begrüssen, wie wir das auf Java zwischen Vollblutjavanesinnen und Holländerinnen gesehen haben. Wohl mag die verschiedene Behandlungsweise auch in dem verschiedenen Naturell der beherrschten Völker ihren Grund haben, den Malayen wird man nie durch rücksichtslose Strenge sich zum gehorsamen Diener machen, wie den Hindu, aber es fragt sich, ob nicht der Hindu ebenso willig ist bei freundlicher Behandlung, wie er kriecherisch unterwürfig ist, wenn man ihn fast mit Füssen tritt. Der holländische Beamte auf Java regiert ebenso despotisch absolut, wie der englische in Indien, aber die holländische Regierung lässt klugerweise eingeborne Fürsten und Regenten wenigstens dem Schein nach mitregieren, indem sie Alles durch sie ausführt. Sie schmeichelt dadurch den eingeborenen Häuptern und Herrschern und lässt scheinbar ganz die ursprünglichen Verhältnisse bestehen. Sind das Alles auch nur äusserliche Formen, so wird doch diesem nachgiebigeren humaneren Vorgang viel zuzuschreiben sein, wenn die Holländer nicht so leicht gefährliche Aufstände zu bekämpfen haben werden, wie sie in diesem Augenblicke die Engländer in Indien beschäftigen. Quellen unerschöpflichen Reichthums sind beide Colonien in gleicher Weise, dort für die ostindische Compagnie, hier für die holländische Regierung.

Ganz anders sind die Verhältnisse auf den Philippinen. Nicht das spanische Schwert, sondern das spanische Kreuz hat die Philippinen an die Krone von Castilien gebracht. Augustinermönche haben das Land fast ohne Blutvergiessen erobert, und als im Jahre 1762 der englische Admiral Cornish Manila, die Hauptstadt, besetzte, da war es wieder ein Mönch, der kühne Anda, der an der Spitze tagalischer Truppen das Land vertheidigte. Spanische Mönche haben die Philippinen erobert, spanische Mönche haben sie erhalten, spanischen Mönchen gehört das Land auch heute noch. Nur spanische katholische Christen sind die Eingebornen geworden, nicht spanische Unterthanen. Die Philippinen sind keine spanische Colonie, noch weniger eine spanische Provinz, wie manche Reisebeschreiber meinen, sie sind die reiche Pfründe spanischer Klöster, der sichere Zufluchtsort spanischer Mönche, wo sie mit ungebrochener Macht herrschen und gebieten. Es gibt einen spanischen Generalgouverneur der Philippinen nur so lange, als es den Dominikanern, Augustinern und Franziskanern beliebt, und bricht in diesem Lande einmal ein Aufstand los, bei dem es gilt, das spanische Joch abzuschütteln, so sieht man sicherlich eine Mönchskutte an der Spitze der aufrührerischen Haufen. Ob man hinter den geheimnissvollen Klostermauern von Manila grosse Begeisterung findet für den spanischen Thron und die spanische Regierung zu Madrid, weiss ich nicht, aber ich zweifle daran. Die spanische Krone hat in Amerika ihre schönsten Besitzungen verloren, es ist kein undenkbarer Fall, dass sie im Laufe der Zeiten auch dieses Land, wie sie es gewonnen, ebenso wieder verliert — ohne Schwertstreich.

Fragt man, was die spanische Regierung für die Philippinen gethan, so glaube ich, wird man mit der Antwort verlegen sein, und da auch die Klöster ihren alten Ruhm, die Pflanzstätten der Cultur, der Civilisation, der Wissenschaft und Kunst zu sein, wenig bewahrheiten, so sieht es im Allgemeinen ziemlich traurig und verwahrlost auf den Philippinen aus. Eine einzige Strasse führt auf Luzon von Manila aus gegen Nord in die reichen Culturgegenden der nördlichen Provinzen. Was abseits liegt von diesem Heerweg, ist unbekannt und unbenützt, und so wenig erstreckt sich Kenntniss und Cultur, selbst in die nächste Umgebung von Manila, dass auf dem nächsten Gebirgsstock bei Manila, in der Sierra de Mariveles am Eingang der Bai von Manila, noch wilde unbekannte Negritosstämme in Urwäldern hausen können. Die Buchläden in Manila enthalten ausser einer von einem Mönch bearbeiteten sehr schätzenswerthen Botanik der Philippinen kein einziges Werk, worin man Aufschlüsse über die Naturbeschaffenheit des merkwürdigen Archipels fände. Nicht einmal die classische Literatur des Vaterlandes konnte den Weg finden bis in die Colonie. Die Universität St. Thomas bildet nur Advocaten und Geistliche und da alle Erkundigungen nach wissenschaftlichen Männern, nach wissenschaftlichen Instituten und nach öffentlichen Sammlungen*) nutzlos waren, so beschlossen wir, so bald wie möglich die Stadt zu verlassen und uns auf eigene Faust im Lande umzusehen, so weit und so gut es ginge. Der Generalgouverneur hatte uns mit grosser Bereitwilligkeit die nöthigen Reisepässe zukommen lassen und am 19. Juni schlossen wir uns an eine Partie an, welche für den Commodore nach der Laguna de Bay und nach Los Bannos arrangirt war. Das ist fast der einzige Ausflug, den Fremde, die sich nur kurze Zeit auf Luzon aufhalten, machen können. Der Mangel an Strassen und anderen Verkehrsmitteln nöthigt die grosse Wasserstrasse zu benützen, welche auf dem Pasigfluss nach dem östlich von Manila liegenden grossen Süss-

*) Erst später erfuhr ich, dass doch ein kleines naturhistorisches Museum unter der Direction des Oberst Don Miguel Creus existirt, jedoch ohne wissenschaftliche Bedeutung.

wassersee der Laguna de Bay führt und hier hat man abermals die bequeme Wasserstrasse des Seebeckens, um nach den verschiedenen interessanten Punkten seiner Ufer zu gelangen.

Der Pasigfluss scheidet das eigentliche Manila von der Schwesterstadt Binondo. Zwei stattliche Brücken, eine alterthümlich steinerne und eine moderne grossartige Hängebrücke, verbinden beide Städte. Manila am linken Ufer, mit Festungsmauern und Gräben rings umgeben, ist eine altspanische Stadt. Eine ernste Stille herrscht in den engen, grasbewachsenen Strassen, zwischen den schwarzen Steinmassen von Palästen, Klöstern, Kasernen und Kirchen. Nichts zeugt von frischem Leben und Fortschritt, und der neuangelegte bunte, heitere Blumengarten auf dem Palastplatz vor der Kathedrale nimmt sich aus wie ein joviales Genrebild unter ernsten historischen Gemälden von einstiger Grösse und Macht. Innerhalb der Mauern dieser Stadt darf nur rein castilisches Blut wohnen, selbst jeder andere Europäer ist ausgeschlossen. Binondo, am rechten Pasigufer, ist deshalb die eigentliche Handels- und Geschäftsstadt. Da wohnen Europäer, Chinesen und Malayen und ihre zahlreichen Mischlinge in friedlichster Eintracht unter- und neben einander, und eine bunte Menge wogt vom Morgen bis zum Abend in den Strassen geschäftig durcheinander. Und trotz der verschiedenen Racen, die sich hier durcheinanderbewegen, trägt doch Binondo von allen indischen Städten, die wir gesehen, am meisten einen europäischen Charakter. Man sieht es dem ganzen Leben und Treiben an, dass hier der Europäer sich am meisten mit den Eingebornen amalgamirt hat, und dass die Eingebornen mit der Religion auch ein gut Theil europäischer Sitten angenommen haben.

Jedoch wir sind auf dem Wege nach der Lagune, und zwar auf dem Pasigfluss in einer „Banca", die hier die Rolle der venetianischen Gondel spielt, wenn sie sich auch als ein einfacher ausgehöhlter Baumstamm so recht wie ein Proletarier ausnimmt gegen die elegante aristokratische Gondel, deren

Modell hieher zu verpflanzen, wohl der Mühe werth wäre. Fahrzeuge aller Art beleben den Fluss, vom schwerfälligen Lastschiffe der Lagune bis zum kleinsten Kahne. Die Ufer bis hinauf in die Laguna de Bay sind niedrig und flach, mit Reis und Zuckerrohr bepflanzt. Wo an den Ufern Gestein zu Tage tritt, da sind es Bänke von aschgrauem Bimssteintuff, die den Baustein für Manila liefern. Nahe der Stadt liegen am Flussufer Fabriksgebäude, die Cigarrenfabrik, eine Zuckerfabrik, Eisengiessereien und eine Fabrik, in welcher der „Manilahanf", die Faser einer Bananenart, zu dem bekannten geschätzten Manila-Tauwerk verarbeitet wird; weiterhin liegen die Landhäuser reicher Europäer und Mestizen, der Palast des Generalgouverneurs, dann folgen tagalische Dörfer, niedere Bambushütten, geschaart um eine stattliche Kirche und ein ebenso stattliches Pfarrhaus. Man begegnet zahlreichen Bancas voll mit Wasser, die das Trinkwasser nach Manila führen. So wenig ist hierzulande geschehen, dass man der Stadt und sogar der Festung das Trinkwasser auf diese Weise zuführen muss. Ein merkwürdiges Fischerleben entwickelt sich auf den verschiedenen Armen des Flusses, je mehr man sich dem Städtchen Pasig und der Lagune nähert, und zwar sind es hier grossentheils Weiber, die das Fischerhandwerk treiben, während die Männer zu Hause sitzen und sticken! Ich habe früher nie so zahlreiche Fischfang-Apparate in der mannigfaltigsten Gestalt und Construction gesehen, wie bei Pasig und an der Lagune. Die ganzen Ufer der seichten Lagune sind weit hinein dicht besetzt von Tausenden sogenannter „Corals", Fischställen, und man braucht einen eigenen Piloten, um durch das Labyrinth den Weg zu finden in das freie Fahrwasser. Ausser Fischen werden aber auch Muscheln gefischt, die zu Milliarden im Schlamme leben und als Futter für zahllose Enten dienen, die in der Umgegend von Pasig von den Tagalen gehalten werden hauptsächlich ihrer Eier wegen, die für eine besondere Delicatesse gelten, wenn das Junge im Ei schon halb ausgebildet ist.

Die Lagune ist ein Süsswasserbecken, so gross fast wie die Bai von Manila. Man hat von Pasig nach Los Bannos quer durch die Lagune volle 27 Seemeilen zu segeln. Die wenig stabilen Bancas sind zu gefährlich für die Passage, und da wir in der in Manila gemietheten „Lorcha", einem grossen Lagunenfahrzeug, nicht Alle Platz fanden, so mussten wir uns in Pasig nach einem zweiten passenden Fahrzeuge umsehen. Der Administrator Don José Maria Sinneriz stellte uns mit grosser Gefälligkeit das für die Lagune bestimmte Regierungsboot zur Disposition, ein völlig ausgerüstetes und armirtes Kriegsboot. Es ist eine keineswegs unnöthige Vorsicht, bei einer Fahrt durch die Lagune bewaffnet zu sein, denn es ist kein seltener Fall, dass unvorsichtige Fremde gänzlich ausgeraubt nach Manila zurückkehren. Wir erreichten Los Bannos glücklich am späten Abend und fanden ein gastliches Obdach in dem geräumigen Pfarrhause des Dorfes. Der Geistliche selbst in Los Bannos ist ein Eingeborner — nur die Klostergeistlichen sind Spanier von reinem Geblüte, unter den Weltgeistlichen sind aber viele Mestizen und Tagalen — dessen geographische Kenntnisse jedoch nicht so weit reichten, dass wir ihm begreiflich machen konnten, welcher Nation wir angehören. Der Fremde auf Luzon ist à tout prix, wenn er nicht Spanier ist, Engländer.

Los Bannos war schon im 16. Jahrhundert bekannt und berühmt wegen der vielen heissen Quellen, die hier am Fusse des erloschenen Vulcankegels Maquilin entspringen. Die ganze Gegend weit und breit ist hier vulcanisch. Hinter dem Maquilin liegt mitten in einem tiefen See der thätige Krater des Vulcans von Taal und zur Seite des Maquilin erhebt sich in blauer Ferne 6000 bis 7000 Fuss hoch die gewaltige Masse des Majaijay-Gebirges, eines gänzlich erloschenen Vulcansystems. Anfangs des 17. Jahrhunderts hatten Franziskanermönche über den Quellen Gebäude zu Bädern und ein Hospital de Nostra Sennora de Aguas santas de Maynit errichtet. Heutzutage ist Alles verfallen und die Eingebornen scheinen das heisse Wasser, das mit 86 Grad C. hervorsprudelt, nur zum Abbrühen ihrer Hühner zu benützen. Eine drückend schwüle Hitze, wie wir sie nie verspürt, die völlig erschlaffend auf Körper und Geist wirkte, liess unsere Pläne zu weiteren Ausflügen in die Berge nicht zur Ausführung kommen. Ich bin sehr geneigt, einen Theil dieser Hitze der grossen Masse fast siedend heissen Wassers zuzuschreiben, die dem Fusse des Maquilin entströmt, so dass, wenn der ganze Horizont klar und die Berggipfel wolkenfrei sind, die Gegend von Los Bannos doch immer nur in einer dunstigen Dampfatmosphäre eingehüllt erscheint.

Statt in die Berge will ich Sie deshalb wieder an den Rand der Lagune führen, nach dem Porto Socol oder, wie die Spanier mit Recht sagen, nach der „verzauberten Lagune" (laguna encantada), nur eine Meile weit von Los Bannos. Ich habe nie ein geheimnissvolleres Seebecken gesehen. Vulcanische und tropische Natur haben sich hier vereinigt und ein Bild geschaffen, das immer lebhaft in der Erinnerung bleiben wird, wenn man es gesehen.

Ein ruhiges, von zahllosen, fast mikroskopischen Wasserpflanzen tiefgrünes Wasserbecken, liegt der geheimnissvolle See, der Sage nach unergründlich, kreisrund zwischen einem kraterähnlichen Wall von Lavablöcken. Es soll hier wimmeln von Krokodilen. Die Eingebornen, wenn sie auf dem See fahren, beobachten daher die Vorsicht, zwei oder drei Canoës neben einander zu binden, weil eines leicht von einem solchen Ungethüm umgeworfen werden kann. Wir erblickten nur eine der Bestien, die schnell vor uns in der Tiefe verschwand. Ringsum auf dem Steinwall der üppigste Tropenwald, Riesenstämme durch Schlingpflanzen dicht verwoben. Ueberhängend spiegelt sich der Wald im grünen Seebecken, einen dunklen, schattigen Saum ringsum bildend. Wie grosse braune Früchte sieht man es vom Gipfel der Bäume herabhängen, eine lautlose Stille herrschte. Nur dann und wann liess sich eine Vogelstimme und das ferne Rollen des Donners vernehmen. Aber als der erste Schuss auf einen Wasservogel gefallen war, der über den See hinstrich, da wurde es lebendig an allen Ecken und Enden. Kreischend und schwirrend flog und flatterte es durcheinander, Tausende von Wasservögeln, die im Schatten am Strande verborgen sassen, Waldtauben und Tausende und aber Tausende der riesigen Fledermäuse, der sogenannten „fliegenden Hunde", dass sie den Himmel verdunkelten. Das waren scheinbar die grösseren Früchte, die von den Bäumen herabhingen, und das ist die eigenthümliche Scenerie des Sees, von dem Andersson mit Recht sagt, dass ihn die Alten, wenn sie ihn gekannt hätten, sicher für einen neuen Eingang zum Hades ausgegeben haben würden.

Von Los Bannos aus besuchte ich noch Jalajala und Binangonan, zwei andere Dörfer am Ufer der Lagune, — Gegenden, die manches interessante geologische Detail lieferten, und am 22. waren wir Alle wieder, Jeder befriedigt von seiner Ausbeute, in Manila zurück.

Da waren die Festlichkeiten in vollem Gange, es war Feiertag für die 8000 Arbeiterinnen der Cigarrenfabrik in Manila, und man sah nun den Manila-Dandy herumstolziren in seiner ganzen Eleganz: Pariser Hut, feine Lackstiefeln, weisse Hose, ein feines Hemd aus Ananasstoff, nicht wie bei uns als Hemd, sondern als Hemd und Rock zugleich über den Beinkleidern getragen, und einen Spazierstock in der Hand. So sieht man ihn in zahllosen Exemplaren, Mestize und Tagale, den schmucken tagalischen Mädchen nachsteigen und betrachtet selbst mit Wohlgefallen die oft wirklich schönen weiblichen Gestalten, die doppelt schön und malerisch erscheinen, wenn sie ihr rabenschwarzes reiches Haar aufgelöst lang herabhängen lassen; umso weniger gereicht es ihnen aber zur Zierde, dass sie Alle Cigarren rauchen und in Pantoffeln, in welchen die Zehen keinen Platz finden, einherschlürfen statt gehen. Raketen stiegen und Feuerwerk wurde losgebrannt, selbst mitten in den volkreichsten Strassen, alle Schiffe waren bewimpelt und beflaggt, die Häuser decorirt und illuminirt.

Am 24. waren wir Alle wieder an Bord und mit uns eine unermessliche Zahl Manila-Cigarren, Vorrath für die ganze Reise.

12 Uhr Nachts vom 25. auf den 26. Juni gingen wir unter Segel nach Hongkong.

China.

Hongkong.

Wir hatten um 12 Uhr Nachts am 26. Juni in der Bai von Manila Anker gelichtet und segelten mit der Landbrise, die in der Nacht eintrat, aus der Bai. Wider Erwarten trafen wir draussen in offener See statt des stetigen Südwest-Monsuns, der uns so schön nach Manila geführt, leichte wechselnde Winde und Windstillen, die uns in den ersten Tagen sehr aufhielten. Erst als wir in der Mitte des Chinesischen Meeres uns befanden, traf der erwartete Südwest wieder ein und führte uns rasch unserem Ziele, Hongkong, entgegen. Am 4. Juli Morgens, noch ehe wir Land in Sicht hatten, setzte eine chinesische Fischerbarke einen Piloten bei uns ab in Gestalt eines langzöpfigen Chinesen, der in einem ganz schrecklichen Accent englisch kauderwälschte und verwundert unsere Flagge betrachtete, die er nicht kannte und nie zuvor gesehen. In Hongkong selbst hielten uns die Chinesen wegen der Aehnlichkeit der Flaggen ganz allgemein für Spanier, und da lernten wir auch, dass der gräuliche Accent unseres Piloten ganz guter echt chinesisch-englischer Accent war, wie ihn alle Chinesen sprechen, so dass sie in Verunstaltung der englischen Sprache die Nikobarenser noch weit übertreffen.

Gegen Mittag am 4. Juli tauchte die chinesische Küste auf, wir näherten uns rasch, passirten noch vor Sonnenuntergang die äusserste Inselgruppe, die Lema-Inseln, und befanden uns damit in dem inselreichen, vielbuchtigen Archipel vor den Mündungen des Chou-Kiang oder Cantonflusses, in welchem sich die Engländer die Insel Hongkong mit ihrer vortrefflichen Hafenbucht so geschickt als den günstigsten Punkt zu einer Niederlassung auserwählt haben. Tausende von Fischerbarken, immer paarweise neben einander segelnd, und das Netz nach sich ziehend, bedeckten die Wasserfläche rings um uns — eine ganze Flotte von Fischern, aber gelegentlich auch Seeräubern; diese haben in den tiefen Buchten der zahllosen Inseln Tausende von Schlupfwinkeln, in die sie Niemand verfolgen kann, weshalb sie bis heute ihre Räubereien an ihren eigenen Landsleuten ebensowohl, wie an fremden schwachen Kauffahrern meist ungestraft ausüben. Mehr aber als der Anblick dieser chinesischen Fischerflottillen fesselte uns der imposante Anblick der Inselgruppen und des dahinter liegenden Festlandes.

Eine Gebirgslandschaft lag vor uns, wie sie ausser dem Cap der guten Hoffnung keine andere Küste gezeigt, imposante Granitberge — imposant nicht durch ihre Höhe, denn die höchsten Gipfel erreichen nur 3000 Fuss, aber imposant durch ihre Form, — hier spitze nadelförmige Zacken, dort steile Felskegel, welche an den Zuckerhut und den Corcovado bei Rio de Janeiro erinnern, dort wieder runde Kuppen und langgestreckte Rücken, von wilden Schluchten durchrissen und durchfurcht, alle steil, fast senkrecht ohne einen Streifen von Flachland unmittelbar aus dem Meere aufsteigend. Die Berge sind alle fast kahl oder nur mit niederer Gras- und Buschvegetation bedeckt, kein Baum, kein Wald verdeckt und verwischt die energischen Formen von Fels und Stein, und als die untergehende Sonne noch scharf gezeichnete Schlagschatten in die scharfen Contouren der Berge und Felsen warf, da war der Anblick in der That überraschend grossartig. Mir war es, als läge ein Stück unserer Alpen vor mir, in's Meer getaucht bis über die Grenze der Waldvegetation, so dass nur die Gipfel hervorragen. Unsere Matrosen begrüssten freudig die

Küste des Himmlischen Reiches, die sie an ihre Heimat, an Dalmatien, erinnerte.

Dunkle Nacht brach ein, wir konnten es nicht wagen, ohne Leuchtfeuer, die auffallenderweise hier noch ganz fehlen, und ohne Mondlicht durch die engen Canäle uns in den Hafen von Hongkong an der Nordseite der Insel hindurchzuwinden. Wir ankerten um 9 Uhr Abends an der Westseite der Insel im Lammacanal, und fuhren am 5. Juli Morgens bei strahlendem Sonnenlicht ein in die Hafenbucht von Hongkong. Der Anblick von innen war nicht weniger überraschend, als gestern der Anblick der Küste von aussen, von der Seeseite. Gestern hatten wir an den Bergen und Felsen kaum Spuren menschlichen Lebens und Treibens entdecken können, nur da und dort stand eine ärmliche Hütte am Strand, blos das Wasser schien belebt und bewohnt zu sein, das Land aber fast unheimlich öde und verlassen. Nun mit einemmale, als wir um Greeneiland umbogen, eröffnete sich die Aussicht auf Victoria town und seinen belebten Hafen. Hinter den Bergen, die heimatliche Erinnerungen wachgerufen hatten, trat uns nun auch das reizende Bild der heimatlich aussehenden europäischen Stadt entgegen und ein Hafen voll stattlicher Dreimaster und Dampfer — wir zählten gegen 100 grosse Schiffe — bildete statt der Fischerbarken von gestern die grossartige Staffage im Vordergrund von Victoria town. Um 10 Uhr fiel der Anker und zwischen amerikanischen, englischen, französischen und russischen Flaggen wehte stolz auch die Flagge Oesterreichs.

Die Stadt Victoria erinnerte mich lebhaft an Gibraltar. Die Häuserreihen erheben sich terrassenförmig über einander in langen Linien an dem steilen Gehänge der Granitgebirge, die junge Stadt ist in kurzer Zeit riesig gewachsen, und die vielen stattlichen, palastähnlichen Gebäude sprechen deutlich genug für den Reichthum und die Wohlhabenheit ihrer Bewohner. Vor der Stadt am Lande liegt aber noch eine ganze Stadt im Wasser in Form zahlloser chinesischer Fischerboote, auf denen arme Chinesen mit Frau und Kind, mit ihrer ganzen Familie jahraus, jahrein leben. So kann man es begreifen, dass Victoria gegenwärtig bereits gegen 60.000 Einwohner zählt.

Der Donner der Kanonen, der in den Bergen wiederhallte — die gegenseitige Begrüssung — war vorüber, wir konnten nun an's Land gehen. Schon lange hatten wir's nicht mehr so bequem gehabt, so nahe am Lande zu liegen. Wir fanden theils im Commercial-Hôtel, theils in dem grossartigen Hongkong-Clubhouse angenehme Wohnungen, und Bekanntschaften waren schnell gemacht. Der k. k. österreichische Consul, Herr Wiener, ein Deutscher (Firma Lindsay & Comp.), bot Alles auf, um die Zwecke der Expedition zu fördern, sein Haus war uns stets ein angenehmer Versammlungsort, wo wir die Abende in heiterer Gesellschaft zubringen konnten, und noch nirgends auf der ganzen Reise haben wir so viele deutsche Familien getroffen und kennen gelernt, wie auf Hongkong. Die deutschen Kaufleute und deutschen Missionäre in Hongkong bilden einen sehr wesentlichen Theil der hiesigen europäischen Gesellschaft. Mögen unsere wackeren Landsleute in Hongkong uns in ebenso freundlichem Andenken behalten, wie wir sie. Den Herren Overbeck und Lobscheid aber sage ich nochmals meinen und unserer Aller besten Dank für die wahrhaft aufopfernde Freundschaft und Gefälligkeit, die sie uns erwiesen.

Am 8. Juli hatte Se. Excellenz der Gouverneur von Hongkong, Sir John Bowring, die Naturforscher der „Novara" zu sich geladen, um sie mit Männern der Wissenschaft in Hongkong bekannt zu machen. Da lernten wir Dr. Harland, Colonial-Surgeon, Walter Medhurst, Consul zu Futscheu, Dr. Hance, den Botaniker, W. Lobscheid, den bekannten Sinologen und Missionär, kennen, denen wir Alle zum grössten Danke verpflichtet sind für vielfache werthvolle Mittheilungen aus den Schätzen ihrer Erfahrungen und ihrer Sammlungen. Den Abend vorher schon hatten wir einer Sitzung der „Hongkong Branche of the Asiatic Society" beigewohnt, bei der

Sir John Bowring als Präsident und Se. Lordschaft der Bischof von Victoria als Vicepräsident der Gesellschaft die Naturforscher der „Novara" mit sehr auszeichnenden Worten willkommen hiessen. Mögen die freundschaftlichen Beziehungen, die wir für die wissenschaftlichen Institute und Gesellschaften unseres Vaterlandes angeknüpft, dauernde und bleibende sein.

Leider waren weder die klimatischen noch die politischen Verhältnisse den Naturforschern besonders günstig, um grössere Excursionen auf der Insel oder auf dem gegenüberliegenden Festlande unternehmen und selbst beobachten und sammeln zu können. Der Juli ist der heisseste Monat in Hongkong. In dem von hohen Bergen umschlossenen Hafenbecken von Hongkong steigt im Juli die Hitze bis zu einer unerträglichen Höhe, und ist man in den Bergen selbst, so findet man nirgends Schutz vor den brennenden Strahlen der Sonne, nirgends kühlen Waldesschatten. Dazu kam, dass man sich ohne Gefahr allein nicht ausserhalb die Stadt wagen durfte. Die chinesische Bevölkerung von Hongkong gehört mit Ausnahme einiger Kaufleute, die während der Kriegswirren von Canton nach Hongkong übersiedelt sind, durchaus der niedrigsten Volksclasse an. In Victoria selbst sollen nach polizeilichen Daten nicht weniger als 5000 chinesische Spitzbuben sich umtreiben, die nur von Diebstahl und Raub leben, und der grösste Theil der übrigen chinesischen Bevölkerung sind flüchtige Rebellen aus der Cantonprovinz, deren Bewohner ohnedem bei Europäern, wie bei den Chinesen selbst, wegen ihres bösartigen Charakters berüchtigt sind. Das macht selbst die Strassen in der Stadt Victoria unsicher, und zumal Fremde werden deshalb ernstlich gewarnt, nie unbewaffnet auszugehen, da hinterlistige Raubanfälle bei jeder Gelegenheit ausgeführt werden. Auf dem gegenüberliegenden Festlande soll aber die Brutalität der Chinesen so gefährlich sein, dass sich ein Europäer da nur mit bewaffneter Macht sehen lassen darf. Wir waren hinlänglich abgeschreckt durch mehrere Vorfälle in jüngster Zeit und unternahmen daher Excursionen, welche uns weiter von der Stadt entfernten, nur gemeinschaftlich und in grösserer Anzahl.

Eine dieser Excursionen, auf der wir von dem Botaniker Dr. Hance und dem der chinesischen Sprache völlig mächtigen Missionär Herrn Lobscheid begleitet waren, führte uns über die Bergkette der Insel nach der Südseite zu dem kleinen chinesischen Dorfe „Little-Hongkong", der ersten aus dem Jahre 1668 datirenden Ansiedlung auf der Insel, von der diese den Namen hat. Hongkong bedeutet nämlich „wohlriechender Fluss oder Bach". So wenig man diesen Namen für die ganze Insel gerechtfertigt findet, so bezeichnend ist er für das reizende, von hohen Granitbergen umschlossene Thal, in dem das armselige Dorf Klein-Hongkong liegt. Ein herrlicher Wald voll duftender Blüthen, für den Botaniker eine reiche Fundgrube von botanischen Raritäten aller Art, durchrauscht von einem frischen Gebirgswasser, erfüllt das Thal. Ueber dem Laubwald ziehen sich an den Abhängen der Berge hinauf Pinusbestände und die flachen Thalgründe bedecken üppige Reisfelder. Die armen Einwohner des Dorfes, das unter den Bäumen versteckt liegt, sind aber selbst in dieser Thalschlucht so wenig sicher vor dem räuberischen Fischergesindel der Küste, dass sie ihre kleinen Häuser ganz dicht an einander gebaut und nur enge, leicht zu verbarrikadirende Gassen gemacht haben, in denen kaum zwei Menschen neben einander gehen können. Der Ausflug war reich an naturhistorischer Ausbeute und lehrte mich, dass nicht die ganze Insel Hongkong aus Granit besteht, sondern ein grosser Theil der Berge Porphyr ist, weshalb die Zacken so kühn in die Luft ragen.

Ihnen vom chinesischen Leben und Treiben aus Hongkong zu erzählen, wäre voreilig, da wir noch Shanghai, eine echt chinesische Stadt, zu sehen hoffen. Wollte man die Chinesen überhaupt nach dem Charakter der Hongkong- und Canton-Chinesen beurtheilen, so müsste man sie wohl für eine intelligente und in Handarbeiten ausserordentlich geschickte

Race erklären, aber auch für das gemeinste und hinterlistigste, betrügerischeste und aller edleren Gefühle bare Volk, welches nur überhaupt existirt. Aber die Hongkong-Bevölkerung gehört fast durchaus nur dem chinesischen Proletariat an, die Frauen, denen man begegnet, sind nur Weiber aus den niedrigsten Classen, wie ihre hübschen natürlichen Füsse, auf denen sie menschlich gehen können, beweisen. Frauen mit den bekannten, verkrüppelt eingebundenen Stelzfüssen von bewundernswürdiger Kleinheit, sogenannte Number one-Frauen (die Chinesen in Hongkong bezeichnen Alles, was bessere Qualität ist und was sie besonders anempfehlen wollen, als „Number one") sieht man bis jetzt nur wenige und ihre geringe Anzahl ist das sicherste Merkmal für die Volksclasse, die hier vertreten ist. Das Anlockendste für den Fremden sind die chinesischen Verkaufsläden. Diese wurden von uns auch fleissig durchgemustert, da Jeder zum Andenken an China etwas mitzunehmen wünschte, sei es von den zierlichen Bildern auf Reispapier, oder von den schönen Schnitzarbeiten in Holz, Stein und Elfenbein, oder, wenn es die Casse erlaubte, von den schönen Lackarbeiten und den prachtvollen seidenen Shawls. Möge sich jede schöne Leserin, die einen treuen Freund auf der „Novara" hat, freuen; sicherlich ist für sie das Schönste bestimmt, was eingekauft wurde.

Ausflug von Hongkong nach Canton.

Am 10. Juli unternahm der Commodore Baron v. Wüllerstorf-Urbair, begleitet von dem Commandanten Baron von Pöck und vier Officieren der k. k. Fregatte „Novara", auf dem englischen Kanonenboot Nr. 85, „Algerine", einen Ausflug nach Canton. Die Entfernung von Hongkong nach Canton beträgt 87 Seemeilen. Die Fahrt dauerte volle 11 Stunden, von Morgens 6½ Uhr bis Abends 5½ Uhr. Canton, der Schauplatz des englisch-chinesischen Krieges, nimmt in diesem Augenblicke zu sehr das Interesse von ganz Europa in Anspruch, als dass ich mir versagen könnte, aus den Erzählungen der

Herren Officiere über ihren Besuch von Canton Einiges mitzutheilen. Canton, die dritte Hauptstadt des chinesischen Kaiserreiches, die blühende Handelsstadt, die vor Kurzem noch über eine Million Einwohner zählte, ist jetzt ein ödes, verlassenes, zum Theil in Trümmer geschossenes oder verbranntes Häusermeer. Die stattlichen Gebäude der europäischen Factoreien, welche das Flussufer vor den Mauern der Chinesenstadt zierten, sind ein Schutthaufen. Die schwimmende Stadt auf dem Flusse selbst, die berühmten Blumenboote von Canton mit ihrem zauberhaften Glanz, mit ihrer luxuriösen üppigen Pracht sind spurlos verschwunden. Wer etwas zu verlieren hatte, hat sich aus der Stadt geflüchtet, englische Wachposten halten die Mauern und die Strassen der inneren Stadt besetzt, und nur das Proletariat der grossen Stadt ist zurückgeblieben, jede Gelegenheit ablauernd, sich das Kopfgeld zu verdienen, das die Mandarinen der Provinz Kwang-Tung auf jeden „Barbarenschädel" gesetzt haben. „Der Zustand von Canton wird schlimmer und schlimmer jeden Tag," sagt die neueste Hongkong-Zeitung. Seit die Amerikaner und Russen mit der kaiserlichen Regierung Privatverträge abgeschlossen haben und die vereinigte Flotte der Engländer und Franzosen nach dem Norden, nach dem Golf von Petschi li gegangen ist, um mit den kaiserlichen Commissären von Tien-Tsin wegen des Friedens zu unterhandeln, ist den Canton-Chinesen der Muth wieder gewachsen, sie halten die Alliirten für isolirt, Russen und Amerikaner für deren Feinde. Mandarine und kaiserliche Commissäre erlassen Proclamationen über Proclamationen gegen die „fremden Teufel", organisiren Guerillahaufen (die sogenannten „Braves"), die jede Nacht Brandraketen in die Stadt und nach dem Hauptquartier schiessen, die morden und brennen, wo sie können, und halten die Truppenmacht der Alliirten, die nur aus 3500 Mann besteht, worunter nicht weniger als 800 Kranke, fortwährend in Alarm.

Das war der traurige Zustand von Canton, wie er geschildert wurde, als wir in Hongkong ankamen.

Als das Kanonenboot „Algerine" Abends vor Canton angekommen war, wurde der Commodore noch am späten Abend von einer Militärescorte nach dem Hauptquartier des über die verbündeten Truppen befehlenden Generals v. Straubenzee geleitet. Todt und stille war es in der ungeheuren Stadt, kein Licht wurde gesehen. Um 10½ Uhr Abends kam der Commodore im Hauptquartier an und wurde von dem General auf's freundlichste empfangen. Das Hauptquartier liegt auf einem die Stadt dominirenden Hügel, den die zahlreichen Gebäude eines Wohnsitzes und Götterparkes (sogenanntes „Josshaus") einnehmen, der dem Vater des in diesen Kriegswirren so berühmt gewordenen Gouverneurs Yeh gehörte. Die Schilderungen von der Einrichtung der Wohnzimmer, von dem prachtvollen Schnitzwerk in Ebenholz, mit welchem die Göttersäle ausgestattet sind, von der Zierlichkeit der ganzen Anlage lassen auf einen Glanz und einen Luxus, auf eine Ueppigkeit des Lebens chinesischer Grossen schliessen, dem Aehnliches in Europa nicht zur Seite steht und zu dem man die Analoga nur an den Höfen der römischen Kaiser in längst vergangener Zeit finden kann. Noch grossartiger und prachtvoller soll in der äusseren Ausstattung der Wohn- und Amtssitz des Tatarengenerals Pihkwei sein, der sogenannte Yarmon, der jetzt zu Kasernen und Wohnungen für die englisch-französischen Regierungscommissäre verwendet ist, während der Tatarengeneral selbst anderswo untergebracht wurde.

Ich kann nicht umhin, hier, ehe ich von den Erlebnissen unserer Officiere in Canton weiter erzähle, Einiges über den Ex-Gouverneur Yeh von Canton einzuschalten, der nun als Staatsgefangener in Calcutta lebt und zum Aerger der Engländer gar wenig Wesen aus sich macht, gar wenig Stoff zum Gespräche bietet. Die „Illustrirte Leipziger Zeitung" hat unlängst ein vortrefflich ausgeführtes Porträt von Yeh gebracht, das sehr wenig chinesisch aussieht, vielmehr einen männlich schönen, intelligenten, energischen, völlig europäischen Kopf mit echt kaukasischer Nase, Augen und Bart darstellt. In

Hongkong kann man das chinesische Porträt Yeh's fast in jedem Laden in allen Grössen kaufen. Diese Porträts sollen nach der Aussage von Männern, die Yeh persönlich kannten, weit ähnlicher sein, sie zeigen denselben energischen Ausdruck, aber in echt chinesischen Zügen, und neben der Energie auch noch eine Portion Brutalität. Die Familie Yeh scheint sich ebensowohl durch physische, wie durch geistige Eigenschaften auszuzeichnen. Yeh's Vater — es ist eine Thatsache — hat in seinem 92. Jahre noch Vaterfreuden erlebt. Yeh selbst war bekanntlich ein sehr gelehrter Mann, ich habe in Hongkong grosse anatomische Tafeln in Holzschnitt gesehen, die er selbst einer europäischen Anatomie entnahm, im vergrösserten Massstabe publiciren liess und mit einer Vorrede begleitete. Sein Neffe aber hat in Peking ein so glänzendes Staatsexamen zum Zun-zi (dritten Gelehrtenrang) gemacht, dass seine Examen-Arbeiten auf Staatskosten gedruckt wurden. Ich habe ein Exemplar des merkwürdigen Buches, in dem die besten Stellen durch Ringe besonders bezeichnet sind, nach Wien eingesandt. Hongkong ist voll von Raritäten des berüchtigten Ex-Gouverneurs. Sein kostbarer Mandarinenknopf und seine noch kostbarere Mandarinenkette sind in Händen eines Deutschen. — Aber nun wieder zurück zum Hauptquartier.

Der Commodore war eben angekommen und sass mit dem General Straubenzee beim Thee, als Feuerlärm entstand. Die Braves hatten in der unmittelbaren Nähe des Hauptquartiers ein Haus angezündet, in der Hoffnung, das Feuer werde das Hauptquartier und die Pulverthürme hinter demselben ergreifen, oder die Engländer würden zu löschen suchen und genöthigt sein, Mannschaft von den Posten zu nehmen; glücklicherweise brannte aber das angezündete Haus einfach ab, ohne dass die Hoffnung der Braves in Erfüllung gegangen wäre. Bei einer Runde, welche der Commodore noch in später Nacht mit dem General machte, konnten sie sehen, wie die Chinesen kaum 200 Schritte von einem mit Wachposten und

Kanonen besetzten Hügel fortwährend Raketen gegen die Schildwachen und die Gebäude des Hauptquartiers abfeuerten. Unsere Officiere waren wohl mit Recht verwundert, dass gegen dieses Unwesen der Guerillahaufen, die jede Nacht durch Brand und Raketen die Stadt, die Wachposten und das Hauptquartier beunruhigten, keinerlei energische Massregeln getroffen wurden. Die Alliirten mussten durch die unbegreifliche Passivität, welche sie beobachteten, die Chinesen nur immer mehr ermuthigen, — und aus lauter Philanthropismus warten sie zu, bis durch Krankheiten und den anstrengendsten Wachpostendienst die wenigen Streitkräfte, über die sie gebieten, dienstunfähig geworden sind und dann entweder ein Abzug oder ein Blutbad erfolgen muss. Unsere Officiere waren der Meinung, dass durch bessere Benützung der Kanonen und durch starke Militärpatrouillen, welche die Vorstädte säubern, weit mehr erreicht würde, als durch die zahllosen vereinzelt stehenden Wachposten, durch deren Dienst die Mannschaft übermässig angestrengt wird, und durch die mit Revolver bewaffneten Polizeipatrouillen, welche Nachts die Strassen der Stadt durchziehen und auf welche die Chinesen in den Strassen selbst mit Kartätschen feuern.

Am anderen Tag machte der Commodore, begleitet von dem bekannten englischen Regierungscommissär Herrn Parkes, dem als chinesische Autorität in Canton belassenen Tataren-Obergeneral Mandarin Pihkwei einen Besuch. Eine grosse Menschenmenge hatte sich in den Strassen versammelt, durch die unsere Officiere kamen, und der Empfang bei Pihkwei ging mit allem chinesischen Ceremoniell vor sich: drei Pöllerschüsse, ohrenzerreissende chinesische Musik, die entwaffnete Leibwache des Generals in Spalieren aufgestellt, der General selbst zur Begrüssung nach chinesischer Sitte seine Mandarinenmütze auf dem Kopfe und je nach dem höheren oder niederen Rang des Vorgestellten mehr oder weniger lachend. Der Commodore und Commandant mussten auf erhöhten Sitzen Platz nehmen und während der Conversation, bei welcher der

der Mandarinensprache völlig mächtige Parkes vermittelte, wurde Thee servirt. Pihkwei erkundigte sich nach den Zwecken der Expedition und liess sich die Namen aller Herren Officiere geben; sie lauten im Chinesischen, das keine Buchstaben, sondern nur Symbole für Wörter und Begriffe hat, gar sonderbar, z. B. aus „Wüllerstorf" wird chinesisch Wu-ta-sz-tap. Pihkwei soll ein Koloss von einem Manne sein, der aber von dem kleinen unscheinbaren Parkes wie ein Lamm geleitet und gelenkt wird. Der Abschied war ebenso ceremoniell wie der Empfang. Den Tag über besichtigten die Officiere, soweit es thunlich war, noch einzelne Theile der Stadt, und am 12. Juli kehrte der Commodore zurück nach Hongkong.

Ich habe Ihnen den Zustand von Canton geschildert. Während wir noch in Hongkong vor Anker lagen, brachte ein Extrablatt des „North-China Herald" (Shanghai, 5. Juli) die Nachricht, dass der englische Friedensvertrag am 26. Juni von den kaiserlichen Commissären in Tien-Tsin unterzeichnet und nach Peking geschickt wurde, um dort die eigenhändige Unterschrift des Kaisers zu empfangen. Der Vertrag soll 54 Punkte enthalten, unter welchen folgende besonders hervorgehoben sind: Oeffnung der ganzen Seeküste für fremden Handel, Freigebung der Flussschifffahrt für Fremde auf dem Yang-tse-kiang und anderen Flüssen, Zulassung eines Gesandten am Hofe von Peking, Schadenersatz für die Verluste in Canton und theilweiser Ersatz der Kriegskosten und Besetzung von Canton als Bürgschaft. — Der Friedensvertrag wäre also da, ob aber damit auch der Friede selbst, das ist eine andere Frage. Man hört allgemein in Hongkong die Ansicht aussprechen, dass der Friedensvertrag für die Zustände in Canton zunächst von geringer Bedeutung sein werde und dass der Friede in Canton nur durch blutigen Bürgerkrieg hergestellt werden kann.

Das Ansehen der Mandarinen in der Provinz von Canton ist vernichtet, ihre Prophezeiungen von der gänzlichen Vernichtung der Barbaren sind nicht in Erfüllung gegangen, der Glaube an ihre Unfehlbarkeit ist geschwunden und alle die pomphaften Ceremonien, mit welchen Yeh, nachdem er gefangen genommen war, nun auch vom Kaiser selbst abgesetzt und seiner Mandarinenwürde beraubt wurde, konnten den Glauben nicht wieder herstellen. Der Hass der Canton-Chinesen gegen die Europäer ist ein eingefleischter. Man höre die Sprache ihrer Placate gegen die Barbaren: „Seit eurem ersten Auftreten im Mittelreiche habt ihr Alles gethan, um uns zu verderben. Ihr habt von den Schiffen auf uns geschossen, ihr habt uns mit Opium vergiftet, ihr habt innerhalb der Stadt Teufelsgebäude (d. h. Kirchen) errichtet! Noch mehr — um Pferderennen zu halten, zerstört ihr die Gräber und gönnt den Todten die Ruhe nicht! Unersättlich wie Walfische, gierig wie der Seidenwurm auf dem Maulbeerblatte, verlangt ihr immer mehr, je mehr ihr gewinnt! Selbst unseren geringsten Verdienst habt ihr an euch gezogen. Das Mass ist jetzt voll, der empörte Himmel hat euren Untergang beschlossen, unser Volk wird euch durch göttliche Feuerwaffen vernichten." Das ist die Sprache, welche die Mandarinen führen müssen, damit auf ihre eigenen Köpfe nicht ebenso Preise gesetzt werden, wie sie selbst solche auf die Köpfe der Europäer setzen. Befehle vom Hofe von Peking werden nichts nützen, der Kaiser muss mit bewaffneter Gewalt die Provinz Canton zur Ruhe bringen, wenn der Friedensvertrag zur Wirklichkeit werden soll.

Es sieht in Wahrheit sonderbar aus im himmlischen Reiche der Mitte. Auf dem Perlfluss, an dem grossen südlichen Thore von China, liegt bei der Bocca Tigris unweit Canton das englische Linienschiff „Sans Pareil" und entfaltet gebieterisch die englische Flagge. Am Yang-tse-kiang, in Nanking, an der Herzader Chinas, hat ein Rebellenkaiser sein Heerlager aufgeschlagen; zu Peking am Pei ho muss ein ohnmächtiger Tatare, Se. himmlische Majestät, der Kaiser von China selbst, im Angesicht von englischen, französischen, amerikanischen und russischen Kanonen Verträge unterschreiben und sein Wort geben, dass er „rothhaarige Barbaren", „fremde Teufel" mit allen Ehren an seinem Hofe und seiner unvergleichlichen Kaiserstadt empfangen und aufnehmen will; an dem nördlichen Thore am Amur baut Russland Festungen und thut, als ob es da schon ganz zu Hause wäre.

Alle Pulsadern sind dem Riesenkörper unterbunden und in seinen Eingeweiden wird gewühlt mit Feuer und Schwert, nicht auf dass er sterbe, der Koloss, nein, sondern damit er zu neuem Leben erwache.

Es ist die Weltgeschichte, die mit eherner Faust an die Thore von China pocht, auf dass ein Drittheil der Menschheit, 360 Millionen Menschen, von tausendjähriger Abgeschlossenheit sich losmache und zu leben anfange auch für die übrige Menschheit. Es muss Antwort erfolgen hinter den verschlossenen Thoren. Und wenn diese Antwort auch noch hundertmal lautet: „Was wollt ihr? Wir brauchen euch nicht, wir sind uns selbst genug!" so wird die Rückantwort immer dringender und gebieterischer heissen: „Braucht ihr auch uns nicht, so brauchen wir doch euch, darum auf!"

Ausflug von Hongkong nach Macao.

Dieselben Tage, an welchen der Commodore mit den Herren Officieren die interessante Partie nach Canton ausführte, benützten die Naturforscher zu einem Ausflug nach Macao. Die Dampfer dahin gehen um 12 Uhr von Hongkong ab und erreichen Macao gewöhnlich zwischen 4 und 5 Uhr Nachmittags. Es sind kleine, aber ziemlich bequeme Dampfer, und die Ueberfahrt selbst ist nicht uninteressant. Die Route führt anfangs durch enge Canäle zwischen hohen Granitinseln. Wo man aus den Inseln heraus in offenes Fahrwasser gelangt, da zeigt die immer trüber und schmutziger werdende Färbung des Wassers, dass man sich vor der eigentlichen Mündung des Cantonflusses befindet. Man sieht grosse Schiffe ein- und auslaufen, Dschunken und Fischerboote in grosser Anzahl hin- und herfahren. Der gewaltige kegelförmige Pik der Insel Lantao (3000 Fuss hoch) und gegenüber auf dem Festland der Provinz Quang-tong der spitze Castle Pik von oben nach unten von einer tiefen Furche durchrissen, bilden den malerischen Hintergrund. So vulcanähnlich diese Piks wegen ihrer regelmässigen Kegelform auch aussehen, so sind sie doch aller Wahrscheinlichkeit nach nur Granit- oder Porphyrkegel. Die Mündungen des Cantonflusses sind hier so breit, dass erst allmälig die gegenüberliegenden Küsten auftauchen und die Wasserfläche ist derart ausgedehnt nach allen Richtungen, dass man glauben könnte, man sei wieder auf offener See. Hier war es, wo im Februar 1857 auf dem von Hongkong nach Macao fahrenden Dampfer „Queen", der eine bedeutende Geld- und Opiumladung an Bord hatte, die an Bord befindlichen Chinesen, während die Europäer alle in der Cajüte bei Tische sassen, sich des Schiffes bemächtigten und die europäischen Passagiere und Matrosen ermordeten. Der Capitän und einige Passagiere waren, um sich zu retten, in's Wasser gesprungen, aber nur einem Engländer ist es gelungen, sich zu retten, er ist der einzige lebende Zeuge des schauderhaften Ereignisses. Der Dampfer wurde später im Cantonfluss zerstört und verbrannt wieder gefunden.

Noch ehe man die Häuser der Stadt Macao deutlich unterscheiden kann, passirt man schon die Schiffe, welche auf der Rhede von Macao liegen. Grössere Schiffe müssen 6 bis 8 Meilen von der Stadt ankern, fast in offener See, und es ist kein Wunder, dass wir hier 10 Schiffe zählten, während in dem vortrefflichen Hongkong-Hafen Hunderte lagen. Der gut geschützte kleine, sogenannte „innere Hafen" jenseits der schmalen Landzunge, auf der Macao liegt, ist nur für kleine Schiffe und für chinesische Dschunken zugänglich und liegt von solchen Fahrzeugen auch gedrängt voll.

Der Anblick der Stadt Macao ist nicht weniger reizend, als der von Victoria town. Die Häuserreihen gruppiren sich malerisch um die mit Forts gekrönten zahlreichen Hügel der Landzunge, Kirchen mit Doppelthürmen und die gewaltige Kuppel des Jesuiten-Collegiums unterscheiden die Stadt als katholisch, als portugiesische Stadt schon äusserlich charakteristisch von Victoria. Wir liessen uns an der Ostseite der Landzunge von Praya grande, wo am Strand, der erfrischenden Seebrise ausgesetzt, Paläste und stattliche europäische Wohngebäude in langer Linie neben einander liegen, an's Land setzen, während der Dampfer weiter nach dem inneren Hafen fuhr.

Der königlich preussische Consul, Herr v. Carlowitz, hatte uns auf's freundlichste eingeladen; in seinem Hause, in seiner Familie fanden wir unter Deutschen die herzlichste Aufnahme. Wir verdanken es seiner freundschaftlichen Hilfe und seinen Arrangements, dass wir in der kurzen Zeit, welche uns für Macao zu Gebote stand, doch Manches sehen und ausführen konnten, was unter andern Umständen nicht möglich gewesen wäre.

Meine Haupthoffnung, mit der ich nach Macao gekommen war, hier einen besseren Büchermarkt für seltene chinesische Werke zu finden, als auf Hongkong, ging zwar nicht in Erfüllung, aber in jeder anderen Beziehung hat Macao meine Erwartungen weit übertroffen. Die Stadt machte auf mich durchaus nicht den Eindruck einer verfallenen Grösse. Wohl ist ihre Blüthezeit vorüber und gegenüber dem geschäftigen Leben und Treiben, wie man es in den Strassen und in dem Hafen von Victoria sieht, ist es hier fast traurig stille. Nur in den chinesischen Theilen begegnet man derselben lärmenden Geschäftigkeit und Emsigkeit. Ist aber die Blüthezeit und die Grösse portugiesischen Handels für Macao auch vorüber, so erfreut sich die Stadt doch eines ganz behäbigen Daseins. Deutsche, englische und amerikanische Namen füllen die Lücken portugiesischer Namen aus, und die reichen Kaufleute von Hongkong und Canton haben in Macao, wo bei den erfrischenden Südwest-Monsunen die Hitze nie so drückend wird, für ihre Familien die Sommerquartiere.

Unser erster Gang in Macao galt natürlich der berühmten Camoens-Grotte, wo der unglückliche Dichter der Lusiade verbannt, dem von Liebesschmerz verwundeten Herzen in den herrlichen Stanzen seines grossen Gedichtes Luft machte. Ein reicher Portugiese hat den Platz in eine grossartige Park- und Gartenanlage umgewandelt und dem Dichter in der von Granitblöcken natürlich gebildeten Grotte, die mich lebhaft an die ganz ähnliche Jean Pauls-Grotte im Fichtelgebirge bei Wunsiedel erinnerte, ein Denkmal errichtet. Die Büste des Dichters steht in der Grotte auf einem Piedestal mit Inschriften aus der Lusiade, den Eingang zieren chinesische Symbole und die oberste Felsplatte trägt einen Pavillon mit einer reizenden Aussicht auf die Stadt und den inneren Hafen von Macao. Das Ganze liegt versteckt zwischen hohen, schattigen Ficusbäumen, und nur hier in diesen grossartigen, mit viel Geschmack ausgeführten Anlagen war es, wo Vernachlässigung und offenbarer Verfall an glänzendere vergangene Zeiten mich erinnerte. Vielleicht passt aber das geheimnissvolle Halbdunkel der verwilderten Vegetation, der schlüpfrige Moosüberzug der Wege, der Schutt verfallener Mauern gerade am Besten zu der Stimmung schwärmerischer Seelen, die zu dem Dichterdenkmal wallfahren.

Ein interessantes Gegenstück zu dieser europäischen Gartenanlage, zu diesem Dichtertempel, bildet eine chinesische Anlage an der inneren Hafenseite. Hier liegen zwischen malerischen Granitfelspartien, welche riesige chinesische Inschriften tragen, und unter herrlichen Baumgruppen an einem Hügel hinauf chinesische Götzentempel zerstreut, die als Ganzes einen merkwürdigen Götterpark darstellen, an dessen Eingang ein grösserer Buddhistentempel steht.

Es war mir so viel von merkwürdigen „klingenden Steinen" vorgefabelt worden, die auf der jenseits des inneren Hafens der Halbinsel Macao gegenüberliegenden grossen Insel Macao vorkommen sollten. Ein Ausflug dahin erschien von geologischem Interesse, um aufzuklären, was hinter dem vermeintlichen Wunder stecke, bei welchem geheimnissvolle Metalle, die diese Steine bergen sollten, ferner Elektricität, Magnetismus, Blitzschlag und Donner, und was mir sonst Alles noch erzählt wurde von Chinesen und Nicht-Chinesen, eine bedeutungsvolle Rolle spielen mussten. . . . Die Herren v. C., Dr. W. K., englischer Arzt, und Dr. Wong-Fun, die das Wunder selbst noch nie gesehen hatten, begleiteten uns auf der Partie, ein Franzose, Monsieur F., war so freundlich, unser Führer zu sein. Aus dieser Gesellschaft darf ich Ihnen wohl den liebenswürdigen gebildeten Arzt Dr. Wong-Fun näher vorstellen als einen Chinesen, der in Edinburgh Medicin studirte, zum Doctor medicinae promovirte und später in Nordamerika sich weiter ausbildete; jetzt ist er — nach Gesinnung und Bildung Europäer — doch wieder Chinese geworden in seiner ganzen äusseren Erscheinung und prakticirt in Macao mit grossem Erfolge bei seinen Landsleuten. Als ein eifriger Freund der Naturwissenschaften schloss er sich uns an. Solche Beispiele sind noch sehr selten unter Chinesen und deshalb wohl erwähnenswerth.

Sogenannte Tankaboote brachten uns über die innere Hafenbucht nach dem jenseitigen Ufer. Diese Boote sind klein, so dass nur zwei Personen bequem Platz darin haben und ausschliesslich von je zwei weiblichen Wesen geführt, gewöhnlich eine alte Frau und ein junges erwachsenes Mädchen, oder ein erwachsenes und ein halberwachsenes Mädchen. Ich weiss nicht, ob diese Tankamädchen, die in ihren Booten förmlich häuslich eingerichtet sind, auch sonst noch eine Rolle spielen. Aber ich glaube, man kann auf sie das bekannte venetianische Gondellied mit etwas verändertem Texte anwenden:

„Fahr mich hinüber, schöne Schiff'rin" u. s. w.

Jenseits der Hafenbucht führte uns der Weg in ein liebliches Thal, dessen Grund Reisfelder bedecken. Der frische Gebirgsbach, der hier seinen Lauf nimmt, ist abgedämmt und treibt mehrere chinesische Mühlen, die mit kleinen Schwellteichen zur Seite und herrlichen Blumen- und Baumgruppen ein reizender Gegenstand für einen Malerpinsel wären. An den Abhängen trieben chinesische Hirtenbuben Vieh auf die Weide. Im Hintergrunde des Thales waren wir an Ort und

Stelle. Das angebliche Wunder löste sich auf in ein grossartiges Felsmeer von Syenitblöcken, ganz ähnlich dem „Felsmeere" im hessischen Odenwald bei Felsberg. Einige der Syenitblöcke liegen hohl über anderen, und da klingt denn das feste syenitische Gestein, wenn man es mit dem Hammer anschlägt, wie jede Basalt- oder Marmorplatte beim Anschlage klingt, wenn sie hohl liegt. Nachdem wir lange genug in dem sonst wenig interessanten Blockwerk herumgeklettert waren, aus dem die Chinesen Tiger- und Löwenfiguren meisseln, welche man in Macao am Eingang ihrer Tempel aufgestellt sieht, schlugen wir den Rückweg über einen Bergrücken ein, von dessen Höhe man eine schöne Aussicht auf den Hafen und die Stadt Macao geniesst. Chinesische Gräber liegen allenthalben an diesen und allen übrigen Bergen der Gegend zerstreut. Einem grossen chinesischen Dorfe, das unten am Strande lag, wichen wir aus, um nicht in unnöthige Conflicte zu gerathen. Waren auch meine geologischen Erwartungen nur theilweise erfüllt, so hatte ich doch ein Stück chinesischen Bodens mehr gesehen und kehrte befriedigt zurück.

Noch denselben Tag führte uns der Dampfer wieder zurück nach Hongkong. Die Tage, die noch übrig waren, mussten zum Verpacken der Sammlungen und zu allen anderen damit verbundenen Geschäften benützt werden. Am 18. Juli Morgens lichtete die „Novara" Anker für Schanghai.

Von Hongkong nach Schanghai. — Der Yang-tse-kiang.

Der Dampfer „Hongkong" schleppte uns am frühen Morgen des 18. Juli aus dem Hafen von Hongkong durch die enge östliche Strasse, den sogenannten Ly-e-mun-Pass und Ta-thong-mun-Canal hinaus in die offene See. Als wir die englische Stations-Fregatte „Nanking" passirten, spielte unsere Musik „God save the King", auf der englischen Fregatte ging die Flagge freundlich grüssend auf und nieder. Weiter draussen hatte sich der chinesische „Comprador", welcher die „Novara" mit Lebensmitteln versorgt, mit seinem Boote aufgestellt und liess zum Abschiedsgruss das Gong-gong erschallen und Knallraketen knattern.

Wir fanden draussen hohe See, aber auch frischen Südwestwind, der uns rasch der Küste entführte. Wie bei der Einfahrt hatten wir auch hier wieder bei der Ausfahrt lange Reihen paarweise segelnder Fischerboote zu durchschneiden, die auf 50 und 60 Meilen Entfernung von der Küste hin und her kreuzen. Unsere Fahrt war bei heiterstem Wetter und frischem Südwest-Monsun, der jetzt in seiner ganzen Kraft wehte, eine so günstige, dass wir schon am 20. Juli uns mitten in der Formosa-Strasse befanden, ohne jedoch weder von der chinesischen Küste, noch von den hohen Gebirgsketten auf Formosa etwas in Sicht zu bekommen. Am 23. lagen wir bei den Saddle-Inseln vor den Mündungen des Yang-tse-kiang.

Hier vor dem Thore angelangt, durch das wir einlaufen sollten, änderte sich Wind und Wetter. Windstille, conträre Winde und die heftigen Fluthströmungen zwischen den Inseln und vor der Mündung des grossen Flusses hielten uns hin und nöthigten uns, am 24. bei der östlichen „Saddle"-Insel zu ankern. Zahlreiche Schiffe rings um uns theilten dasselbe Schicksal und nur die Dampfer sahen wir neidisch ungehindert ihren Curs aus und ein verfolgen. Mehrere englische und französische Fregatten, welche in Sicht waren, liessen uns vermuthen, dass die vereinigte Flotte den Golf von Petschili verlassen und wahrscheinlich in den Yang-tse-kiang eingelaufen sei. Wir hatten einen chinesischen Piloten an Bord genommen und kamen am 25. in Sicht von Gützlaff-Eiland, einer kleinen, nur 210 englische Fuss hohen Felsinsel, dem eigentlichen Wahrzeichen der Mündung „des Sohnes des Oceans". Das immer trüber und schmutziger werdende Wasser zeigte deutlich, dass wir schon im Bereich seiner Fluthen waren, und mit Sonnenuntergang ankerten wir vor der äusseren Barre des Flusses. Am 26. hatten wir günstigen Wind und überschritten die bei schlechtem Wetter oft höchst gefährliche Barre fortwährend in 5 und $5^1/_2$ Faden Wasser ohne Anstand. Von einem Ufer oder von Land war aber noch immer keine Spur zu sehen, die Inseln hinter uns verschwanden allmälig unter dem Horizont, und man sah bald nichts mehr als einen endlosen, meergleichen und schmutzig-gelbrothen Wasserspiegel, der blendend das Licht der Sonne zurückwarf. Ein auf einer Sandbank vertautes Leuchtschiff und ein Wrack auf einer zweiten Sandbank sind dem Piloten, nachdem man Gützlaff-Insel ausser Sicht hat, die einzigen Anhaltspunkte, um sich in der unübersehbaren Flussmündung, die nur ein ein bis zwei Meilen breites Fahrwasser hat, zu orientiren. Hat man hier nun, was sehr häufig der Fall sein soll, noch trübes, nebeliges Wetter, oder wird man gar von einem der furchtbaren Teifune überrascht, so befindet man sich in nichts weniger als angenehmer Position. Die Einfahrt in den Yang-tse-kiang gilt daher auch für eine der schwierigsten und unangenehmsten Passagen, zumal für grössere Schiffe.

Die „Novara" war aber von Wind und Wetter so begünstigt, dass sie die 47 Seemeilen von der Barre bis zur Einmündung des Wusong-Flusses in den Yang-tse-kiang ohne Hinderniss zurücklegte und am 26. Juli Abends bei der Wusong-Mündung glücklich vor Anker kam. Diese ganze Fahrt ist zwar nichts weniger als interessant, aber es war für uns doch ein neues Erlebniss, einmal in einen Fluss einzulaufen, und zwar in den grössten Strom Chinas, dessen Quellen viele tausend Meilen entfernt im Lande der Mongolen am tibetanischen Hochlande liegen. Dazu gab das Leben auf dem Flusse selbst mit den aus- und einlaufenden Dreimastern, den schwerfälligen chinesischen Dschunken und den schnellsegelnden Opiumbooten manch unterhaltendes Bild. Erst weit oberhalb des Leuchtschiffes werden die Ufer sichtbar; niederes, flaches, kaum über den Wasserspiegel erhobenes, üppig grün bewachsenes Land. Ein Pagodenthurm von der bekannten Form des Porzellanthurmes von Nanking und einzelne höhere Bäume bilden hier die Marken für den Piloten. Jedoch nur das Land links (rechtes Flussufer) gehört zum Festland, das Land rechts sind die Ufer der Tsungming-Insel, welche in der Mündung liegt. Beim Einfluss des Wusong ist der durch diese Insel gebildete südliche Arm des Yang-tse-kiang $6^1/_4$ Seemeilen breit und verengt sich erst weiter aufwärts durch die Busch-Insel auf 4 Meilen.

Die Wusong-Mündung ist der Eingang nach Schanghai, das noch 12 Meilen aufwärts am Wusong- oder Schanghai-Flusse liegt, aber für grosse Schiffe wegen einer seichten Flussbarre nur zur Zeit der Springfluth erreichbar ist. Nanking, jetzt die Residenz des Rebellenkaisers, liegt 180 Seemeilen von Schanghai aufwärts am Yang-tse-kiang, der bis dahin eine durchschnittliche Breite von 3 Seemeilen hat und so tiefes Fahrwasser, dass selbst die Fregatten bis unter die Mauern von Nanking kommen können. 600 Meilen von der Wusong-Mündung entfernt liegt das Städte-Trio: Wu-tschang, Han-yang und Han-keu mit 8 Millionen Einwohnern, der Centralpunkt des chinesischen Binnenhandels, und erst 900 Meilen von der Wusong-Mündung bei der Präfectenstadt Kwei finden sich die ersten Stromschnellen des Yang-tse-kiang, welche die Schifffahrt weiter aufwärts hindern. Bis Kwei, fast 1000 Seemeilen von den Mündungen landeinwärts, könnte der ungeheure Strom von Flussdampfern, wie auf dem Rhein, der Donau, dem Mississippi befahren werden. Welch grossartige Entwicklung einer Flussdampfschifffahrt steht hier bevor, wenn die Stipulationen des Friedens vom Jahre 1858 zur Wahrheit werden!

Aber verlieren wir uns nicht in das Innere von China, sondern suchen wir unser Ziel, Schanghai, zu erreichen. Grössere Schiffe bleiben gewöhnlich bei dem kleinen chinesischen Dorfe Wusong an der Mündung des Wusong- oder Schanghai-Flusses in den Yang-tse-kiang vor Anker. Da sahen wir, als der Morgen des 27. Juli anbrach, die gewaltige amerikanische Dampffregatte „Minnesota", die französischen Fregatten, „Audacieuse" und „Némésis", und eine grosse Anzahl von Kanonenbooten, gegen 20 europäische Kriegsschiffe, ein grossartiger Anblick an so ferner Küste (nicht weniger als 86 Kriegsschiffe hielten sich im Juli 1858 an den Küsten von China auf, die vereinigte Flotte im Golf von Petschili bestand aus 37 Schiffen, von denen wir den grössten Theil nun hier trafen; die englischen Kriegsschiffe lagen alle vor Schanghai selbst), eine Macht, der gegenüber das weitläufige, aber halbzerfallene chinesische Fort auf der Ecke zwischen dem Yang-tse-kiang und dem Wusong-Fluss mit ein paar erbärmlichen Kanonen einen höchst lächerlichen Eindruck machte. Zahllose chinesische Fahrzeuge vom kleinsten buntbemalten Sampan, den ein Mann mit einem „Wrickruder" vorwärts bewegt, bis zu den grossen Dschunken mit 15 Masten und langen angeschriebenen Sprüchen an den Bordwänden kreuzten hin und her. Bald hatte sich auch ein „Comprador" an Bord eingefunden, der sich anbot, die Fregatte mit Allem, was sie brauchen sollte, zu versehen.

Der Commodore hatte zwar beschlossen, mit der Fregatte bis vor Schanghai selbst zu gehen; da indess dazu günstiger Wind abgewartet oder ein Schleppdampfer bestellt werden musste, also immerhin noch ein oder zwei Tage vergehen konnten, so wurde den Naturforschern gestattet, die Gelegenheit des Compradorbootes zu benützen und schon heute nach Schanghai zu fahren. Wir verliessen um 11 Uhr die Fregatte und kamen um $3^1/_2$ Uhr in Schanghai an.

Hatten wir uns schon unterwegs über die Menge europäischer Kauffahrteischiffe gewundert, die theils bei Wusong vor Anker lagen, theils im Wusong-Flusse segelten, so übertraf doch der Anblick des Flusses bei Schanghai selbst alle unsere Erwartung. Da lag dicht gedrängt an einander in dem verhältnissmässig engen Flussbette Schiff an Schiff, dass man hätte meinen sollen, es sei kein Platz mehr, um mit einem kleinen Segelboote sich hindurchzuwinden, ein unübersehbarer Mastenwald, durch den kaum da und dort die grossartigen Gebäude der europäischen Kaufleute, die das Flussufer zieren, hindurchblickten. Die Zeitungslisten wiesen zur Zeit unseres Aufenthaltes in Schanghai nicht weniger als 102 europäische und amerikanische Handelsschiffe auf dem Schanghai-Flusse nach, ein sprechender Beweis für die Bedeutung, welche dieser Platz in so kurzer Zeit seit der Anlage der ersten Factoreien im Jahre 1843 nach dem Frieden von Nanking gewonnen hat, und der jetzt seit dem Ausbruch der Canton-Wirren entschieden der wichtigste unter den, den Europäern in China geöffneten Häfen ist. Aber nicht blos europäische Schiffe lagen hier, sondern da, wo die chinesische Stadt Schanghai anfängt, da lagen ebenso Hunderte von Dschunken, deren schiefe kurze Masten neben den stolzen hohen Masten der europäischen Schiffe sich fast wie das unordentliche Stangenwerk eines Hopfengartens neben einem stolzen Tannenwald ausnahmen.

Am Lande wehten lustig von hohen Masten vor stolzen Gebäuden die Consulatsflaggen der seefahrenden Nationen. Die nächsten Oesterreicher, die diese ferne Küste betreten, werden unter jenen Flaggen dann wohl auch die österreichische erkennen, die wir noch schmerzlich vermissten.

Wir waren am Land, umringt von einer Unzahl chinesischer Kulis, die um das Recht, unser Gepäck zu tragen, einen so ernsten Kampf mit ihren schweren Bambusstöcken unter einander begannen, dass ich fürchtete, es würden einige auf dem Platze bleiben. Das Dazwischentreten einiger Polizeileute stellte die Ordnung wieder her.

Die Nachricht, dass es in Schanghai eigentlich gar kein Hôtel gebe, und dass alle Privatwohnungen der hier ansässigen Europäer, welche Fremden mit der grössten Gastfreundschaft entgegenzukommen pflegen, durch die Officiere der vielen Kriegsschiffe und die auf denselben eingeschifften Gesandtschaften besetzt seien, war für den ersten Augenblick wenig erbaulich. Das einzige Hôtel, das man uns nannte, war das „Union-Hôtel", und obwohl man uns dasselbe als keineswegs entsprechend schilderte, so sahen wir uns doch genöthigt, für die erste Nacht dort Zuflucht zu suchen. Ich will dieses „Union-Hôtel", oder die „Räuberhöhle", wie wir es umzutaufen uns veranlasst fanden, nicht näher schildern. Ein Feuilletonist, der sich in demselben niederliesse, möchte reichen Stoff finden, aber die Nacht, die wir da zugebracht haben, können wir nicht vergessen. Ich habe nie eine qualvollere Nacht erlebt. Tausende und aber tausende Moskitos der blutdürstigsten Art, wahre Kannibalen ihres Geschlechtes, lärmendes, betrunkenes Schiffsvolk, bellende Hunde, dazu eine Hitze zum Verschmachten, die selbst durch ein furchtbares Gewitter nicht gekühlt wurde, das in der Nacht mit Donner und Blitz und Regenströmen losbrach, kein ordentliches Bett, kein Zimmer, das man für sich allein beanspruchen konnte, alles das vereinigte sich, um uns, so völlig erschöpft wir auch Alle waren, jeder Secunde Schlafes zu berauben. Wir erwarteten mit Sehnsucht den nächsten Morgen und waren am anderen Tag — Dank der Gastfreundschaft trefflicher deutscher Landsleute — erlöst aus der Räuberhöhle von Schanghai, genannt „Union-Hôtel".

Der k. k. Fregatte „Novara" aber war es am 29. Juli geglückt, mit Springfluth und günstiger Brise in $2^1/_2$ Stunden von Wusong nach Schanghai zu segeln, und mit offener Freude und sichtbarem Stolze wurde sie von den vielen hier ansässigen Deutschen begrüsst — das erste deutsche Kriegsschiff im Schanghai-Flusse.

Aufenthalt in Schanghai.

Schanghai! Dem Kaufmann ist dieses Wort gleichbedeutend mit Seide und Thee. Was von diesen Artikeln von China nach Europa geht, wird gegenwärtig fast ausschliesslich in Schanghai verschifft. Sind die Conjuncturen günstig, so wird riesig verdient, im andern Falle aber, wie namentlich im verflossenen Jahre, sind auch die Verluste ebenso gross. — Meine Freunde an Bord, welche nicht so glücklich waren, am Lande in luftigen hohen Zimmern hinter schützenden Gardinen nach der Tagesarbeit und Hitze der Ruhe zu pflegen, wird Schanghai nur an die Qualen einer fast unerträglichen Hitze von 90 bis 96 Grad F. (32 bis 36 Grad C.), wie wir sie auf der ganzen Reise bisher nie verspürt, an tausend peinigende Moskitos und in Folge dessen an qualvolle, schlaflose Nächte erinnern. Der

Geologe befindet sich in Schanghai auf einem Terrain, wo, soweit er auch von den Zinnen der Dächer und von den Wällen der chinesischen Stadtmauer um sich schaut, nichts zu sehen ist, als flaches, einförmiges Flussalluvium, jeder Zoll angebaut und benützt, Reisfelder, Baumwolläcker, Kraut- und Gemüsegärten. Die einzigen Erhöhungen in der unabsehbaren Ebene sind Grabhügel, die einzigen Einschnitte Canäle und Wasserstrassen. Erst wenn er 6 Meilen von Schanghai das oberste Stockwerk der Long-fa-Pagode erstiegen hat, gelingt es ihm vielleicht, bei hellem Wetter in nebelblauer Ferne die „Schanghai Hills" zu entdecken, von denen man ihm als den einzigen Bergen in der Umgegend erzählte. Will er dennoch diesem angeschwemmten Flussschlamm in unabsehbarer Fläche ein geologisches Interesse abgewinnen, so mag er mit Hilfe eines chinesischen Rechenbrettes, sofern er in die Geheimnisse eines solchen eingedrungen ist, berechnen, in wie viel hunderttausend oder ebenso viel Millionen Jahren der Yang-tse-kiang und seine Nachbarn, wenn sie so fortfahren, schlammige Fluthen in's Meer zu wälzen, die ganze chinesische See ausgefüllt haben werden, so dass man trockenen Fusses von Peking nach Jeddo wandern kann. Aber lassen wir kaufmännische und geologische Speculationen, bekümmern wir uns nicht um die mehr als tropische Hitze im Monat Juli in aussertropischer Gegend, sondern machen wir einfach eine Runde durch das europäische und chinesische Schanghai.

Das europäische Schanghai liegt nördlich von der, wie alle chinesischen Städte von einer Zinnenmauer rings umschlossenen Chinesenstadt, am Schanghai-Fluss auf den Gründen, welche von der chinesischen Regierung den einzelnen hier vertretenen Staaten überlassen sind. Canäle oder Flussarme trennen hier wieder das Territorium der französischen, der englischen und der nordamerikanischen Niederlassungen. Die Etablissements der übrigen europäischen Mächte liegen zwischen diesen zerstreut. Stattliche palastähnliche Gebäude, mit Gärten und Mauern umgeben, erinnerten mich sehr an Madras. Wie ein chinesisches Siegel aber, der Europäerstadt aufgedrückt, liegt zwischen diesen Gebäuden am Strand das chinesische Customhaus im Bau, im bizarrsten Mandarinenstyl. Das Flussufer ist den Tag über der Tummelplatz von Tausenden geschäftiger chinesischer Kulis, sonnverbrannter kräftiger Gestalten, welche auf über die Achsel gelegter Bambusstange die schwersten Lasten in schnellem Laufe hin- und herschleppen und dazu tactmässig höchst unangenehme, fast stöhnende oder ächzende Laute ausstossen. Abends ist das Flussufer die beliebteste Promenade der europäischen Gesellschaft.

Den vollsten Gegensatz zu den luftigen, prächtigen Quartieren der Europäer, zu den breiten, reinlich gehaltenen Strassen, die rechtwinkelig die Etablissements durchschneiden, bildet die Chinesenstadt. Schon vor den Thoren beginnen die schmutzigen niederen Boutiken, so eng auf einander gebaut, dass man in den schmalen Gässchen durch die Volksmenge, die hier fortwährend unterwegs ist, sich förmlich hindurchwinden muss.

Vor dem Thore, vor der Stadtmauer angelangt, wird man von dem Chinesen, den man sich als Wegweiser und Cicerone mitgenommen hat, denn ohne solchen wage man sich das erstemal ja nicht in das Labyrinth einer chinesischen Stadt, — auf kleine geflochtene Körbe aufmerksam gemacht, welche oben an den Zinnen der Mauer in langer Reihe aufgehängt sind; sie enthalten zum warnenden Exempel für das Volk die abgeschlagenen Köpfe — von Rebellen! In dem Thorthurm liegt ein kleines Wachhaus mit einem wenig militärisch aussehenden Wachposten. Wie Ameisen aus ihrem Bau in langen Zügen dicht gedrängt aus- und einwandern, emsig und geschäftig, so strömen hier durch die engen Thore die Menschen aus und ein. — Endlich, von dem einwärts ziehenden Strome mitgerissen, befindet man sich in der Stadt. Aus einer engen Strasse, kaum breit genug, dass zwei Palankine sich ausweichen können, duften alle denkbaren Gerüche, die nur die Luft verpesten können; dem Eintretenden entgegen starren querüber und lang herabhängend hunderte bunte Tafeln mit grossen chinesischen Schriftzeichen in Gold, Schwarz, Blau und Roth, es sieht aus wie auf einem Jahrmarkt, wenn man sich durch die engen Gänge der Verkaufsbuden drängt.

Die ganze Stadt Schanghai — und die chinesischen Städte sollen alle darin sich gleich sehen — ist nichts Anderes, als eine Boutikenstadt, ein grosser Jahrmarkt. Und wie bei einem Jahrmarkt neben den Verkaufsboutiken auf freieren, geräumigeren Plätzen die umfangreicheren Buden von Seiltänzern, Kunstreitern, Menagerien und Panoramen aufgeschlagen sind, so bekommt man auch hier, wenn man sich weiter durchdrängt, als besondere Merkwürdigkeiten die Mandarinengebäude, den Tsching-hwang-meau-Tempel, das Bankgebäude, ein öffentliches Versatzamt, ein Findelhaus, den Theegarten, und in Schanghai mitten in der Chinesenstadt auch eine christliche Missionskirche zu sehen. Der Fremde eilt wohl zuerst nach dem Theegarten, um seine Neugierde zu befriedigen; denn hier kann er mit einemmale ein Bild von chinesischem Geschmack in Anlagen und Bauten und zugleich von chinesischem Volksleben sehen. Ein solcher Theegarten, den jede chinesische Stadt ohne Ausnahme besitzt, ist nichts Anderes als der Wiener Wurstelprater in's Chinesische übersetzt, ein öffentlicher Belustigungsort für die niederen Volksclassen. Eine besondere abgesperrte Abtheilung des Theegartens ist ausschliesslich nur den Vornehmeren und Reichen zugänglich. Die Anlage zeigt die ganze Bizarrerie und Barockheit des Chinesenthums. Canäle und Teiche mit stinkendem, grün überzogenem Wasser, in dem aber üppig die Lotosblume ihre weissen Blüthen öffnet; Zickzackbrücken mit geschnitztem Geländer, Inseln mit künstlich aufgemauerten Felsen, Felsgrotten, unterirdische Gänge, Pavillons von allen Grössen und Formen, langhaarige weisse Ziegenböcke als Staffage in den künstlichen Kalkgebirgen, Verkaufsbuden aller Art, Theehäuser an allen Ecken und Enden, Wahrsager, Sänger, Musikanten, Gaukler, Komödianten aller Art, Possenreisser, Marktschreier,

Seltenheitskrämer, eine unaufhörliche Ebbe und Fluth von Menschen, die Belustigung suchen, von Bummlern, Hetären und Spitzbuben, die Gewinn suchen, — das sind die Elemente des chinesischen Wurstelpraters. Wenn man sieht, wie voll es hier den ganzen Tag ist, so sollte man glauben, die Chinesen seien ein Volk, das den ganzen Tag nur dem Vergnügen nachläuft; aber wenn man durch die Stadt geht, so sieht man vom frühen Morgen bis zum späten Abend ebenso auch alle Werkstätten voll und Alles fleissig an der Arbeit. Man begreift nicht, wo alle diese Menschen wohnen, wo sie herkommen und wo sie hingehen. Schanghai soll 300.000 Einwohner haben, und doch halte ich die Stadt kaum so gross im Umfang als das innere Wien, und alle Häuser sind nur niedere Baracken. Dicht neben dem Theegarten liegt der oben erwähnte Haupttempel von Schanghai, ein Buddha-Tempel. An manchen Tagen steht der ganze Tempelhof dicht gedrängt voll, Kopf an Kopf, dann wird Gottesdienst oder Götzendienst gehalten, sollte man glauben, nein — es wird Theater gespielt. Auf einer, im Verhältniss zum Parterre der Zuschauer unverhältnissmässig hohen Plattform schreiten die bunt aufgeputzten Helden und Heldinnen des Stückes gravitätisch einher und recitiren mit sonderbar singender Betonung ihre Monologe. Und das Volk steht, der glühendsten Sonnenhitze preisgegeben, lautlos gaffend vom Morgen bis zum Abend. An anderen Tagen sieht man die Priester bei ihrem Wahrsagehandwerk beschäftigt. Das Geschäft geht gut, der Gott wird mit ganzen Ballen von papierener Münze — glänzendes Silber- und Goldpapier in der Form chinesischer Silberbarren — bezahlt; hell lodert die Flamme davon auf im Opferofen, aber der Priester lässt sich klingende Münzen vorrechnen dafür, dass er den geheimnissvollen Spruch deutet, der auf einem Bambusstäbchen geschrieben steht, welches die ihren Götzendienst verrichtende Chinesin aus einem ganzen Köcher voll ähnlicher Bambusstäbchen unter vielen Ceremonien herausgeschüttelt hat. Was all die vielen dickbauchigen, bald freundlich schmunzelnden, bald furchtbar drohenden, in luxuriösestem Goldüberzug prangenden Göttergestalten bedeuten, die im Hintergrund des Tempels stehen, weiss ich nicht. Der Tempel des Confucius steht einsam und verlassen, von Niemandem besucht, wenn nicht gerade die Staatsbeamten die officiellen Ceremonien der Staatsreligion ausüben, in einem entlegenen Winkel an der Stadtmauer, und bei der christlichen Kirche sieht man manchen Chinesen, wenn er vorbeigeht, sich ehrfurchtsvoll verneigen. Bei all den vielen Gegensätzen zu europäischer Sitte und europäischem Geschmack, denen man begegnet, ist man auf's höchste überrascht, auf der anderen Seite wieder Vieles so vollkommen übereinstimmend zu finden, dass man glauben sollte, wir hätten's den Chinesen nachgemacht oder die Chinesen uns. Versatzamt, Findelhaus, Bank, Gelehrtenverein, Wohlthätigkeits-Gesellschaft, alles das findet sich in Schanghai ganz wie bei uns; eine chinesische Apotheke ist mit ihrem Kräuter- und Pillengeruch, mit der minutiösen Ordnung, die in all den in Reih' und Glied aufgestellten Büchsen und Schachteln und in den sorgfältig etikettirten Schubladenreihen herrscht, mit Gewichten und Wagen, mit den Procenten, welche der Apotheker nimmt, auf und nieder das Ebenbild unserer Apotheken. Nur werden hier neben Kräutern und Käfern auch Steine, Tigerknochen und Petrefacten um schweres Geld auf der Wage als Medicin vorgewogen. Ein chinesischer Bücherladen ist wie eine europäische Buchhandlung, wenn auch die chinesischen Bücher hinten anfangen und die Anmerkungen darin oben an die Seite gedruckt sind, nicht unten. Es ist leicht begreiflich, dass diese Gegensätze und wieder die Uebereinstimmung, die wir finden, der Hauptgrund sind, warum die Chinesen uns und wir den Chinesen so sonderbar erscheinen, dass sich beide gegenseitig als die grössten Curiositäten anstaunen und über einander lachen müssen. Der Chinese zieht, wenn er Kälte fühlt, immer kleinere Röcke über die grösseren an, und das letzte ist eine reichgestickte Weste, wir umgekehrt; sein Trauerkleid ist weiss, unseres schwarz; er setzt beim Gruss den Hut auf, weist den Ehrenplatz zur Linken an, schreibt von rechts nach links, wir machen es umgekehrt. Erwirbt er sich durch besondere Verdienste den Adelsstand, so gilt das Adelsdiplom für seine Vorfahren, aber nicht für seine Nachkommen. Der chinesische Dandy sucht so sorgfältig wie möglich jede Spur von Bart zu vertilgen, nur der Grossvater lässt die Stoppeln wachsen; unsere Dandys können es kaum erwarten, bis ihnen die ersten Haare auf den Lippen sprossen. Die chinesische Dame schnürt blos ihre Füsse ein, aber unsere Schönen? Und wieder, welche merkwürdige Uebereinstimmung der Zopf! Fast zu derselben Zeit, als der Haarbeutel in Europa im Flor war, ist er auch in China Mode geworden. Unsere Zopfzeit ist vorüber und wir nennen den Chinesen „Rococo der Menschheit". Auf jene Gegensätze ist schon so oft aufmerksam gemacht worden, dass es unnöthig war, sie von neuem anzuführen, aber nirgends finde ich eine Eigenthümlichkeit des chinesischen Geschmackes erwähnt, die mir ausserordentlich charakteristisch erscheint, nämlich die Vorliebe des Chinesen, Alles über's Eck zu stellen oder zu legen, wo wir möglichst parallele Linien und Lagen herzustellen suchen. Wenn zum Beispiel ein chinesischer Kaufmann etwas einpackt, so nimmt er das Packpapier nicht nach der Länge, sondern faltet ausserordentlich geschickt und nett über die Ecken ein. Bei einem chinesischen Diner, zu welchem wir von einem sehr reichen Chinesen geladen wurden, waren die kleinen Tischchen, an welchen die Gesellschaft Platz nahm, in Bezug auf die Salonwände alle über die Ecken gestellt. Noch in hundert anderen Zügen lässt sich diese Eigenthümlichkeit nachweisen, in der Schrift, im Architekturstyl (ich erinnere nur an die bekannten chinesischen Stockwerkspagoden mit ihren Eckdächern und an den Porzellanthurm von Nanking), bei Gartenanlagen, bei Verzierungen, im Schnitt der Kleider. Ja man möchte die Vorliebe des europäischen Geschmackes für parallele Linien und den „Ueber's-Eck-Geschmack" des Chinesen (man verzeihe das neue Wort) selbst in den beiderseitigen Kopfbedeckungen wieder erkennen. Der chinesische Hut, kegelförmig mit Knopf, dreieckig im Profil, schliesst die Gestalt, ich möchte sagen, architektonisch schön ab, wie das Dach das Haus, die Thurmspitze den Thurm; bei uns zu Land hat man getreu dem System der Parallelen den „Cylinder" erfunden und damit dem Gebäude nur den architektonisch keineswegs bedingten Schornstein aufgesetzt. Da hingegen, wo es ästhetisch gerade am wenigsten passt, wenden wir den chinesischen Eck-Geschmack an, — im Frack. Aber ja! — es gab eine Zeit, wo der Frack auch nach dem europäischen Princip der Parallelität gerechtfertigt war, ich meine unsere Zopfzeit, damals schloss sich der Frack, als der Zopf der Kleidung, in kunstgerechter Parallele dem Haarzopf an. Nachdem wir aber diesen abgelegt, erscheint die Form von jenem nach unsern Geschmacksregeln vollkommen unmotivirt. Unser Frack ist heutzutage nichts Anderes, als eine seltsame Anwendung des „Ueber's-Eck-Princips" chinesischer Aesthetik, chinesischen Geschmackes. Diese Definition ist gewiss ebenso neu für unsere Aesthetiker, die mit Recht gegen den Frack eifern, wie für unsere Modekünstler, die ihn in so hohen Ehren halten, weil er das bevorzugte Schosskind ihrer Göttin, der Mode, ist. Zu solchen Ideen verleitet das barocke Chinesenthum; dass ich aber nicht so ganz unrecht habe, das beweist mir das Gesicht des Chinesen. Das Ueber's-Eck-Princip, dem der chinesische Geschmack huldigt, ist dem Chinesen von der Natur auf die Stirne geschrieben. Es ist seine Raceneigenthümlichkeit. Die Augen des Chinesen stehen schief gegen die Längenachse des Körpers, über's Eck mit der Querachse, und je schiefer das Eck, desto vollendeter das Ideal chinesischer Schönheit!

Die Charaktereigenthümlichkeit und die geistigen Eigenschaften des Chinesen lassen sich bei so kurzem Aufenthalt und so beschränkten Erfahrungen, wie sie uns möglich waren, nur schwer unparteiisch und vorurtheilsfrei genug auffassen. Aber das kann ich sagen, dass die Bedeutung unserer Redensart: „er ist ein Chineser" eine gänzlich unberechtigte ist.

Klugheit, berechnender Verstand, in anderer Form Schlauheit und Pfiffigkeit sind vor allen anderen hervortretende Eigenschaften des Chinesen; da dazu noch Zähigkeit, Fleiss und Ausdauer kommt, so ist der Chinese im Allgemeinen ein tüchtiger Mensch, der zumal unter Fremden es leicht zu etwas bringt. Wenn ein Schriftsteller sagt, ganz China sei nur Ein ungeheuer grosser Jahrmarkt, so muss man auch sagen, alle Chinesen sind geborne Krämer, und die Chinesen sind das grösste Krämervolk der Welt, um nicht zu sagen das grösste Handelsvolk. Alle diese Eigenschaften erinnern an den jüdischen Nationalcharakter. Wenn aber die Israeliten „das von Gott auserwählte Volk" waren, so sind die Chinesen das von Gott verlassenste Volk der Welt. Materialismus, Skepticismus, Egoismus, Epikuräismus — Worte und Begriffe, welche den absolutesten Widerspruch und Gegensatz des Christenthums bedeuten — das sind in China herrschende Principien. Die Staatsreligion, das politisch-social-philosophische System des Confucius, sanctionirt diese Principien, wenn nur das Princip der Pietät, des Gehorsams gegen Eltern und Obere, gegen den Kaiser nicht verletzt wird. Dieses Princip hält China und in ihm 380 Millionen Menschen in geordneter Gesellschaft beisammen. Höhere Vernunfteigenschaften, tiefere psychische Eigenschaften, reinere sittliche Grundsätze scheinen den Chinesen fast gänzlich zu fehlen. Ich glaube, wer auch ganz China durchreist, wird — Naturscenen ausgenommen — nichts finden, was begeisternd, innerlich befriedigend, erhebend wirkt, er wird ungerührt, kalt das Land und seine Bewohner wieder verlassen, wie der, welcher nur acht Tage an Chinas Küste verlebt hat. Und doch kann man dem Chinesen, nicht dem Pöbel, aber dem Gebildeten, eine gewisse Liebenswürdigkeit, Anmuth und Feinheit im Umgange nicht absprechen, ebenso wenig als den Töchtern des Himmlischen Reiches, besonders in den höheren Classen, Schönheit und gute Erziehung. Die Literatur Chinas ist eine immense, vergeblich wird man aber Werke von tieferem wissenschaftlichen Werthe suchen, oder Dichter, wie die Dichter Indiens, wohl aber kann man eine Statistik von 20.000 Bänden finden, Roman- und Komödienschreiber so viel man will. Die Chinesen haben riesige Bauwerke aufgeführt und luxuriöse Bauwerke, aber keines von allen wird einen Eindruck auf uns machen, wie ihn der Anblick einer ägyptischen Pyramide oder eines Hindu-Tempels hinterlässt. Alles ist trockener Verstand; Phantasie, Gemüth, Ideen fehlen, und wo im Menschenleben uns nicht ein frischer Hauch der Begeisterung anweht, da gehen wir vorüber wie vor einer öden Haide, und wo die Gestaltung des Lebens nach Vernunftideen, nach den ewigen Ideen der Tugend, des Rechtes, der Kunst und der Wissenschaft fehlt, da erscheint der Mensch nur als die „Spottgeburt aus Feuer und Dreck", nicht als das Ebenbild Gottes.

Doch genug der allgemeinen Reflexionen, kehren wir wieder zurück zu den Schanghai-Chinesen. Die Schanghai-Chinesen sind jedenfalls viel liebenswürdigere Leute als die Canton-Chinesen, wiewohl sich diese ihren Stammgenossen im Norden weit überlegen dünken. Der Europäer ist hier im Norden, derzeit wenigstens, vollkommen sicher und lebt im besten Einvernehmen mit dem Chinesen. Der Chinese kommt dem Europäer freundlich und gefällig entgegen. Während man in Hongkong und Macao, sobald man die Thore der Stadt verlässt, nicht blos den gröbsten Insulten, sondern räuberischen und mörderischen Angriffen sich aussetzt, ist man hier nur von der Neugierde der Leute geplagt. Schon in den nächsten Dörfern bei Schanghai scheint ein europäisches Gesicht etwas Seltenes zu sein, noch mehr aber jedenfalls in der 40 Seemeilen entfernten Stadt Tsingpu, nach welcher wir in Gesellschaft mehrerer Herren von Schanghai mit Booten auf dem Canale einen Ausflug machten. Da hatten wir, kaum aus den Booten gestiegen, bald die ganze Stadtbevölkerung hinter uns. Gaffend mit aufgesperrtem Munde standen die Chinesen und starrten die seltsamen Barbaren des Westens an. Gewiss könnte das Beispiel der chinesischen Familie, welche Europa durchreiste und sich um's Geld sehen liess, ohneweiters auch in China von einer europäischen Abenteurer-Familie nachgeahmt werden, und es ist leicht begreiflich, warum die Missionäre des Jesuiten-Collegiums von Sikkawei bei Schanghai alle mit halbgeschorenem Kopfe, langen chinesischen Zöpfen und in chinesischer Kleidung gehen, wenn man sieht, welches Aufsehen europäische Kleidung und Tracht machen. — Das berühmte Canton-Englisch, der wunderlich klingende Mischmasch aus Englisch, Portugiesisch und Chinesisch, ist auch in Schanghai schon ganz eingebürgert. In diesem seltsamen Dialekt, der einem englischen Humoristen reichen Stoff bieten würde, haben sich Worte gebildet, die der Chinese für englisch und der Engländer für chinesisch hält, wie „Tschin-Tschin", ein allgemein dankender Gruss; Tschau-Tschau, Essen, Esswaaren; Sing-Song, Theater, musikalische Unterhaltung. Besonders komisch aber klingt das „ü" und „lü", das die Chinesen an viele englische Worte anhängen, und ihre Unfähigkeit „r" auszusprechen. Die „Compradors" sind die vollendetsten Sprachmeister in diesem Jargon.

Ich habe früher die Liebenswürdigkeit gebildeter Chinesen im Umgang erwähnt, und will nun davon ein Beispiel geben. Der höchstgestellte Beamte in Schanghai ist der „Tantai" (Excellenz), ein Mandarin mit rothem Knopfe. Dieser war aber nach Su-tscheu-fu abgereist, um Vorbereitungen zu veranstalten zum festlichen Empfang der kaiserlichen Commissäre, welche nach dem Süden reisten. Sein Stellvertreter, der Nächste im Rang, war ein Mandarin mit blauem Knopfe, Namens Li-hoi-wan. Da der Mandarin ein Gegenstand unserer Neugierde war, so beschloss ich mit meinem Freund S. eines schönen Morgens, ohneweiters ihm einen Besuch zu machen. Wir nahmen einen chinesischen Dolmetsch mit, liessen uns in Palankins nach seiner Wohnung tragen, und nachdem wir die verschiedenen Vorhöfe passirt und endlich an einen von Polizeisoldaten bewachten Eingang gelangt waren, anmelden, und zwar als fremde Gelehrte und

Freunde eines englischen Arztes in Schanghai, welchen wir kennen gelernt hatten, und der, wie wir wussten, in grosser Gunst bei dem Mandarin stand. Wir wurden alsbald von einem Diener eingeladen, einzutreten und nach einer Art Empfangszimmer geführt, in welchem zu beiden Seiten abwechselnd kleine Tischchen und Stühle standen und im Hintergrund erhöhte Polstersitze. Li-hoi-wan erschien, ein grosser, starker Mann, den Mandarinhut auf dem Kopfe, in langem, bis auf die Erde reichendem graublauen Rock, uns freundlich mit vor die Brust gehaltenen Fäusten begrüssend. Wir mussten auf den Polstersitzen Platz nehmen, Cigarren und Thee wurden servirt. Dann erst konnte die Conversation beginnen. Li-hoi-wan hörte aufmerksam die Erzählungen von unserer grossen Reise, von dem Schiff, dem wir angehören, und unseren Zwecken auf dieser Reise zu. Als er hörte, dass S. Maler sei, da wurde der Wunsch in ihm wach, sich gemalt zu sehen. S. war so freundlich, ihm die Erfüllung seines Wunsches zuzusagen, und führte auch den andern Tag zu grosser Befriedigung unseres neugewonnenen Freundes das Bild aus. Unterdessen hatten die Diener Süssigkeiten aller Art, Zuckerbackwerk und Früchte aufgetragen, wir mussten Tschau-Tschau nehmen, die chinesischen Weine, eine weisse und rothe Sorte, die dabei credenzt wurden, schienen uns nach Geschmack und Geruch eher aus einem Parfümerieladen zu stammen, als aus einem Weinkeller. Aber Li-hoi-wan erhob immer wieder, sich feierlichst verneigend, sein Glas und wir mussten nachtrinken. Diese Sitte ist echt chinesisch, keineswegs eine Nachahmung britischer Tischsitte. Nachdem wir uns noch die ausgesuchtesten gegenseitigen Complimente gesagt, empfahlen wir uns. Zwei Tage darauf liess uns der Mandarin seinen Gegenbesuch ankündigen. Genau zur festgesetzten Stunde erklangen vor der Wohnung unseres edlen Gastfreundes Herrn Pr., bei welchem wir wohnten, drei weithin schallende Gong-Gong-Schläge, ein Polizeisoldat brachte eine brennrothe Visitenkarte mit den Schriftzeichen Li-hoi-wan, und wir eilten, den

Mandarin nach chinesischem Gebrauch unter der Thüre des Hauses zu empfangen. Er erschien in schwerseidener Kleidung, den Fächer in reichgestickter Scheide zur Seite und eine goldene Cylinderuhr im Gürtel; er war bester Laune. Die schöne Einrichtung der reich ausgestatteten Zimmer schien ihm ausserordentlich zu gefallen, wir mussten ihn Stiegen auf und ab durch das ganze Haus führen. Herr Pr. hatte, da dies bei keinem chinesischen Besuche fehlen darf, ein glänzendes „Tschau-Tschau" arrangirt, bei welchem aber diesmal mit Champagner einander zugetrunken wurde. Der Mandarin wollte durchaus haben, wir sollten ihn noch einmal besuchen, und lud uns auf's dringendste zu sich zum Diner ein. Wir mussten uns aber mit unserer baldigen Abreise entschuldigen und nahmen daher auf's verbindlichste, wie wir glaubten für immer, Abschied. Jedoch nach wenigen Tagen am frühen Morgen erklangen abermals die Gong-Gong-Schläge, und der Mandarin mit grossem Gefolge im prächtigen, von vier Trägern getragenen Palankin, stand abermals vor dem Thore. Da Freund S. schon an Bord war und die Zeit eine etwas ungelegene, so liess ich mich verleugnen und sagen, der Mandarin möchte an Bord der Fregatte gehen. Der Zug setzte sich wieder in Bewegung. Voraus Einer, der von Zeit zu Zeit das Gong-Gong schlug und dann mit Stentorstimme durch die Strasse rief, damit das Volk mit Achtung beiseite trete. Hinten nach aber Polizeimänner, Häscher und Henker, die grosse Bambusstangen mit sich schleppten, wie man mir sagte, den Galgen. Der Mandarin kam wirklich an Bord und da klärte es sich auf, warum er so frühe erschienen war. Er hatte gehört, dass die Fregatte bald absegle, und da wollte er uns noch Einiges zum Andenken an ihn bringen, damit wir uns an ihn erinnern, „wie an einen Bruder", das waren seine eigenen Worte. Freund S. hatte er ein paar hübsche chinesische Sprüche, auf lange Rollen geschrieben und einen schönen Seidenstoff geschenkt, — für mich hatte er Nüsse, Thee und getrocknete Früchte verschiedener Art mitgebracht, und so ist mir Li-hoi-wan noch heute, da ich dieses auf den Wogen des Pacific schreibe und seinen Thee schlürfe, in lebhaftester Erinnerung.

Wie könnte ich aber meinen Brief über Schanghai schliessen, ohne noch unserer deutschen Landsleute zu gedenken, die uns so freundlich in ihren Kreis aufgenommen haben, ohne unser Aller Dank auszudrücken den edlen Männern, den Vertretern von England und Frankreich, den englischen und amerikanischen Missionären, die uns in unseren wissenschaftlichen Bestrebungen so freundschaftlich durch Rath und That unterstützt haben? Die so überaus gastfreundliche Aufnahme, welche die Mitglieder der „Novara"-Expedition bei den Herren Hogg (Lindsay & Comp.), Probst, Oldenburger Consul (Pustan & Comp.) und Oppert gefunden haben, wird uns stets in dankbarster Erinnerung bleiben. Und welch erhebender Augenblick war es für uns, als an jenem schönen Abend, der uns und viele unserer Freunde von Schanghai mit den Leitern und Führern der Expedition, dem Commodore und Commandanten, zu heiterem Mahle vereinigt hatte, aus dem Garten herauf deutscher Männergesang erklang, als deutsche Lieder auf so fernem Boden durch die Nacht hallten! Ein herzliches Glückauf zum Schlusse dem deutschen Männergesangvereine in Schanghai und seinen wackeren Mitgliedern!

Von Schanghai nach den Carolinen. — Ein Teifun. — Die Marianen.

Schanghai ist während der Sommerszeit nichts weniger als ein gesunder Platz. Die enorme Hitze, das Thermometer steht im Juni und Juli oft wochenlang zwischen 90 bis 100 Grad F., die feuchte Luft in der Periode des Südwest-Monsuns, die Dünste, welche aus den niederen, sumpfigen Reisfeldern ringsum aufsteigen, alles das erzeugt Fieber und namentlich sehr gefürchtete Dysenterien. Gewöhnlich sind die Schiffe im Fluss von diesen Krankheiten weit mehr heimgesucht als die Bewohner am Lande. Auch die „Novara" hat das ungesunde Sommerklima in Schanghai im vollsten Masse erfahren. Die Krankenliste wuchs täglich, während die Fregatte bei Schanghai vor Anker lag, und enthielt endlich gegen 70 Fieberkranke und mehrere Dysenteriekranke, unter den letzteren auch einen unserer Aerzte. Er hat jedoch glücklich die Gefahr überstanden und erholte sich auf der Reise nach Sydney wieder, während ein Matrose der Krankheit erlag. Er wurde bei den Carolinen feierlich in sein feuchtes Grab gesenkt. Die Fieber waren ebenso rasch verschwunden als sie gekommen, sobald wieder frische Seeluft über das Deck wehte.

Am 11. August hatte die k. k. Fregatte ihren Ankerplatz bei Schanghai verlassen. Den Schleppdampfer „Meteor" an die Seite gebunden, benützte sie die erste Hochfluth, um wieder in den Yang-tse-kiang zu kommen und denselben, nachdem sie einige Stunden im weichen Schlamme des Schanghaiflusses festgesessen, auch glücklich zu erreichen. Dort erwarteten wir noch die fällige Post aus Europa, und wurden, nachdem diese am 13. angekommen war, am 14. von dem Dampfer „Meteor" weitergeschleppt den Yang-tse-kiang hinab bis hinaus vor Gützlaff-Eiland. Hier mussten wir ankern und kamen erst am 15. August mit frischer Ostsüdostbrise hinaus in offene See.

Das Wetter hatte sich in den letzten Tagen merkwürdig geändert. Auf drückend heisse Tage war in Folge wiederholter äusserst heftiger Gewitter plötzlich eine beträchtliche Abkühlung der Atmosphäre gefolgt; das Thermometer, das immer zwischen 30 und 34 Grad C. gestanden, zeigte nun Morgens 20 Grad C. und stieg den Tag über nur auf 25 Grad C. Der ganze Himmel war mit grauen, einförmigen Wolken überzogen, und während wir im Yang-tse-kiang lagen, regnete es fast fortwährend. Als wir den Fluss hinunterfuhren, kamen wir allmälig unter der Wolkendecke, die, wie es schien, nur auf dem Festlande lag, heraus, — der Himmel wurde heiterer, er war nunmehr milchweiss mit einem leichten Flor überzogen, und da die spiegelglatte Wasserfläche diesen milchweissen Himmel reflectirte, so konnte man Wasser und Himmel gar nicht unterscheiden. Beide flossen nun in der Nebelluft so in einander, dass wir durchaus keinen Horizont wahrnehmen konnten. Es sah aus, als würden wir in das leere Nichts hineinfahren, fast unheimlich; und gar seltsam nahmen in der Ferne Schiffe und Dschunken sich aus, die mit verzerrten Spiegelbildern nach unten als schwarze Flecke auf weissem Hintergrunde standen. Als wir in offene See kamen, da war zwar Himmel und Wasser wieder blau, aber statt des Südwest-Monsuns, der uns hergebracht, trafen wir mit hohem Barometerstand (30·100 englische Zoll) Südostwind, der allmälig in Ost und am 17., immer frischer wehend, in Nordost überging und uns rasch in unserem Curs gegen Südost durch's Chinesische Meer führte. Die Sonne ging am 17. August bei fast heiterem Himmel, aber etwas getrübtem Horizont, gelbroth unter, „windig" wie der Commandant bemerkte, und die Sterne im Zenith funkelten während der Nacht mehr wie gewöhnlich, das Barometer fing langsam, aber sehr bedenklich an zu fallen.

Der 18. August brach an mit heiterem Sonnenschein — unseres Kaisers und Herrn Geburtstag! Das Jahr zuvor hatten wir den Festtag in der Kaiserstadt Brasiliens gefeiert. Diesmal waren alle Vorbereitungen getroffen, um durch feierlichen Gottesdienst und durch ein festliches Diner, zu welchem der Commodore seine Officiere eingeladen, diesen Tag auch in offener See würdig zu feiern. Aber — die Natur hatte andere Scenen vorbereitet, um den Geburtstag Sr. Majestät des Kaisers in den Annalen der Fregatte „Novara" zu einem der denkwürdigsten Tage zu stempeln.

Schon um 8 Uhr Morgens war der Nordostwind so frisch, dass die Oberbramsegel und bald darauf auch die Bramsegel geborgen werden mussten, die See wurde von Minute zu Minute höher, und als die feierliche Messe beginnen sollte, da rollte die Fregatte bereits so, dass die Batterie Wasser einschiffte. Der Gottesdienst konnte nicht mehr gehalten werden, das Barometer, unruhig auf- und abschwankend, sank, obwohl langsam, immer tiefer, — der Wind, sich etwas nach Norden drehend, nahm an Stärke fortwährend zu und jagte pfeilschnell einzelne zerrissene Wolken über den noch immer ziemlich heiter blickenden Himmel. Alle Anzeichen deuteten auf Sturm. Die Stunde des Festdiners, Nachmittags 4 Uhr, war gekommen, die Gesellschaft hatte sich im sogenannten „Kanonenzimmer" eingefunden. Aber nun welche Scenen.

Das Schiff wurde so gewaltig hin- und hergeworfen, dass Alles, was nicht festgeschraubt oder seefest gestaut war, in chaotischem Durcheinander von einer Seite zur anderen schob, gleichviel, lebendige Wesen oder leblose Dinge. Die geladenen Gäste selbst, von einer fürchterlichen Roulade überrascht, bildeten mit Stühlen und Fauteuils solch einen chaotischen Haufen. Glücklicherweise zeigte sich, als es einen Moment ruhiger geworden war, dass nur Stühle und Fauteuils die Beine gebrochen hatten, dass wir aber alle unbeschädigt waren. Das war der Anfang des Diners. Die Trümmer wurden festgebunden, und die Gesellschaft nahm an der grossen festgeschraubten Tafel, auf der natürlich nichts als das leere Tischtuch halten konnte, Platz, jeder seine Position so seefest machend als nur möglich. Sie werden sich schwer vorstellen können, wenn Sie nicht zur See selbst ähnliche Scenen miterlebt, wie es möglich war, bei solcher Situation zu diniren, und eine sorgsame Hausfrau möchte erschrecken, wenn man ihr erzählen wollte, was dabei Alles in Trümmer und Scherben ging.

Gewiss aber ist noch nie an so bewegter Tafel das Geburtsfest Sr. Majestät gefeiert worden, und noch nie das begeisterte Hurrah auf das Wohl Sr. Majestät des Kaisers in dieser Art vom Brausen schäumender Wogen und vom Sausen des Sturmwindes begleitet gewesen, wie an diesem Tage auf der „Novara". Es lag eine eigene Begeisterung in diesem Hurrah, die ihren höchsten Grad erreichte, als die Musik ertönte und sicher und klar trotz des Tobens der Elemente die schönen Weisen der Volkshymne spielte. Es herrschte die gehobene Stimmung, die Lenau's Verse ausdrücken:

Der Sturm ist weniger bedenklich mir,
Wenn's heult und brüllt, wenn Alles wankt und kracht,
Ein krieg'risch Wesen bald in dir erwacht,
Das dem Tumult und allen Todesschlägen
Mannstrotzig und frohlockend zieht entgegen.

Der Sturm war in vollem Masse schon losgebrochen, als wir von der Tafel aufstanden. Aber diesmal galt es noch mehr. Wir überzeugten uns bald, dass wir es nicht mit einem einfachen Sturmwind zu thun hatten, sondern dass das Chinesische Meer, das uns bis jetzt auf allen unseren Fahrten durch dasselbe gnädig behandelt hatte, nun zum Abschied, um seinen zweideutigen Ruf zu bewahren, einen jener fürchterlichen Orkane uns noch zugedacht habe, welchen die Chinesen Teifun*) (d. i. grosser Wind) nennen.

Als ich um 6 Uhr Abends auf Deck kam, da lagen schwere Wolkenmassen gegen Südost und Ost und reichten bis in's Zenith, dunkel und dichter am Horizont, aber nicht schwarz wie Gewitterwolken, sondern grau und weissgrau wie schwere Nebelmassen, oder wie bei uns im Winter Schneesturmwolken aussehen. Nach oben nahmen sie eine mehr gelbliche Färbung an und endeten im Zenith als Haufenwolken mit scharf abgegrenztem, hell beleuchtetem Rande. Am westlichen Himmel zogen tief hängend zerrissene Nebel- und Dunstmassen

*) Für diejenigen Leser, welche weniger Veranlassung hatten, sich mit den Gesetzen der Orkane bekannt zu machen, mögen zum Verständniss des Folgenden einige erklärende Bemerkungen dienen. Die Teifune des Chinesischen Meeres, die am häufigsten zur Zeit des Monsunwechsels im August, September und October loszubrechen pflegen, wenn der Nordost-Passat plötzlich gegen den Südwest-Monsun vordringt, sind wie die Tornados in Westindien und wie die Mauritius-Orkane Wirbelwinde im grössten Massstabe und von der furchtbarsten Heftigkeit. Die Wissenschaft hat diese Stürme als Cyklonen (d. h. Kreisstürme) von anderen Stürmen, bei welchen der Wind vorherrschend nur aus einer Richtung weht, unterschieden. Es dreht sich die Luft in kreisender Bewegung und mit rasender Geschwindigkeit um einen nicht stille stehenden, sondern fortschreitenden Mittelpunkt, in welchem mehr oder weniger vollkommen Windstille herrscht. Die Wissenschaft hat ferner die wunderbare Gesetzmässigkeit erkannt, dass bei

pfeilschnell mit dem Sturmwind aus Nordost. Die Sonne ging unter; wir fuhren mit doppelt gerefftem Marssegel und Sturmsegel über ein chaotisch aufgewühltes Meer hinein in den nebelgrauen, unheimlichen Himmel, der uns bald mit finsterer Nacht umhüllte. — Aber der Schlachtplan war entworfen von den Leitern des Schiffes, und mit sicherem Plane wurde das Schiff dem drohenden Ungeheuer entgegengesteuert, um dessen Bewegungen zu beobachten und darnach zu handeln.

Unsere Position um Mittag (27 Grad 45 Minuten nördlich, 125 Grad 23 Minuten östlich von Greenwich) war keineswegs eine günstige, im Gegentheil fast die ungünstigste, die möglich war. Wir befanden uns im nordwestlichen Quadranten der Cyklone, deren Centrum, — wenn es, wie gewöhnlich bei den Teifunen des Chinesischen Meeres, nordwestlich oder westlich sich vorwärts bewegte, — uns um so eher zu erreichen drohte, als unser Curs gegen Südost auf die breite Strasse gerichtet war, welche zwischen den Lu tschu- (Liu-Kiu) Inseln und der Gruppe der Mijako sima-Inseln aus dem Chinesischen Meer in den Pacific führt.

Das fort und fort fallende Barometer, die immer heftiger tobenden Elemente, die constant bleibende Richtung des Windes aus Nordnordost, Alles das waren Zeichen genug, dass wir dem Centrum des Orkanes direct näher kamen. Um

---

solchen Cyklonen auf der nördlichen Hemisphäre die Luftmassen eine Kreisbewegung, umgekehrt wie die Zeiger einer Uhr haben, auf der südlichen Hemisphäre aber in demselben Sinne wie die Zeiger einer Uhr rotiren. Ein ähnliches Gesetz hat die Wissenschaft in der Bahn der Cyklone erkannt, d. h. in der Richtung, in der das Centrum sich vorwärts bewegt, um welches die Luft wirbelt; die Kenntniss dieser Cyklongesetze macht es dem Seefahrer in den meisten Fällen möglich, dem gefährlichen Centrum dieser Orkane, das selbst die besten und stärksten Schiffe mit fast unvermeidlichem Untergang bedroht, auszuweichen und den Sturmwind am Rande der Cyklone zu einer raschen, günstigen Fahrt zu benützen. Um der Vorstellung noch einen weiteren Anhalt zu geben, bemerke ich, dass der Durchmesser dieser Wirbelstürme gewöhnlich ein sehr grosser ist, 300 bis 1000 Seemeilen, d. i. 75 bis 250 deutsche Meilen.

ihm auszuweichen, war von unserer Position aus nur die eine Möglichkeit, seine muthmassliche Bahn mit einem südwestlichen Curs zu schneiden, und so vor der wahrscheinlich nordwestlich fortschreitenden Cyklone vorbei, an deren südliche Seite zu gelangen, noch ehe das Centrum so weit vorgerückt war. Nachts 10 Uhr wurde daher der Curs West zu Süd gesetzt, und in diesem Curs liefen wir nun mit so viel Segeln, als bei dem heftigen Sturmwinde halten konnten, vor dem Wind. Aenderte der Wind bei diesem Curs allmälig aus Nordost in Nord und wurde er dann westlicher, dann war Alles gewonnen, denn dann konnten wir hoffen, vor dem gefährlichen Centrum vorbei in die bessere Position an die südwestliche und südliche Seite der Cyklone zu gelangen und den Schlachtplan mit Erfolg gekrönt zu sehen. Jene Windänderung trat glücklicherweise ganz so, wie wir nach dem Gesetz der Cyklonen zu erwarten berechtigt waren, ein, und als der Wind nach Mitternacht sich bis auf N_2W gedreht hatte, legten wir mit Backbordhalsen bei bis zum nächsten Morgen, denn nun war anzunehmen, dass das Centrum nordöstlich an uns vorbeigehen werde.

Die Nacht vom 18. auf den 19. August war im vollsten Sinne des Wortes eine unruhige Sturmnacht; wir rollten, so lange die Fregatte vor dem Wind lief, fürchterlich hin und her, aber eine wohlthuende verhältnissmässige Ruhe war eingetreten, als wir nach Mitternacht beilegten. Der anbrechende Tag (19. August) zeigte uns einen düster und trübe nebelgrau umzogenen Himmel, die Wolken hingen bis tief herab und vermischten sich fast mit dem vom heftigsten Sturmwind furchtbar aufgepeitschten Meere. Es war unheimlich im vollsten Sinne des Wortes. Gegen Nordost bezeichnete die dunklere, bleigraue Färbung compacterer Wolkenbänke deutlich die Lage des Centrums des Orkans. Ich hatte mich während unserer vorjährigen Sturmscene am Cap mit Wellenbeobachtungen unterhalten, aber in diesem wild und wirr aufgeregten Meere war keine Erscheinung festzuhalten, ein vorherrschender regelmässigerer Seegang, entsprechend dem Winde, den wir hatten, kaum zu erkennen. Die Wellen kreuzten sich in allen Richtungen, konische Wellenberge erhoben sich plötzlich bis zu 20 und 26 Fuss Höhe, so weit man schätzen konnte, und versanken ebenso schnell wieder. Es war die wahre „pyramidale See der Cyklonen", von der die Schiffe, welche in den Bereich dieser Wirbelwinde kommen, fast mehr zu fürchten haben, als von der Heftigkeit des Windes.

Wir waren nun wohl in einer günstigeren Position, aber noch keineswegs heraus aus dem Bereich des Teifuns. Alle Sturmphänomene waren noch im Zunehmen. Das Barometer namentlich, das sicherste Reagens auf die Nähe des Centrums, sank, unstät auf- und abschwankend, noch immer tiefer. Der Wind hatte sich nach Nordnordwest gedreht, es wurde Curs SO_2O genommen auf die Mitte des Canals zwischen den Lu tschu- und Mijako sima-Inseln. Die Rouladen, die wir nun erlebten, als wir wieder vor dem Winde liefen, überstiegen weitaus alles bisher Erlebte. Der ganze Vordertheil des Schiffes war unter Wasser, die Wellen stürzten von allen Seiten auf Deck und bis auf das „Casarett" (für nicht maritime Leser die Bemerkung: Casarett ist das erhöhte Hintertheil des Schiffes, das bei der Fregatte „Novara" 21 Fuss über der Wasserlinie liegt), ja selbst die Seitenboote schöpften Wasser ein. Um 4 Uhr hatte das Barometer seinen tiefsten Stand, 29·302 englische Zoll (19·9 Grad C.), erreicht, und zeigte schon von 5 Uhr an wieder eine Tendenz zu steigen. Die Orkanscene selbst aber erreichte ihr Maximum erst Abends zwischen 6 bis 8 Uhr, als das Barometer schon wieder langsam stieg und als wir nach der Logrechnung uns gerade in dem 120 Seemeilen breiten Canal zwischen den Lu tschu- und Mijako sima-Inseln befinden mussten. Der Wind blies mit furchtbarer Heftigkeit aus Westnordwest (das Beobachtungsjournal gibt seine Stärke mit Nr. 9 an, nach unserer Windscala von 10 Nummern). Mit vierfach gerefftem Gross- und Vormarssegel und doppelt gerefftem Focksegel schossen wir mit einer Geschwindigkeit von 14 Meilen pro Stunde in dunkler

Nacht durch die Strasse zwischen den Lu tschu- und Mijako sima-Inseln aus dem Chinesischen Meere in den Pacific. Es regnete, oder es schien vielmehr die einzige Wolke, welche den Himmel bedeckte, bis zum Meere zu reichen, Wellen stürzten über Wellen zusammen und erhob sich ein Wasserberg, so packte der Sturmwind dessen Gipfel und riss ihn als Staub mit sich in die Luft. Das Meer war weisser Schaum, die ganze Luft war erfüllt von Wasserstaub, man konnte vom Hintertheil des Schiffes aus kaum das Vordertheil sehen.

Der Sturmwind, über die schäumende Wasserfläche hinfahrend, erzeugte einen tiefen, fast metallisch klingenden Ton, der sich von dem Sausen und schrillen Pfeifen in Tauen und Segelwerk deutlich unterscheiden liess. Der Wind hatte eine solche Stärke erreicht, dass an eine Verminderung der Segel nicht mehr zu denken war, ohne die Mannschaft der augenscheinlichen Lebensgefahr auszusetzen. Es musste dem Schicksal überlassen bleiben, ob die Segel aushielten oder weggeblasen würden. Doch sie hielten und wir athmeten wie nach einer heftigen Aufregung leichter auf, als wir nach unserer Logrechnung gegen 8 Uhr Abends den Pacific erreicht haben mussten*).

Mit Tagesanbruch des 20. August war der Wind bereits Westsüdwest, das Barometer war bis auf 29·500 englische Zoll gestiegen, und obwohl wir noch in vollem Masse Sturm hatten, so konnten wir doch sicher sein, dem Bereich der Cyklone glücklich entkommen zu sein. Das zeigte sich im Laufe des Tages immer mehr, das Barometer stieg langsam höher, der Wind wurde Südwest und ging dann in einen frischen Südwest-Monsun über. Auch der Himmel wurde heller, wir kamen unter der Wolkenschichte der eigentlichen Cyklone heraus und die Sonne schien Mittags gelb durch einen leichten Nebelschleier, so dass wieder eine Beobachtung möglich war. Gegen Abend kam sogar blauer Himmel heraus, und bei Sonnenuntergang hatte das Firmament wieder ganz das Ansehen wie am 18. Abends. Zerrissene schwarzgraue Wolken zogen

*) So schilderte der Commodore die nächtliche Orkanscene.

ganz nieder über unsere Masten hin, über ihnen erblickte man einen halbheiteren ruhigen Himmel. Die unheimlich düstere Wolkenbank der Cyklone aber lag hinter uns.

So waren wir also gerade 48 Stunden, vom 18. August 6 Uhr Abends bis 20. August 6 Uhr Abends im Bereich des eigentlichen Teifuns und am 19. dessen Centrum am nächsten gewesen. Wie gross die Entfernung noch war, lässt sich aus unseren Beobachtungen allein nicht berechnen, doch dürften wir nach dem niedersten Barometerstand, den wir hatten, immerhin noch 100 Seemeilen vom eigentlichen Centrum entfernt gewesen sein. Die Fortbewegung dieses Centrums muss eine sehr langsame gewesen sein, was vielleicht daraus sich erklärt, dass wir auf den Teifun gerade da stiessen, wo er wahrscheinlich seinen Anfang nahm, nämlich bei und über den Lu tschu-Inseln. Es war der erste Teifun des Jahres 1858, welchen der „Nord-China-Herald" in Schanghai vergeblich 14 Tage früher prophezeit und der tausendjährige chinesische Kalender schon auf den 10. August angesagt hatte. Vielleicht sind aber aus jenem Zeitungsblatte schon längst Nachrichten über den August-Teifun, der an der chinesischen Küste gewüthet hat, in europäische Blätter übergegangen, und wer unsere Reise aufmerksam verfolgt, hat dann wohl auch an die „Novara" gedacht. Was wir erlebt, habe ich erzählt. Die Masten der „Novara" waren zwar grau geworden über Nacht, grau von Salzkrusten, welche sie bis zur Höhe bedeckten, aber noch stehen sie aufrecht. Die Wissenschaft hat uns den Weg gezeigt, dem drohenden Ungewitter auszuweichen, und von Gottes Hand geführt sind wir glücklich und ungefährdet der Gefahr entronnen.

Der frische Südwest hielt an und führte uns rasch auf unserer Bahn vorwärts, und schon am 26. August Nachmittags hatten wir Guajan, die südlichste der Marianen-Inseln, in Sicht und somit eine Strecke von 1800 Seemeilen mit Hilfe eines Teifuns und günstiger Winde in zwölf Tagen zurückgelegt.

Die Absicht des Commodore war, in der an der südwestlichen Seite der Insel gelegenen Umata-Bucht vor Anker zu gehen. Indess zeigte sich dieser Ankerplatz, als wir am 27. August Morgens bis auf 1½ Meilen nahe waren, so wenig geschützt gegen den frisch blasenden und eine hohe See gegen die Ufer werfenden Südwest-Monsun, dass der Plan, hier einige Tage zu bleiben, wieder aufgegeben wurde. Nachdem wir uns mühsam aus Klippen und Korallriffen herausgearbeitet, doublirten wir gerade um Mittag am 27. August die Südspitze der Insel und setzten unsern Curs nach den Carolinen fort. Vielleicht zerbrechen sich heute noch die Spanier und Tagalen auf Guajan den Kopf, was aus der spanischen Fregatte (denn für eine solche wurden wir ohne Zweifel nach der Aehnlichkeit der Flaggen gehalten) geworden ist, welche sich am 27. August Morgens vor der Umata-Bucht zeigte. Dieses Räthsel wird sich erst dann lösen, bis die Gemahlin des Gouverneurs der Marianen die schon lange vergeblich erwartete Gelegenheit gefunden haben wird, nach den Inseln zu kommen. Wir hatten die Dame in Manila getroffen und war ihr von da aus die Absicht der „Novara" bekannt, die Insel Guajan zu besuchen.

Am 30. August, in 149 Grad 53 Minuten östlicher Länge von Greenwich, hatten wir die östliche Grenze des Südwest-Monsuns erreicht; wenn uns eine günstige Brise weiter geholfen hätte, wären wir kaum noch vier Tagereisen von unserem nächsten Ziele, der Insel Puynipet im Archipel der Carolinen, entfernt gewesen, doch kamen wir erst am 15. September in Sicht der Insel. So stürmisch unsere Fahrt begonnen, so trostlos waren nun die Windstillen, in welchen wir tage-, ja wochenlang mit schlaffen Segeln lagen. Es war so recht, um die Wahrheit auch der zweiten Hälfte der oben citirten Lenau'schen Verse mitzufühlen:

„Bedenklich aber ist das stille Meer,
Dagegen hält dein Trotz und Stolz sich schwer,
Wenn Welle ruht und jedes Luftgeflüster,
Wenn Meer und Himmel schweigend sich umschlingen
Und fromm, fast wie zwei betende Geschwister,
Das könnte, sorg' ich, meinen Faust bezwingen."

Die Insel Puynipet im Archipel der Carolinen.

„Puynipet", auch Ponape — das ist auf englischen Karten der Name des Eilandes, welches am 15. September Morgens in Sicht kam, so benannt von dem russischen Capitän Lütke, der im Jahre 1828 die Insel entdeckte und sie nebst den westlich nahegelegenen Atoll-Inseln Andema und Paguenema („Ant" und „Pakin" der Eingebornen) nach dem Namen seines Schiffes als die Gruppe der Seniavine-Inseln bezeichnete. Die Franzosen nennen die Insel „Ascension". Die Eingebornen selbst bezeichnen ihr Vaterland als „Bonebe"; daraus sind alle möglichen Namen entstanden: „Bonibet", „Bonybay", „Bornabe" u. s. w. Unter einem dieser Namen wird wohl der Leser das unter 6 Grad 58 Minuten Nordbreite und 158 Grad 20 Minuten östlicher Länge von Greenwich gelegene Eiland auf seiner Karte finden und damit orientirt sein, welch entlegenem, selten besuchtem Fleck unserer Erde die „Novara" zusteuerte.

Da kein Lüftchen sich regte, kamen wir nur äusserst langsam, von einer südlichen Strömung getrieben, näher, konnten aber bei Sonnenuntergang bereits die kleinen Wald- und Felsinseln erkennen, welche nördlich von der bis zu 2860 englische Fuss ansteigenden centralen Hauptmasse der Insel liegen; sie befinden sich noch innerhalb des die hohe Insel ringförmig in einem Abstande von ein bis zwei Seemeilen, an der Nordseite aber in einem Abstande von fünf Meilen umschliessenden „Wallriffes". Puynipet ist eines der schönsten Beispiele unter den von „Wallriffen" regelmässig umschlossenen „hohen Inseln" des Grossen Oceans. Nur Ualan und die Inselgruppe Hogolu sind im Archipel der Carolinen ähnliche „hohe Inseln", alle übrigen sind „niedere Atoll-Inseln".

Wer sein Gemüth noch frisch und jung bewahrt hat, wer offenen Herzens und offenen Auges einen reinen, befriedigenden Genuss zu verspüren vermag beim Anblicke grossartiger Naturerscheinungen, wem je der erste Anblick ewiger Schneeberge, des unbegrenzten Meeres oder eines dampfenden Vulcankraters einen bleibenden Eindruck gemacht, der wird auch begreifen können, wie ungeduldig, wie sehnsüchtig wir der nahen Insel entgegenblickten, auf der uns zum erstenmale vergönnt sein sollte, die Wunder oceanischer Korallenbauten mit eigenen Augen zu schauen.

Puynipet hat in den letzten Jahren mehr und mehr an Bedeutung für die Schifffahrt im Stillen Weltmeer gewonnen. Während des nordischen Winters (von October bis März) dringt der Nordost-Passat südlich bis über die Breite von Puynipet vor. In dieser Jahreszeit ziehen Schiffe, die von Sydney nach China bestimmt sind, häufig die Route durch den Pacific der südlichen Route um Neu-Holland und durch die Sundastrasse oder der gefährlichen Passage durch die Torres-Strasse vor, laufen Puynipet oder Guajan an, um sich mit frischem Wasser und frischen Lebensmitteln zu versehen, und machen eine gute, rasche Fahrt. So hat die schwedische Kriegscorvette „Eugenie" auf ihrer Erdumsegelung im November 1852 den nicht weniger als 5000 Seemeilen langen Weg von Sydney nach Hongkong in 37 Tagen zurückgelegt. Am häufigsten wird aber die Insel vom December bis März von Walfischfahrern besucht, die den sicheren „Roan Kiddi-Hafen" oder „Leehafen" an der Süd-Südwestseite der Insel aufsuchen, um da ihre Schiffe auszubessern und mit Holz und Wasser zu versehen, woran die Insel den reichsten Ueberfluss bietet. Den „Whälern", welche die vortheilhaftesten Schilderungen von der herrlichen Natur der Insel, von ihren freundlichen, heiteren und gutmüthigen Bewohnern mit nach Hause brachten, folgten wie auf den Sandwich-Inseln nordamerikanische Missionäre, und heutzutage sind nicht weniger als 30 Europäer förmlich ansässig auf Puypinet. Puypinet und das 300 Seemeilen östlicher gelegene Ualan sind Stationen nordamerikanischer Missionäre, für welche ein eigener Schooner eine regelmässige Verbindung mit den Sandwich-Inseln unterhält.

In der Nacht auf den 16. September sprang endlich eine leichte nordwestliche Brise auf und am 16. segelten wir der Westseite der Insel entlang nach dem an der Süd-Südwestseite gelegenen Roan Kiddi-Hafen. Die hohe Insel lag frei von Wolken klar vor uns, über und über mit Wald bedeckt, nur an der nordwestlichen Ecke zeigte sich ein weit vorspringender, vielleicht 1000 Fuss hoher castellförmiger, nackter Fels, mit senkrechten Wänden aufsteigend und oben horizontal abgeschnitten. (Später erfuhr ich, dass dieser Fels eine kleine Insel für sich bildet, durch einen schmalen Canal von der Hauptinsel getrennt ist und von den Eingebornen „Dochokoits" genannt wird.) Das ringförmige Korallriff mit seinen kleinen niederen Inseln lag immer noch unter dem Horizont. Jetzt, wie wir uns allmälig näherten, wurden zu beiden Seiten der Insel am Horizont einzelne dunkle Punkte sichtbar, die, nach und nach sich mehrend und näher an einander rückend, wie eine dicht über den Horizont in der Luft ausgespannte Perlschnur sich ausnahmen, und daneben erhoben sich plötzlich und verschwanden wieder ebenso schnell feine weisse Wölkchen über dem dunkel schwarzblauen Meereshorizont, da und dort aufflackernd wie Flammen. Das war das erste Erscheinen der Riffinseln und der brandenden Korallriffe selbst, wie sie sich durch den Effect der Luftspiegelung in einer Entfernung von fünf bis sechs Seemeilen überall da zeigen, wo, wie in den tropischen Meeren fast gewöhnlich, die Temperatur des Wassers an der Oberfläche und in Folge dessen auch die Temperatur der zunächst darüber liegenden Luftschichte eine grössere ist, als die der höheren Luftschichten. Als wir auf zwei Meilen nahe kamen, da waren jene dunklen Punkte zu grünen Cocos- und Brotfruchtbäumen in einander geflossen, die von Stelle zu Stelle das äussere Riff zieren; die weissen Wölkchen waren ein zusammenhängender Streifen einer furchtbar aufschäumenden weissen Brandung, die den auf- und abwogenden Ocean von dem lichteren ruhigen Wasserspiegel des breiten Canals trennte. Der letztere bildet innerhalb des ringförmig umschliessenden Korallenriffes die merkwürdige natürliche Wasserstrasse, auf der die Eingebornen selbst mit dem gebrechlichsten Canoë, geschützt vor dem Wogenandrange des Oceans, rings um die Insel communiciren können; wo der Canal tief genug ist und eine Oeffnung des Riffes die Einfahrt von aussen gestattet, bietet er selbst den grössten Schiffen einen sicheren Hafen, wie in einem künstlichen Dock. Puynipet hat mehrere solcher Häfen, in welche je nach der Jahreszeit und den in denselben herrschenden Winden selbst grosse Schiffe sicher ein- und auslaufen können. Die wichtigsten dieser Häfen sind der sogenannte „Wetterhafen" an der Nordostseite, der „Mittelhafen" an der Nordwestseite und der „Leehafen" an der Süd-Südwestseite. Der letztere ist besonders bei Nordostwind günstig gelegen und da die meisten Schiffe die Insel während der Zeit des Nordost-Passates anlaufen, auch der besuchteste, wiewohl die enge in verschiedenen Richtungen sich windende Einfahrt nicht ohne Schwierigkeiten ist.

Schaaren von Seevögeln schwärmten über den Riffen, sie waren die ersten lebenden Wesen, die wir bemerkten. Erst als wir, an der Westseite entlang segelnd, unter dem Schutze der Insel die nordöstliche Deinung ganz verloren hatten und in völlig ruhigem Fahrwasser zwischen Puynipet einerseits und den westlich davon in Sicht befindlichen Atoll-Inseln Paguenema und Andema vor leichter Brise langsam dahinglitten, da sahen wir an mehreren Stellen die Eingebornen in ihren Canoës mit dreieckigen Segeln aus der Riffumzäunung heraus auf uns zukommen.

Das erste Canoë, welches bei der Fregatte anlegte, brachte vier Eingeborne und einen Weissen, einen Amerikaner, der schon 19 Jahre auf der Insel lebt und uns Pilotendienste anbot, an Bord. Ihm folgten bald in gleicher Gesellschaft und zu gleichem Zwecke ein Franzose, ein Engländer und endlich ein in Amerika geborner Neger.

Wir behielten den Neger als Piloten für den Roan Kiddi-Hafen an Bord. Der Amerikaner und die beiden Europäer aber, abenteuerliche Menschengestalten, wahrscheinlich entlaufene Matrosen, verliessen uns bald wieder. Welche düstere Bilder menschlichen Schicksals hätte man wohl in der Lebensgeschichte der weissen Bewohner von Puynipet zu enthüllen, die hier unter friedlichen, freundlichen „Wilden" ein sicheres Asyl gefunden haben und die in ärmlicher Hütte unter dem Schatten von Cocospalmen und Brotfruchtbäumen an der Seite einer braunen Gattin ihre Tage beschliessen? Ich glaube, der Romanschreiber könnte auf Puynipet ebenso viel Stoff finden, als der Naturforscher. Mich interessirte weit mehr der „wilde", freundlich blickende Eingeborne als der verwilderte, unheimliche Europäer.

Es ist leicht begreiflich, dass Erinnerungen an die Nikobaren bei uns wach wurden und dass die Nikobarenser uns den vergleichenden Massstab mit den Puynipetianern abgaben. Und mit Recht; denn beide gehören zu einer und derselben grossen Völkerfamilie, die als malayische Race in verschiedenen mehr oder weniger abweichenden Nuancen den grössten Theil der Inselwelt von Madagaskar bis Polynesien bevölkert. Die Eingebornen von Puynipet, die zu uns am 16. September an Bord kamen, und ebenso Alle, welche wir später auf der Insel selbst sahen, schienen uns in der Farbe etwas dunkler als die Nikobarenser und das Braun mehr in's Rothe, Kupferfarbene spielend. Sie hatten schwarzes, theils schlichtes, theils krauslockiges, aber durchaus nicht wolliges Haar, lebendige schwarze Augen, die Nase ist etwas platt, die Lippen sind dick, aber reine weisse Zähne, nicht durch Betelkauen entstellt; es waren lauter kleine untersetzte Figuren, nicht so kräftig gebaut und namentlich nicht so gut genährt wie die Nikobarenser, die meisten von entstellenden, ekelhaften Hautkrankheiten befallen, am häufigsten von dem sogenannten „Fischschuppen-Ausschlag".

Männer wie Weiber sind an Armen und Beinen zierlich tätowirt und tragen als einziges Kleidungsstück einen mit freihängenden Cocosnuss-Blattstreifen dicht und dick besetzten

Gürtel, also eine Art kurzen bis oberhalb der Kniee reichenden Rock, den sie „Goal" nennen. So malerisch dieser „Goal" kleidet, so gibt er doch den Männern ein weibisches Aussehen; die Weiber ersetzen ihn häufig durch ein Stück Baumwollenzeug, das sie um die Hüften schlagen, wie die Javanesen den Sarong. Die Ohrläppchen sind oben und unten durchlöchert, und die verschiedenartigsten Gegenstände, Cigarren, Theile von Pandanusfrüchten, Blumen u. s. w., durchgesteckt. Halsbänder aus bunten Glasperlen sind ein sehr beliebter Schmuck, zu dem bei den Weibern noch ein Kranz aus frischen gelben Blüthen kommt, der sehr zierlich das schwarze lockige Haar umschliesst. Die Canoës der Eingebornen sind ganz ähnlich den nikobarensischen, ausgehöhlte Baumstämme mit einem Ausleger („Balancier") zur Seite, nach beiden Enden aber völlig gleich construirt, und alle roth angestrichen. In der Mitte ist eine Art Plattform (oder Tisch) angebracht, welche die ganze Breite vom Canoë bis zum Ausleger einnimmt und einen bequemen Platz darbietet, um sich darauf auszustrecken; bei festlichen Gelegenheiten soll dieser Platz sogar als kleiner Tanzboden benützt werden. Die meisten der Männer, die zu uns an Bord kamen, verstanden einige englische Worte, sie zeigten keinerlei Furcht oder Verlegenheit. Einer war sogar unseren Matrosen unaufgefordert behilflich, bei den Segelmanövern mitzuziehen. Da sie alle der West- und Nordwestseite der Insel angehörten, so verliessen sie uns wieder, als wir uns gegen Abend der Südwestspitze näherten.*)

Jedoch sollte es uns nicht mehr vergönnt sein, am 16. September einzulaufen. Die Nacht brach ein, eben als wir uns vor dem Eingang befanden. Dunkle Wetterwolken, die am östlichen Himmel aufstiegen und bald mit scharfem Wind und mit Strömen von Regen über uns hinzogen, nöthigten uns

*) Es leben fünf Stämme unter fünf Häuptlingen auf der Insel, worunter zwei gegenwärtig in kriegerischer, aber bis jetzt unblutig gebliebener Feindschaft. Die Gesammtbevölkerung der im Umfange etwa 60 Seemeilen grossen Insel wird auf 3000 Seelen geschätzt.

während der Nacht weiter in See hinauszuhalten, weg von der unheimlichen Nähe der Korallriffe, deren dumpf rollende Brandung bis zu uns herüber tönte. Als der 17. September heiter und freundlich mit hellem Sonnenschein anbrach, befanden wir uns in einer Position, von der wir, um in den Hafen einzulaufen, gegen eine schwache nordwestliche Brise circa 20 Meilen aufkreuzen mussten. Damit ging der ganze Tag verloren, und als wir mit Sonnenuntergang so weit waren, dass wir mit dem nächsten Gang hätten einlaufen können, da war es wieder Nacht geworden.

So gelang es uns erst am 18. Morgens, die Einfahrt zu gewinnen zwischen der kleinen mit Cocospalmen und Brotfruchtbäumen üppig bewachsenen Riffinsel „Nahlap" an Backbordseite und den heftig brandenden, nur mit niederem Gebüsche bedeckten Korallenfelsmassen des Sandy-Eilandes östlich an Steuerbordseite. Aber auch da war uns bald Halt geboten. Wir mussten, um in die weit sicherere Hafenbucht zu gelangen, die wie ein künstlich ausgemauertes riesiges Bassin mitten zwischen den bis an's Niveau des Meeres reichenden Korallenbänken liegt, einen engen Canal durch die Riffe passiren; er ist zwar durch die Färbung des vollkommen ruhigen Wassers und überdies durch ausgesteckte Marken deutlich bezeichnet, führt aber zuerst westlich, dann nördlich und war für uns bei westlichem Winde unzugänglich. Es blieb daher nichts übrig, als auf dem Fleck zu ankern, auf dem wir uns befanden. Der Anker fiel in 35 Faden auf nackten Korallfels. Das war ein Ankergrund und eine Position, woselbst die Sorge für die Sicherheit des Schiffes nicht zu verbleiben erlaubte. Um nicht mit weiteren vergeblichen Versuchen, in den Hafen zu gelangen, noch mehr Zeit zu verlieren, beschloss der Commodore, Puynipet aufzugeben und wieder in See zu gehen nach den Salomons-Inseln.

Schweren Herzens — ich gestehe es offen — sah ich die Hoffnung schwinden, die reizende Insel zu betreten, auf der ich mich schon mitten in den herrlichen Wäldern, unter den freundlichen lieblichen Naturmenschen, auf den luftigen Gipfeln, an den brandenden Riffen geträumt, — schweren Herzens, getäuscht in meinen Hoffnungen, sah ich bereits wieder die Vorbereitungen zum Ankerlichten treffen, als die freundliche Einladung des Commodore wenigstens einigen Trost brachte, mit ihm einige Stunden an's Land zu gehen, bis die Fregatte wieder die offene See gewonnen habe. Aus acht Tagen, die nach dem ursprünglichen Plane der Untersuchung der in naturhistorischer Beziehung noch kaum bekannten Insel gewidmet werden sollten, waren durch die Ungunst der Umstände nur wenige Stunden geworden. Was wir in diesen schnell vorübergeflogenen Stunden erlebt und gesehen, lassen Sie mich noch kurz erzählen.

Um 10 Uhr Morgens stiess der Commodore von Bord ab. Am Ufer der Insel waren unter Cocospalmen einige Hütten sichtbar. Diesen steuerten wir zu, befanden uns aber, nachdem wir das tiefe Hafenbassin durchschnitten hatten, auf so seichtem Korallengrund, dass wir in der Richtung nach den Hütten, obwohl diesen schon ganz nahe, nicht weiter vorwärts konnten. Tiefere fahrbare Canäle aufsuchend, gelangten wir in eine östlicher gelegene Flussmündung, die zu beiden Seiten auf niederem, sumpfigem Boden von dichtem Mangrovenwald umgeben ist; die Versuche, durch die Mangroven nach den Hütten durchzudringen, waren vergeblich, da der ganze Boden von den eigenthümlichen Wurzelauswüchsen der Mangroven wie mit spitzen Pflöcken ausgeschlagen ist, das unzugänglichste Terrain, das man sich nur denken kann. Dagegen war der Wald reich an Tausenden von Vögeln aller Art, und in kurzer Zeit hatte der Commodore eine grosse Anzahl geschossen, darunter sieben verschiedene Species, besonders eine prächtig roth, schwarz und grün befiederte Papageiart. Wir fuhren eine kurze Strecke in dem Mangrovencanal aufwärts, von dem mehrere kleine zum Theil wie künstlich angelegte Seitencanäle abzweigten, kehrten aber, da sich die Landschaft nicht änderte und keine Hütten sich zeigten, wieder um und suchten nun dicht am Lande hin, wo das Wasser etwas tiefer war, zu den erwähnten Hütten zu kommen. Dies gelang auch. Mehrere Europäer und Eingeborne kamen uns hier freundlich entgegen, darunter Dr. Cook, ein Amerikaner, der hier als Arzt lebt. Wir traten in seine einfache Hütte ein. Sie unterscheidet sich nur durch die innere Einrichtung, eine kleine Bibliothek, die aufgestellt ist, durch Tische und Stühle von den Hütten der Eingebornen und ist wie diese auf einem Fundament von übereinandergelegten Basaltblöcken, aus einem. Material, das Palmen und andere Bäume liefern, mehr geflochten als gebaut. Der Mann dieser Ansiedlung am Roan Kiddi-Hafen heisst „Rei". Während die Eingebornen zum Austausch gegen Tabak, den sie allem Anderen vorzogen, Muscheln, Fische, einige Früchte u. s. w. herbeibrachten, verfolgte ich einen kleinen Fusspfad, der hinter den Hütten einen sanftansteigenden Hügel hinanführt. Nichts als Brotfruchtbäume und Pisanggebüsche umgaben mich, und da und dort ragte ein schwarzer Basaltblock aus der rothen lehmigen Erde hervor, zierliche kleine Eidechsen mit metallisch schimmerndem, saphirblauem Schweife schossen pfeilschnell über die Steine hin. Auf der Höhe des Hügels traf ich eine ärmliche Hütte. Ein Hund, einige Hühner und ein phlegmatisch im Schatten liegender Eingeborner, den das fremde Europäergesicht, das er plötzlich vor sich sah, kaum zum Aufstehen zu bewegen schien, waren die einzigen lebenden Wesen bei der Hütte. Auf meine Bitte „Kedschiniai", d. i. auf Puynipetanisch „Feuer", kroch ein altes runzeliges Mütterchen aus der Hütte hervor und reichte mir ein glühendes Holzstück. Das Mütterchen wurde durch eine Cigarre belohnt, die auch alsbald angesteckt und mit sichtbarem Vergnügen geraucht wurde. Auf meine Bitte um einige junge Cocosnüsse zum Trinken rief der phlegmatische Herr der Hütte einige Worte in den Wald, eine Antwort erschallte und bald darauf kamen kichernd und scherzend einige junge Mädchen und brachten das Gewünschte frisch vom Baume gepflückt, und zudem noch einen langen Zuckerrohrstengel und eine frisch ausgerissene

Cingiberwurzel. Das waren die Erfrischungen, die mir unter vielem Lachen und allerlei Bemerkungen, die ich leider nicht verstanden, von den wenig scheuen, fast in voller Eva-Tracht vor mir stehenden Waldkindern gereicht wurden.

Zwei kleine Spiegel, die ich mitgebracht, waren die Belohnung für die Mädchen und verursachten die ausgelassenste Freude. Der Reiz der Jugend war diesen Naturkindern nicht abzusprechen, aber trotzdem mag ich sie nichts weniger als hübsch nennen.

Da ich sehen wollte, auf welche Art die Eingebornen hier die Cocosnuss öffnen — die Nikobarenser öffnen sie durch einen Hieb mit der Säbelklinge in freier Hand — so bat ich den phlegmatischen Kerl, der sich nicht rühren wollte, pantomimisch um diese Gefälligkeit. Er kroch in die Hütte, brachte einen oben in eine scharfe Kante zugeschnittenen dicken Stock hervor, steckte denselben in die Erde und löste nun die grüne Faserhülle durch Aufschlagen der Nuss auf die Schneide des Stockes rundum ab. Als er aber, um die harte Schale der Nuss zu öffnen, meinen geologischen Hammer begehrte, da nahm ich ihm dieses Geschäft, das er sonst wohl mit einem Steine versieht, gerne ab, denn dabei konnte ich nichts Neues mehr sehen. Die Nüsse waren fast nur halb so gross als die nikobarischen, aber ihr Wasser fand ich viel süsser und wohlschmeckender.

Ich setzte meinen Weg fort und kam zu einer Art Schupfen, unter dem vier Eingeborne an einem Canoë zimmerten. Die Aexte oder eigentlich Hacken, deren sie sich zum Aushöhlen des Baumstammes bedienten, waren einfache europäische Hobeleisen, schief abstehend an einem hölzernen Stiel festgebunden. Zwei weibliche Wesen leisteten den Männern Gesellschaft; sie hatten, wie mir schien, für Essen und Trinken zu sorgen, und amüsirten sich und die Männer durch Spielen auf einem aus Rohr verfertigten clarinetähnlichen Instrumente, dem sie alle möglichen unmusikalischen Töne entlockten. Das primitive Clarinet wurde mir mit Vergnügen um einige Cigarren überlassen.

Als ich zu Dr. Cook's Hütte zurückkam, fand ich die Gesellschaft ansehnlich vermehrt, besonders Weibervolk hatte sich eingefunden, junge Mädchen, die vor dem Zoologen aus kleinen umgehängten Säckchen die Ausbeute auskramten, welche sie an diesem Morgen während der Ebbezeit auf den Korallenriffen an Fischen, Muscheln, Trepang u. s. w. gemacht hatten; doch erwarteten sie auch in sehr unzweideutiger Weise von den Fremden einen anderen, weniger mühsamen Verdienst, an den sie durch die Walfischfahrer-Besatzungen mehr gewöhnt zu sein schienen, als an den Verkauf ihrer auf den Korallenriffen gesammelten Delicatessen und Raritäten. Die weibliche Bevölkerung, glaube ich, überwiegt auf Puynipet die männliche um ein Bedeutendes, das lässt sich wenigstens aus der Leichtigkeit schliessen, mit welcher die hier ansässigen Europäer zu Frauen kommen, und nicht blos zu einer, sondern, wie uns mehrere dieser Abenteurer offen erzählten, zu drei, vier, fünf Frauen zu gleicher Zeit. Wir hatten Gelegenheit, mehrere Sprösslinge solcher Ehen zu sehen, junge Bursche, deren Vater ein Weisser war, und fanden in den Gesichtszügen der etwas lichteren Hautfarbe dieser Mischlinge eine auffallende Aehnlichkeit mit den Tagalen auf Luzon, die eben auch nichts Anderes sind, als eine Mischrace aus malayischem und weissem Blute.

Da man uns wegen Schweinen, Hühnern, Bananen und Yams, die wir eintauschen wollten, an den Häuptling des Roan Kiddi-Stammes selbst wies, als denjenigen, durch den allein es möglich sei, einige frische Lebensmittel zu bekommen, so brachen wir auf nach der weiter im Innern der Insel am „Frischwasserflusse" oder Roan Kiddi-Flusse liegenden Behausung des Häuptlings.

Wir machten den Weg dahin zu Wasser und kamen wieder in den Mangrovencanal, in welchen wir zuerst gerathen waren. Ein Seitencanal führte uns aus dem trüben Schlammwasser zwischen den Mangroven in den krystallhellen „Frischwasserfluss". Ein reizendes Landschaftsbild eröffnete sich uns: ein kleiner und klarer Bergfluss, seine Ufer bekränzt von Cocospalmen, die ein sanfter erfrischender Wind bewegte, dahinter niedere sanfte Hügel, mit Brotfruchtbäumen bepflanzt, und überall blicken Hütten und Wohnungen von Menschen hindurch. Im Hintergrund aber die dunklen, hohen Waldgipfel der Insel. Diese Hauptansiedelung am Fluss aufwärts führt den Namen „Roan Kiddi".

Man denke sich darunter aber nicht ein zusammenhängendes Hüttendorf, sondern überall am Flussufer und auf den Hügeln im Schatten der herrlichsten Vegetation malerisch zerstreut liegende Behausungen. Die ersten Hütten am linken Flussufer wurden uns als der Platz eines Missionärs bezeichnet, der, ein Eingeborner von den Sandwich-Inseln, aber gerade auf Ualan (Strong-Eiland) abwesend war. Bei einem geräumigen Schupfen, unter dem mehrere Canoës vor Sonne und Regen geschützt lagen, stiegen wir am linken Flussufer an's Land und erreichten bald den Platz des Häuptlings, auf einer Anhöhe über dem Fluss mit einer hübschen Aussicht in das Thal, auf das Meer und auf die Berge der Insel. Der Häuptling war nicht zu Hause, wurde aber alsbald herbeigeholt. Ein junger schlanker Mann, einen rothen Gürtel und den nationalen „Goal" um die Lenden geschlungen, zierlich an Armen und Beinen tätowirt, mit langen fliegenden Haarlocken an den Schläfen (wir schenkten ihm ein rothes türkisches Fez mit blauer Quaste, das ihm vortrefflich stand), erschien und lud uns ein, in seine Hütte zu treten. Da kauerte er sich auf eine Strohmatte nieder, während er für uns hölzerne Stühle herbeibringen liess; ein hübsches junges Weib, ebenfalls den Sarong um die Hüften geschlungen und wie der Mann tätowirt, die einzige Frau „des Königs von Roan Kiddi", setzte sich schmollend neben ihren Gemahl auf die Strohmatte. Der Commodore bot dem Häuptlingspaare Cigarren an, dafür wurden wir mit frischem Cocosnusswasser, in Gläsern dargereicht, tractirt. Gewiss betrachtete Jeder von uns das hübsche junge Paar, dem glückliche Zufriedenheit und bestes Einvernehmen aus den Augen leuchteten, nur mit Wohlbehagen. Mit sichtbarer Freude wurde uns in einem kleinen braunen Bengel, der in der Hütte sich umtummelte, der künftige Häuptling vorgestellt. Unsere Angelegenheit wegen Schweinen und Hühnern war durch Vermittlung eines Dolmetschers — des Amerikaners — bald im Gange, der Häuptling ertheilte seine Befehle den aussen versammelten Eingebornen und diese brachten nach und nach einige Schweine und Hühner herbei, die wir gegen Tabak und alte Musketen, die beliebtesten Artikel auf Puynipet, eintauschten. Die Eingebornen scheinen mit Schiesswaffen bereits ganz vertraut zu sein, ich sah in der Häuptlingshütte mehrere Doppel- und einfache Gewehre, freilich in sehr verrostetem und vernachlässigtem Zustande; wie sie sich aber Munition zu den Gewehren verschaffen, weiss ich nicht. Die Hütte des Häuptlings zeichnet sich nur durch ihre Grösse von den übrigen aus, sie bildet ein geräumiges, längliches Viereck und gleicht mit ihrem hohen Giebeldach ganz einer europäischen Scheune. Der innere Raum ist nirgends durch Scheidewände abgetheilt, und ausser Strohmatten, geflochtenen Körbchen, Glasflaschen, einer Kiste mit Eisenwerkzeugen und einem höchst eigenthümlichen kleinen Webstuhl, an welchem ein buntes Band in Arbeit war, bemerkte ich nichts Besonderes an Einrichtungs- oder anderen Gegenständen.

Leider war die uns zu Gebot stehende Zeit schnell verflossen, denn nachdem der Handel abgeschlossen war, mussten wir wieder an den Weg zurück an Bord denken; begleitet von einigen Canoës der Eingebornen, fuhren wir wieder flussabwärts und hatten auf dem kürzeren Wege durch die Flussmündung bald den Riffcanal erreicht. Zahllose Reiher, weiss, schwarz und scheckig, fischten auf den seichten Riffen, der „Tölpel" flog in ganzen Schwärmen über den ruhigen Wasserspiegel der Lagunen, und hoch oben schwebten Fregattvögel, pfeilschnell herabschiessend, wo sie Beute erblickten. Um 4 Uhr waren wir wieder an Bord und um 6 Uhr unter Segel mit südöstlichem Curs nach den Salomons-Inseln.

Noch von keinem Gestade habe ich mich so schwer getrennt, wie von Puynipet.

Der kurze Besuch war lange genug, um uns den Naturreichthum der reizenden Insel ahnen zu lassen. Was wir von anderen Theilen der Insel, namentlich von der Umgegend des Wetterhafens hörten, war nur geeignet, unser Interesse noch mehr zu spannen. Ruinen von Baudenkmalen eines unbekannten Volkes an der Nordostseite scheinen culturhistorisch und geologisch gleich wichtig. Was einst Wege waren, sind jetzt Passagen für Canoës, und wenn die aus grossen Basaltquadern aufgemauerten Wälle niedergebrochen würden, so würde das Wasser in die ummauerten Höfe eindringen. Die Baudenkmale stehen jetzt im Wasser, ein Zustand, der unmöglich bestanden haben kann, als sie aufgeführt wurden. Vielleicht ist dies der einzige Punkt in der Welt, wo sich die scharfsinnige Theorie Darwin's über die Bildung von Wallriffen und Atollen durch Senkung des Bodens, auf welchem der Korallenpolyp seinen Bau begonnen, auch historisch an von Menschen aufgeführten Bauwerken nachweisen lässt.

Mögen unsere Nachfolger, denen hoffentlich Dampfkraft zu Gebote steht, dieses Räthsel lösen und glücklicher und erfolgreicher sein als wir!

Die Salomons-Inseln. — Stewart-Atoll.

Am 18. September Abends hatten wir die Insel Puynipet verlassen, gerade einen Monat später, am 17. October, lagen wir bei den nur 960 Seemeilen entfernten Stewart-Inseln, fast ebenso weit südlich vom Aequator als Puynipet nördlich liegt. Wir passirten die Linie zum fünftenmale auf 161½ Grad östlicher Länge von Greenwich am 29. September. Sie mögen aus diesen Daten entnehmen, welcher Art unsere Fahrt war, wenn man auf einer Strecke Weges, die unter einigermassen günstigen Umständen leicht in acht Tagen zurückgelegt wird, einen vollen Monat zubringt. Die Aequatorialzonen sind wegen

Windstillen, die nur mit leichten veränderlichen Brisen oder mit, zwar nur kurz andauernden, aber nichtsdestoweniger oft sehr heftigen Gewitterstürmen, „Böen", wechseln, zu jeder Jahreszeit für Segelschiffe, welche dieselben passiren müssen, höchst unangenehme Gegenden. Trifft es sich aber, dass man mit der Sonne zur Aequinoctialzeit in der Nähe des Aequators zusammentrifft und mit ihr wie in unserem Falle gleichen Curs gegen Süden hat, so sind die Umstände, rasch durch die äquatorialen Doldrums zu kommen, gewiss die allerungünstigsten, da sich der äquatoriale Calmengürtel in derselben Richtung mit der Sonne vorwärts bewegt, in der man jene Doldrums zu durchschneiden hat. So kamen wir nur langsam vorwärts. Hatten wir heute die Sonne überholt, so dass sie uns um Mittag gegen Norden stand, so hatte schon nach wenigen Tagen die Sonne uns eingeholt und wir sahen sie dann wieder in südlicher Richtung. Eine drückende Hitze, gegen die man vergeblich Schutz suchte, Regen in Strömen, der oft volle zwölf Stunden lang andauerte und aus so dicken Wolkenmassen strömte, dass das Tageslicht nur dämmernd durchdringen konnte, gehörten zu den weiteren Annehmlichkeiten dieser Reise. Wir hätten mit Freude selbst den heftigsten Sturm begrüsst, um aus diesen fast unheimlichen Zonen herauszukommen, — unheimlich, weil alle bewegenden, lebendigen Kräfte der Natur fast erstorben schienen. Wann werden wir in Sydney ankommen? Das war die tägliche und stündliche Frage an Bord. Da erschien am 7. October Abends völlig unerwartet ein glänzender grosser Komet mit hellleuchtendem Kern und immensem Schweif am westlichen Himmel. Nun war es klar, der Komet war an all der Ungunst von Wind und Wasser Schuld. Hätten wir nicht so nach mittelalterlich abergläubischen Begriffen denken sollen? Es spukte ja ohnedem schon seit einigen Tagen auf der „Novara", warum sollte nicht auch noch ein Komet Unheil verkünden? Ich erwähne den Vorfall dieser „Spukgeschichte", weil er abergläubische Gemüther unter der Mannschaft aufregte und uns alle, bis das Räthsel sich löste, lebhaft beschäftigte. Es liess sich nämlich zum erstenmale gerade am 4. October, des Kaisers Namenstag, ein dumpfes, kollerndes Geräusch vernehmen, das der Eine über sich, der Andere unter sich, der eine vorne am Schiff, der Andere hinten gehört haben wollte. Es war ein Geräusch, wie wenn Kanonenkugeln rollen würden. Die Kugeldepots wurden untersucht, aber man schien sich überzeugt zu haben, dass hier Alles in der alten Ordnung sei. Ein Witzkopf unter den Matrosen meinte, das Dampf-Linienschiff „Kaiser", das an des Kaisers Namenstag in Pola vom Stapel gelaufen, habe sich uns im fernen Ocean angekündigt. Das Geräusch wiederholte sich am 5. und am 6. October, an Tagen, wo es am Himmel so düster und schwarz über uns hing und Regenmassen herabstürzten, als hätten sich alle Wolken des Luftmeeres gerade über uns concentrirt. Nun kamen die abenteuerlichsten Hypothesen zum Vorschein. Einer der Vulcane der nahen Salomons-Inseln musste ausgebrochen sein, und das Geräusch war unterseeischer Erdbebendonner. Man erschöpfte sich in Vermuthungen und wollte diejenigen, die behaupteten, dass es Kugeln seien, die in den untersten Schiffsräumen rollen, nicht gelten lassen. Aber die Kugeldepots wurden zum zweitenmale untersucht, und nun fand sich, dass nicht weniger als 300 schwere, 30pfündige eiserne Kugeln, welche die Wand des Depots durchgedrückt, aus diesem in das Brotdepot gerollt waren. So löste sich dieses Geheimniss, und die Spukgeschichten, die aus der Vergangenheit der „Novara" von Mund zu Mund gegangen waren, verstummten wieder. — Aber die feurige Fackel des Kometen stand noch am Himmel. Er war in diesen trostlos einförmigen Tagen ein willkommenes Phänomen der Beobachtung und bildete durch die vierzehn Tage, die er uns sichtbar blieb, so oft der Himmel rein war, den Gegenstand sorgfältiger astronomischer Beobachtungen von Seiten des Commodore. Wir vermuthen, dass dies der Komet war, dessen Erscheinen während der Jahre 1857 bis 1860 erwartet wurde.

Am 8. October endlich kamen wir in Sicht der Salomons-Inseln. Einige Riffe, die weiter nördlich in der Nähe von Ontong Java liegen sollen, hatten wir in den auf den Karten angegebenen Positionen vergeblich gesucht. Aber Gower-Insel, eine niedrige Koralleninsel, fanden wir richtig auf dem ihr gegebenen Platz, und vor uns lag das hohe waldige Carteret, Rauch stieg an verschiedenen Stellen auf, aber die Eingebornen liessen sich in ihren Booten nicht sehen, obwohl wir am 8. Nachmittags nur wenige Meilen vom Lande entfernt waren. Da wir die durch Riffe eingeengte „Indispensable Strait" bei den vorherrschenden Südostwinden, die mit Windstillen und Regenböen aus Nordost wechselten, nicht passiren konnten, so beschloss der Commodore, der Nordostseite der Inselkette entlang zu segeln, um die freie Fahrstrasse zwischen der südöstlichsten der Salomons-Inseln, San Christoval, und der Nitendi-Gruppe zu gewinnen. Wir mussten mühsam gegen Südostwind und eine starke nordwestliche Strömung aufkreuzen und gewannen täglich kaum 15 Meilen. Am 13. October hatten wir etwa die Mitte der Insel Malayta erreicht. Während der windstillen Nacht auf den 14. hatte uns die Strömung bis auf wenige Meilen an's Land versetzt. Mehrere Boote wurden sichtbar, die sich rasch uns näherten. Das erste Boot, das uns erreichte, trug sechs schwarzbraune, völlig nackte Männer mit krausem buschigen Haar, das durch Eisenocker roth gefärbt zu sein schien. Als besonderen Schmuck trugen einige in den Haaren seitwärts noch einen gelbrothen, wahrscheinlich aus gefärbten Bast-Streifen bestehenden Busch. Einer hatte im Ohrläppchen einen Eberzahn stecken, zwei andere trugen in den durchbohrten Nasenflügeln kleine Cylinder aus einer Muschelschale geschliffen. Am Oberarm und unter dem Knie Ringe ebenfalls aus Muschelschalen geschliffen. Tätowirt war Keiner.

Unter allen sogenannten „Wilden", die wir bis jetzt gesehen, schienen diese Menschen noch am meisten jenem Ausdruck zu entsprechen. Als das Boot uns bis auf Schussweite nahe gekommen, richtete sich der Führer auf und rief uns mit voller starker Stimme zu, zugleich mit raschen energischen Gesticulationen nach dem Lande deutend. Er schien uns aufzufordern, an's Land zu kommen. Den Schluss seiner Worte bildeten eigenthümlich jodelnde oder aufjauchzende Töne, wie man sie wohl in den steierischen Alpen zu hören gewohnt ist, die aber von einem Papua der Salomons-Inseln ganz unerwartet waren. Von seinen Worten hat sich mir nur das oft wiederholte „mate-mate" eingeprägt, das, da er dabei immer Schildpattblätter uns entgegenhielt, sich wahrscheinlich auf den Austausch von Schildpatt bezog, als dem Hauptartikel, der bisweilen Walfischfahrer an diese einsamen Küsten lockt. Aber kein einziges englisches Wort liessen sie vernehmen, nicht einmal das „very-good" zur Anpreisung ihrer Waare. Diese Insulaner scheinen daher noch sehr wenig in Verkehr mit Schiffen gestanden zu haben. Das zeigte auch ihre grosse Scheu. Nur zögernd kamen sie auf unser Zuwinken näher, so dass ihnen ein Tau zugeworfen werden konnte. Aber in keiner Weise liessen sie sich bewegen, auf das Deck zu kommen. Es zeigte sich, dass sie ausser ein paar Schildpattstücken und dem abenteuerlichen Schmuck, den sie am nackten Leibe trugen, gar nichts bei sich hatten. Wir tauschten gegen Tabak und Taschentücher diese Dinge ein. Sehr eigenthümlich sind die Boote dieser Salomons-Insulaner, nicht Canoës mit Auslegern, wie man sie sonst überall auf den Südsee-Inseln trifft, sondern gezimmerte, weitbauchige Boote mit hohen Vorder- und Hintersteven, fast wie die Madeiraboote. Wir waren schon zehn Meilen vom Lande wieder entfernt, als uns das Boot verliess. Ein zweites kam noch nach mit nur drei Menschen, die, da wir nun ziemlich rasch fuhren, schnell wieder umkehrten und nach dem Lande zurückruderten, nachdem wir ihnen ein buntes Taschentuch geschenkt hatten. Das war unser ganzer Verkehr mit den Salomons-Insulanern. Diese Menschen scheinen nicht am Ufer zu wohnen, sondern hoch oben in ihren Bergen, wo wir an den verschiedensten Stellen waldfreie, wiesenähnliche Plätze und je auf einem solchen Platz eine Hütte bemerkten.

Malayta ist eine über 4000 Fuss hohe Gebirgsinsel, aber ohne alle vulcanischen Formen.

Von Malayta weg führten Wind und Wetter uns nach den Stewart-Inseln.

Am 16. Abends waren wir diesen niederen Korallen-Inseln, die auf einem atollförmigen Riffe liegen, so nahe, dass die Eingebornen in ihren Canoës zu uns an Bord kamen. Wie ganz anders waren diese Menschen? Heitere, lachende, zutrauliche Menschen, die alle gebrochen englisch sprachen und ohneweiters zu uns an Bord kamen, braune Kerle von wahrhaft athletischem Körperbau, an Armen und Schenkeln, Einige auch auf dem Rücken und der Brust tätowirt, mit dem Lendengürtel „Malo", als einziger nationaler Bekleidung, ausser welchem aber Manche noch Theile europäischer Kleidung trugen. Ihr wohlgenährtes gesundes Aussehen bewies, dass es ihnen an guter Nahrung nicht fehlt, und wir hörten zu unserer Freude, dass sie Schweine, Hühner, Cocosnüsse, „Arrow-root" im Ueberflusse haben und dafür gerne von uns Zeug, Messer, Tabak, Glasperlen und Spielkarten eintauschen. Spielkarten! Auf einer Südsee-Insel! Südsee-Insulaner, die Karten spielen! — Das war uns etwas ganz Neues. Noch mehr aber erstaunten wir, als Einige von ihnen in der Batterie zu dem gerade auf dem Tisch stehenden Damenbrett sich setzten und uns aufforderten, mit ihnen zu spielen. Und siehe da, selbst geübten Spielern von uns gewannen sie die Partien ab. Wir hatten manchen Spass mit diesen freundlichen, gutmüthigen Menschen, die bei uns an Bord blieben, bis die Nacht einbrach, und dann unter Händedruck und „good night" von uns Abschied nahmen, Schweine, Hühner und was sie sonst haben, für uns vorzubereiten versprachen, damit wir es morgen in unseren Booten abholen könnten, da die Schweine für ihre Canoës zu schwer seien.

Da sich bereits, wenn auch in leichtem Grade, Spuren von Scorbut unter der Mannschaft zeigten, so war diese Gelegenheit, einige frische Lebensmittel zu bekommen, eine sehr erwünschte, und am 17. Morgens segelten, vom Commandanten selbst geführt, drei Boote von der Fregatte der Insel zu. Die Eingebornen erwarteten uns mit ihren Canoës bei dem Canal an der Nordwestseite des Riffes, an der Seite unter dem Winde, der einzigen Stelle, wo es möglich ist, mit Booten über das Atollriff in die von demselben umschlossene ruhige Lagune zu gelangen. Ueberall sonst tobt, auch beim ruhigsten Wetter, eine furchtbare Brandung gegen das Riff, und selbst diese Stelle ist unzugänglich, wenn nur eine einigermassen frische Brise weht. Wir hatten aber gerade einen günstigen Tag getroffen, der es unseren Booten möglich machte, in dem ruhigen Wasser im Lee des Riffes bis dicht an dieses selbst heranzukommen und darauf zu ankern. Die Passage durch den Canal bot aber trotzdem noch Schwierigkeiten genug, da durch denselben ein reissender Strom aus der Lagune in's Meer sich ergoss und da er zur Ebbezeit, in der wir gerade ankamen, zu wenig Wasser für unsere Boote hatte. Da wir nicht unverrichteter Dinge umkehren wollten, so wurde versucht, was zu versuchen möglich war. Wir liessen uns einzeln nach einander mittelst der Canoës der Eingebornen auf dem Riff absetzen, das auch bei Ebbe, einzelne hervorragende Korallenblöcke abgerechnet, noch unter Wasser steht —, dann gelang es, eines der Boote ganz leer durch den Canal zu ziehen. Die beiden anderen blieben aussen geankert, und wurde ihnen den Tag über dasjenige, was wir eingehandelt, auf Canoës zugeführt; Abends kehrten wir Alle sehr befriedigt mit gegen 20 Schweinen, 60 Hühnern, einer grossen Menge Cocosnüsse u. s. w. an Bord zurück.

Stewart-Atoll ist ein halbmondförmiges Korallriff von 16 Seemeilen (= 4 deutschen Meilen) Umfang, mit einer tiefen Lagune in seiner Mitte und mit fünf kleinen bewaldeten Inseln auf dem Riffe selbst. Nur die beiden grössten dieser Inseln, von den Eingebornen Sikei'ana und Fa'ule genannt, sind bewohnt. Die Einwohnerzahl beträgt ungefähr 180 Seelen. Wir trafen einen englischen Matrosen unter den Eingebornen, welchen ein Walfischfahrer vor sieben Monaten hier ausgesetzt, weil er in Folge von Fieber arbeitsuntüchtig geworden war. Die Eingebornen hatten ihn auf's gastfreundlichste aufgenommen, aber der arme Mensch war doch überglücklich, durch uns aus seiner unfreiwilligen Verbannung erlöst zu werden. Es wurde ihm seine Bitte, Ueberfahrt nach Sydney zu bekommen, gerne gewährt. Wir hatten uns in zwei Partien auf die beiden genannten Inseln vertheilt. Ich war auf dem näher gelegenen Fa'ule geblieben, um genug Zeit zu haben, diese kleine Insel zu untersuchen.

Es hat einen eigenen Reiz, eine so beschränkte Welt zu beobachten, die nichtsdestoweniger dem Menschen als Wohnort dienen kann, und auf der er sich, wie diese Insulaner bewiesen, eines glücklichen, sorgenlosen Daseins erfreut.

Die ganze Welt dieser Insulaner, alles bewohnbare Land des Korallenriffes beträgt nicht mehr als ein Drittel einer Quadrat-Seemeile; kein Berg, kein Hügel, kein Fluss, der höchste Punkt des Landes ist nur so hoch, als Wellen und Wind Sand und Trümmer aufhäufen können, ringsum das endlose Meer; der ganze Mineralreichthum der Erde ist hier auf ein einziges Mineral zusammengeschrumpft, kohlensaurer Kalk, welchen Milliarden von Korallenthierchen aus der Salzfluth abscheiden. In ausserordentlichen Fällen führt der Ocean noch schwimmende Steine her; so kommen Bimssteine, welche den Boden etwas verbessern, oder in dem Wurzelwerk angeschwemmter Baumstämme auch andere Steine an, auf welchen der Bewohner dieser kleinen Welt Muschelschalen schleifen kann, die ihm als Schneidewerkzeug, als Messer und Axt dienen.

Die Mannigfaltigkeit der Pflanzenwelt hat hier nur 20 bis 30 Repräsentanten, das Meer hat die Samen von üppigeren, reicheren Gestaden hergeführt und auf den Korallsand ausgeworfen; sie sind aufgegangen, die Cocospalme, der Baum von tausendfältigem Nutzen, welcher Nahrung, Hausgeräthe, Baumaterial und Kleidung liefert, der „Pini-Pini"-Baum, aus dessen Stamm sich der Insulaner mittelst der geschärften Muschel sein Canoë aushöhlt. Noch beschränkter ist die Thierwelt, kein Vierfüssler, nur einige Seevögel und Insecten. Die einzige Fleischnahrung liefert das Meer in Fischen, Krabben und Schalthieren. Man fragt mit Recht, zu welcher Stufe geistiger und sittlicher Entwicklung es die Menschen bringen können, welchen die beschränkte Welt einer solchen Koralleninsel zum Wohnplatz angewiesen ist.

Die Stewart-Insulaner leben indess nicht mehr in diesen ursprünglichsten, einfachsten Verhältnissen. Ein, wie es scheint, ziemlich häufiger Besuch von Schiffen hat ihnen Vieles zugeführt, was ihre Existenz wesentlich verbessert. Sie haben nun Schweine, Hühner, Knollengewächse aller Art, die vortrefflich auf den Inseln gedeihen, um welche sie wieder andere Dinge eintauschen können, die zu ihren Bedürfnissen gehören. Ebenso scheinen sie keine ganz reine polynesische Race zu sein. Uns ist vor allem Anderen die ausserordentliche Verschiedenheit ihrer Gesichtszüge aufgefallen. Nur wenige machen den Eindruck einer reinen malayischen Race. Von einer Vermischung mit der Papua-Race auf den nahen Salomons-Inseln ist keine Spur. Dagegen tragen Viele so entschieden europäische Züge, dass man fast geneigt ist, der Ansicht eines Missionärs in Sydney Recht zu geben, nach welcher diese Insulaner alle von einem englischen Matrosen und einem Weib von den Samoa-Inseln herstammen, die sich im vorigen Jahrhundert hier niedergelassen.

So kurz unser Besuch auf den Stewart-Inseln auch war, so hatte er doch belebend und erfrischend gewirkt nach so langer einförmiger Seereise, und hatte ausserdem die gute Folge, dass dem Scorbut an Bord Einhalt gethan ward.

Ein frischer Wind führte uns in der Nacht auf den 18. October schnell gegen Süden, aber bald trat wieder Windstille ein, wir lagen den 19. und 20. bewegungslos bei der Insel Contrarietio im Norden von San Christoval, und erst am 21. gelang es, Cap Surville zu passiren. Damit waren wir frei von den Salomons-Inseln und konnten nun auf einen günstigen raschen Schluss der bis dahin so überaus ungünstigen Reise hoffen.

Schluss der Reise von Schanghai nach Sydney. — Ankunft in Port Jackson.

Wind und Wetter schienen mit einemmale wie ausgewechselt, seit wir Cap Surville passirt und die Salomons-Inseln hinter uns hatten.

Wochen, ja einen vollen Monat lang hatten wir nördlich von den Salomons-Inseln vergeblich auf frische Brise gehofft, und nun war mit einemmale der Südostpassat in voller Kraft da und statt der düsteren Böenwolken ein reiner, klarer Himmel. Der Südost blies bald so frisch, dass die Fregatte nur mit verminderten Segeln ihren Curs gegen Süd scharf am Winde verfolgen konnte und sich mühsam durch die hohe See, welche der steife Wind uns entgegenwälzte, hindurcharbeiten musste. Am 25. und 26. October wuchs der Südostwind zu Sturmesstärke an, wir fuhren mit doppeltgerefften Marssegeln, und es schien fast, als ob das Ende der Reise ebenso stürmisch werden wolle, wie der Anfang im Chinesischen Meer. Nach einer sehr unruhigen Nacht trat aber am 27. October mehr Ruhe ein. Wir befanden uns auf der Breite der nordwestlichsten Spitze der neucaledonischen Korallenriffe und mussten nun das mit gefährlichen Korallriffen übersäete Meer zwischen Neu-Caledonien und Sandy-Cap an der Küste von Australien passiren. Des Commodore B. v. Wüllerstorf Absicht war zuerst, diesen Meerestheil auf der freien Fahrstrasse längs der Westküste von Neu-Caledonien zu passiren. Aber die Versuche, gegen den stürmischen Südostwind und die hohe See, die uns entgegenkam, aufzukreuzen, waren vergebens. Daher liess der Commodore am 27. October um Mittag abfallen und mit allen Segeln vor dem Wind, der nun Ostsüdost war, fuhren wir nun mit reissender Geschwindigkeit gegen West, um an Bampton-Riff vorbei die westlichere Fahrstrasse zu gewinnen, die zwischen 156 und 158 Grad östlicher Länge von Greenwich frei durch die Korallenriffe führt. Am 28. Morgens hatten wir das grosse hufeisenförmige Bampton-Riff zu sehen erwartet. Aber auch von der Mastspitze war nirgends Brandung zu entdecken, nur das ruhige Wasser, in das wir mit einemmale kamen, war ein deutlicher Beweis, dass das Riff existire und dass wir uns im See desselben befanden. Die Position des Riffes auf den einzelnen Karten ist eine so verschiedene, dass, während wir nach der einen Karte auf dem Riffe selbst uns befanden, nach einer zweiten dasselbe nur 4, nach einer dritten aber 14 Seemeilen östlich von uns lag. Die letztere Karte scheint Recht zu haben; denn auf 4 Meilen hätte man die Brandung vom Maste aus sehen müssen, auf 14 Meilen aber war es wohl unmöglich.

Der Wind, der sich mehr und mehr von Südost nach Ost drehte, war so günstig, dass direct südlicher Curs gehalten werden konnte. Schon am 30. October hatten wir die Breite von Sandy-Cap passirt, und konnten nun in freiem Meere gerade auf Sydney lossteuern. An demselben Tage passirten wir auch den südlichen Wendekreis. Der Wind setzte die Drehung, die er begonnen, fort und wurde mit fallendem Barometer und Regen am 31. October und 1. November nach und nach Nordwind, dann Nordwest-, West-, Südwest- und Südwind. Am 2. November waren alle Wolken plötzlich wie weggefegt, es war ein wunderschöner, wolkenloser Tag, der Wind begann seine Tour wieder zurück über Südwest nach West und Nordwest, die ersten Albatrosse zeigten sich wieder und wurden als alte Bekannte mit Freuden begrüsst. Die Temperatur der Luft, von den Salomons-Inseln weg in fortwährendem Fallen, betrug jetzt nur mehr 15 bis 16 Grad R. (wir befanden uns auf 28 Grad südlicher Breite), so dass die Tuchkleider wieder hervorgesucht wurden.

Zehn volle Monate hatten wir in den Tropen zugebracht, es war uns an dem schönen kühlen Novembertage zu Muthe, wie an einem herrlichen Frühlingstag in der Heimat. Am 4. November kam die australische Küste bei Smoky-Cap in Sicht, ein frischer Ostwind füllte alle Segel und mit 10 Meilen Fahrt in der Stunde näherten wir uns unserem Ziele. Am

5. November gegen 2 Uhr Nachmittags wurde das Land bei Port Jackson sichtbar und schon um 6 Uhr Abends lag die Fregatte zwischen Pinchgut- und Garden-Eiland in dem grossartigen Port Jackson bei Sydney vor Anker. Nach 84tägiger Seefahrt, während welcher 6256 Seemeilen zurückgelegt worden waren, hatten wir glücklich das Ziel erreicht. Wir hatten auf der ganzen Reise nur ein einziges Schiff gesehen, einen amerikanischen Klipper bei den Marianen, und waren namentlich überrascht, auch vor Port Jackson nirgends ein Segel zu entdecken. Erst als wir schon dicht vor der Einfahrt standen, bemerkten wir einige Dampfer und kleine Küstenfahrer, die sich unmittelbar an der Küste hielten.

Ich schildere Ihnen nicht die Wonnegefühle, mit welchen man nach so langer Seefahrt den festen Boden wieder betritt, Briefe aus der Heimat empfängt, die neuesten Zeitungsblätter durchfliegt, wie man sich labt an frischen Früchten, an Milch und Butter und sich schnell und leicht einlebt unter anderen fremden Menschen, die dem neuen Ankömmling mit aller Freundlichkeit und Zuvorkommenheit entgegenkommen. Sydney vollends ist eine so ganz und gar europäische Stadt, dass uns Allen zu Muthe war, als wären wir wieder an einem heimatlichen Gestade angelangt.

Aber ich muss Ihnen noch die Freude, die Sensation und den Enthusiasmus schildern, welchen die Ankunft der schon lange erwarteten „Novara" unter den Deutschen in Sydney erregte. Die „Australische Deutsche Zeitung" (herausgegeben von Herrn J. Degotardi, einem gebornen Grazer), vom 6. November, die uns Allen von der Redaction in zuvorkommendster Weise zugeschickt wurde, ist voll von „Novara". „Allgemeine deutsche General-Versammlung aus Anlass der Ankunft der k. k. Fregatte „Novara", zur Besprechung und Berathung der Empfangsfeierlichkeiten."

„Man bedenke," so heisst es in der Einladung zu dieser Versammlung, „dass das Unternehmen der „Novara"-Expedition als rein deutsches, wissenschaftlichen Zwecken gewidmetes, bis jetzt einzig in seiner Art dasteht, und dass man das aufopfernde Streben der Männer der Wissenschaft nicht würdiger anerkennen kann, als durch allgemeine, herzliche Kundgebung der Theilnahme. Wir ehren dadurch nicht nur die Männer der „Novara"-Expedition selbst, sondern auch die hochherzigen Unternehmer, die edlen, eifrigen Förderer, die gesammte Wissenschaft, unser ganzes Vaterland und uns selbst. Allerorten, wo bis jetzt die stolze „Novara" erschienen ist, wurde ihr von allen Gebildeten ohne Unterschied der Nationen ein herzlicher Empfang bereitet; die hiesigen englischen Gelehrten haben bereits Vorbereitungen zu ihrem Empfange getroffen und wir hoffen, dass die Deutschen, die zunächst Veranlassung zur warmen Theilnahme haben, nicht zurückstehen werden, umso mehr, da den Angehörigen und Landsleuten in der Heimat bis jetzt noch wenig Erfreuliches über das nationale Thun und Treiben der hiesigen Deutschen zu Ohren gekommen ist."

Ein zweiter Artikel ist „An die Herren der „Novara"-Expedition" selbst gerichtet:

„Mit inniger Freude haben wir Ihre glückliche Ankunft in Port Jackson vernommen und heissen Sie, edle Männer! an den Gestaden Australiens herzlich willkommen. Seien Sie, hochgeehrteste Herren! von der wärmsten Theilnahme der hiesigen Deutschen an dem grossartigen Unternehmen der „Novara"-Expedition, sowie von unserer bewundernden Anerkennung Ihrer edlen segensreichen Wirksamkeit überzeugt. Der mächtige Donner Ihrer Kanonen wird in manchem deutschen Herzen die schlummernde Liebe zum Vaterlande wecken, wie das freundliche Bild Ihres innig vereinten Männerbundes den Trieb zu einheitlichem Zusammenhalten der Deutschen dieser Stadt neu beleben wird."

Am 6. November Morgens donnerten die Kanonen zum Gruss der englischen Krone in New-South-Wales, die Naturforscher schifften sich aus, und an Bord begannen alsbald die Arbeiten und Vorbereitungen, um die Fregatte zur Vornahme der nothwendigen Reparaturen in die Regierungsdocks auf

Kakadu-Eiland zu bringen. Der Aufenthalt der k. k. Fregatte in Port Jackson dürfte sich wohl bis Ende dieses Monates verlängern.

Aufenthalt in Sydney.

Festlichkeiten.

In meinem letzten Schreiben habe ich zum Schlusse noch von dem freudigen Enthusiasmus erzählt, mit welchem die Ankunft der „Novara" von den Deutschen in Sydney begrüsst wurde, und die Vorbereitungen zu verschiedenen Festlichkeiten erwähnt, in welchen die Freude und herzliche Theilnahme unserer Landsleute ihren Ausdruck finden sollte. Die festlichen Tage sind vorüber, die „Novara" hat das Festgewand, in welchem sie in der letzten Woche prangte, wieder abgelegt, sie ist segelfertig und bereit, jeden Augenblick auszulaufen aus dem herrlichen Port Jackson, um uns nach Neuseelands freundlichen Gestaden zu unseren wahrhaftigen Antipoden zu bringen.

Ich benütze den stillen Sonntag und schliesse mich, trotz des herrlichsten Wetters, das fast unwiderstehlich in's Freie lockt, hinter meine vier Wände ein, um Ihnen noch vor unserer Abfahrt die verflossenen Tage zu schildern. Denn wenn ich heute nicht schreibe, so bekommen Sie die Nachrichten wahrscheinlich erst mehrere Monate später, und ich darf gewiss annehmen, dass Sie ebenso verlangend sind, etwas von uns zu hören, wie wir mit wahrer Sehnsucht immer den Nachrichten aus der Heimat entgegensehen.

Die Festlichkeiten, wiewohl längst vorbereitet, konnten erst zur Ausführung kommen, nachdem die Fregatte „Novara" den Regierungsdock auf Kakadu-Eiland verlassen hatte. Die „Novara", das grösste Kriegsschiff, das je Port Jackson besucht hat, war somit auch das grösste Schiff, das bis jetzt in den

Regierungsdocks trocken gelegt wurde, und die Engländer sind stolz auf das anerkennende Lob, welches die Befehlshaber der Fregatte über die vortreffliche Construction der Docks aussprachen. Die „Novara" ging erneuert und verjüngt hervor, so dass sie nun noch zweimal die Reise um die Welt machen könnte.

Am 23. November hatte sie ihren alten Ankerplatz bei der Grotten-Insel wieder eingenommen, und am 24. begann die Reihe von Festlichkeiten mit dem „Novara"-Ständchen oder der „Novara"-Serenade.

Ich theile Ihnen statt einer eigenen Beschreibung den Bericht mit, welchen die „Australische Deutsche Zeitung" darüber gebracht hat.

Das Ständchen,

von den hiesigen deutschen Einwohnern zur Begrüssung der „Novara" beschlossen und veranstaltet, ist am Mittwoch Abends zur Ausführung gekommen. Es hat den Erwartungen nicht nur entsprochen, sondern dieselben weit übertroffen, und wird sowohl in den Herren der „Novara", als in den hiesigen Deutschen selbst für lange Zeit eine lebendige, frohe Erinnerung hinterlassen. Der kräftige und schöne Dampfer „Washington" war von den Herren Mitchell & Co. mit der zuvorkommendsten Bereitwilligkeit für den Festabend zur Verfügung gestellt und wurde von den Deutschen mit grünenden Bäumen und Zweigen und bunten Lampen geschmackvoll decorirt. Die Mitte des Schiffes überwölbte ein mächtiges Transparent mit der Inschrift „Willkommen" und ein schön gearbeiteter, transparenter österreichischer Adler war bereit, über dem Ganzen zu thronen. Eben war man bemüht, denselben an seinem erhabenen Standpunkt zu befestigen, als ein plötzlicher, unerwarteter Windstoss das Vorhaben vereitelte und zugleich in den Herzen eine ängstliche Besorgniss erweckte. Sie war leider begründet; denn die Windstösse wurden anhaltender und heftiger, und gestalteten sich endlich zu einem wahrhaftigen sogenannten

Brickfielder. („Brickfielder" nennt man in Sydney einen heftigen, aber nur kurze Zeit anhaltenden Süd- oder Südostwind, der sich nach heissen Tagen gewöhnlich gegen Abend plötzlich erhebt und die Staubmassen der Strassen so wie den Sand und Staub des im Süden der Stadt liegenden Hügels „Brickfield" aufwirbelnd [daher der Name], die ganze Stadt in dichte Staubwolken verhüllt. Der „Brickfielder" bezeichnet sehr charakteristisch den Umschlag der Witterung, der Himmel umzieht sich während der Windstösse aus Süden rasch mit Wolken, und den vorangegangenen heissen Tagen mit klarem Himmel folgen kühle Regentage.) Das war ein sehr ungebetener Gast, den man nach der vollkommensten Windstille so plötzlich nicht vermuthet hatte und der die deutsche Geduld und Langmuth und den guten Humor auf eine harte Probe stellte. Mit Gewalt war der Zudringliche nicht vom Halse zu schaffen, und so liess man ihn denn sein neckisches Spiel treiben und suchte mit unermüdlicher Geduld wieder gut zu machen, was er in seinem Uebermuth verdarb. Er brachte wenigstens nach einem glühend heissen Tag (109 Grad in der Sonne) erfrischende Kühle, und das versöhnte einigermassen die Ungehaltenen.

Es war 8 Uhr vorüber, als sämmtliche Theilnehmer am Ständchen, wohl 300 an der Zahl, an Bord des „Washington" versammelt waren. Ein wahrhaft wohlthuender, freundlicher, erhebender Anblick! Deutsche von allen Ecken und Enden, und aus allen Theilen der Mitte des grossen Vaterlandes fanden sich hier in brüderlicher Vereinigung. Nicht Oesterreicher, nicht Preussen, auch nicht Bayern, noch Sachsen, noch Hannoveraner waren es, sondern Deutsche und nichts als Deutsche, und Alle vereinte der eine edle Zweck, in der Begrüssung der „Novara" ihre Anhänglichkeit und Liebe zur gemeinsamen Heimat an den Tag zu legen, in der den Herren der „Novara" zu erweisenden Ehrenbezeugung zugleich das Vaterland und vaterländische Wissenschaft und Kunst zu ehren, welche in den ehrenwerthen Männern der „Novara"-Expedition so würdige Vertreter finden. Ein froher und frischer Geist durchwehte den schönen Verein, der überdies durch die zahlreiche Theilnahme stammverwandter Söhne Albions, sowie durch einen schönen Damenkreis bedeutend belebt wurde. Den ganzen lieblichen Menschenbund umschloss ein Kranz buntfarbiger Lampen zwischen frischen Baumzweigen, während auf hoher, über den Paddlebores errichteter Tribüne unser beliebter deutscher Musikchor, sowie die muntere Schaar der Sänger postirt war.

Der Anker wurde gelichtet. Mit den ersten tactmässigen Schlägen der Schaukelräder begann die Musik einen kräftigen, begeisternden Marsch und das Schiff strebte von Circular-Quai in das weite Port Jackson hinaus, der stolzen „Novara" entgegen. Wie aber der „Brickfielder" merkte, dass man sich über sein Pfeifen lustig machte und ihn verlachte, da fing er seine boshaften Streiche an und blies schon bei der ersten Wendung des Schiffes die eine Reihe der farbigen Lichter schadenfroh aus, bei der zweiten Wendung auch die andere und endlich selbst die Lampen der Musiker und Sänger, und da sass man denn in der dicken Finsterniss und der „Brickfielder" triumphirte. Aber der unverwüstliche deutsche Humor siegte auch hier. Die Lampen wurden wieder angezündet, ausgeblasen und wieder angezündet, so dass der „Brickfielder" am Ende nicht Schritt halten konnte und wenigstens einige der Lampen ungerupft lassen musste. Bald mischte sich mit den vollen Klängen der Musik, mit dem Jubel der Menge und dem Sausen und Pfeifen des Windes das Zischen und Knallen der abgebrannten Raketen und sonstigen Feuerwerkskörper, während bengalische Flammen das bunte Menschengedränge an Bord des Schiffes, sowie die vorübereilenden Schiffe des Hafens und die bewegte Wasserfläche magisch erleuchteten. Ihr Verlöschen hüllte die ganze Umgebung wieder in tiefes Dunkel, welches nun seinerseits wieder den Glanz der Himmelslichter, sowie den Schimmer der irdischen Lichter in der weiten Runde umso lebhafter hervortreten liess.

Jetzt erblickte man die Lichter der Schiffslaternen auf den äussersten Mastenspitzen der „Novara" und konnte bald den ganzen dunklen Körper des schönen Schiffes unterscheiden. Mit möglichster Sorgfalt suchte man die Lampen vor dem Winde zu schützen und die Transparente beim Näherkommen zu erleuchten, was auch, so gut es die Umstände erlaubten, gelang. In weitem Bogen, unter dem fortwährenden Spiel der Musik, wurde die „Novara" umkreist und endlich in möglichster Nähe, d. h. in ehrerbietiger Entfernung Anker geworfen. Bengalische Flammen an Bord der „Novara" erleuchteten plötzlich die dem „Washington" zugewendete mächtige Seite des stolzen Kriegsschiffes und liessen nicht nur die auf dem Deck versammelten Herren, sondern auch mehrere mit Menschen gefüllte Boote an seiner Seite erkennen. Ein Boot der „Novara" kam heran und nahm die Mitglieder des Comités auf, welche mit Ueberreichung einer Adresse betraut waren, während in freundlicher Erwiderung die Musik der trefflichen „Novara"-Bande zum „Washington" herüberdrang. Dort war unterdessen die Deputation, bestehend aus den Herren: Hetzer, Frerichs, Jansen, Kohn, Reiling und Gelbrecht, vom Herrn Consul Kirchner auf's freundlichste empfangen und einzeln dem Commodore vorgestellt worden. Nach dieser Ceremonie verlas Herr Gelbrecht laut und deutlich die zu überreichende Adresse, deren Wortlaut wir hier folgen lassen:

„An den Befehlshaber, die Officiere und die Gelehrten des k. k. österreichischen Kriegsschiffes „Novara".

Geehrte Herren!

Wir, die unterzeichneten deutschen Bewohner Sydneys, rufen Ihnen bei Ihrer glücklichen Ankunft im hiesigen Hafen ein herzliches Willkommen entgegen. Nehmen Sie dies „Willkommen" auf als einen Erguss unserer höchsten Sympathie mit der grossen Unternehmung, auf welcher Sie zum Wohle der gesammten Wissenschaft begriffen sind. Wir fühlen uns besonders stolz als Deutsche, unseren englischen Mitbürgern gegenüber, wenn wir nicht allein Männer wie Dr. Leichhardt, der in den Herzen aller Colonisten fortleben wird, sondern sogar die grössten deutschen Monarchen ein so hohes Interesse für Kunst und Wissenschaft kundgeben sehen.

Fern von unserem Vaterlande, können wir unsere Liebe und Anhänglichkeit an dasselbe nur dadurch beweisen, dass wir deutsche Sitten und Gebräuche mit uns verpflanzen, wo immer das Schicksal uns hinführen möge, und dass wir stets unserer Abstammung eingedenk sind, wo immer Deutsche auf unserem Lebenspfade uns begegnen.

Solch eine Kundgebung steter Erinnerung an unser weit entferntes Geburtsland, solch ein heiliger Beweis unserer hohen Verehrung für deutsche Kunst und Civilisation gibt sich Ihnen bei Gelegenheit der heutigen Demonstration kund, und mögen Sie den Ausdruck unserer Gefühle als eine schöne, vielversprechende Blüthe des deutschen Lebensbaumes betrachten, den wir an die Ufer des Stillen Oceans auf australischen Boden verpflanzt haben.

Erlauben Sie uns, Ihnen auszudrücken, dass die Ausrüstung der Expedition der „Novara" zu dieser weltberühmten Fahrt uns mit der höchsten Bewunderung für Oesterreichs jungen Monarchen und für Se. k. Hoheit Erzherzog Max erfüllt hat, die, wie ihr grosser Ahne Joseph, den deutschen Fürsten als Förderer von Kunst und Wissenschaft so leuchtend voranstehen; nehmen Sie die Versicherung hin, dass wir die Ausdauer und den Muth bewundern, welchen Sie selbst, geehrte Herren, auf der langen, mit so vielen Mühseligkeiten und Gefahren verknüpften Reise kundgeben, und lassen Sie uns auch bei dieser Gelegenheit den Männern und Koryphäen deutscher Wissenschaft unsere Anerkennung zollen, welche im Verein mit unserem grossen, in der ganzen Welt verehrten Landsmann Alexander v. Humboldt Ihnen durch Zusendung von Materialien und Instrumenten so grosse Hilfeleistungen zu Ihrer Unternehmung boten.

Möge der Erfolg der „Novara"-Expedition ein solcher sein, dass er Ihren kühnsten Wünschen entspreche; die Data dieser Weltumseglung werden mit dem ehernen Griffel der Geschichte der Nachwelt überliefert werden und noch in den spätesten Zeiten als ein Beweis gelten, was deutscher Sinn für Wissenschaft und Kunst zum Wohle der gesammten Menschheit zu wirken im Stande ist.

Genehmigen Sie, geehrte Herren, nochmals die Versicherung unserer tiefgefühlten Hochachtung, mit welcher wir zeichnen etc."

(Folgen 130 Unterschriften.)

Die Adresse wurde nun dem Commodore überreicht, welcher dieselbe mit unverkennbarer Freude empfing und in folgenden Worten erwiderte:

„Geehrte Herren!

Ich danke Ihnen mit gerührtem Herzen für die Ehre und Auszeichnung, welche Sie der „Novara"-Expedition und mir durch die zarte Aufmerksamkeit erweisen, deren Zeugen wir eben sind.

Als Vertreter Oesterreichs freut es mich, Sie hier auf deutschem Boden empfangen und begrüssen zu können. Ich werde es mir zur ganz besonderen Ehre rechnen, die warmen und herzlichen Sympathien, die Sie für unser gemeinsames Vaterland sowohl, als für dieses Unternehmen, an dessen Spitze ich stehe, an den Tag gelegt, zur Kenntniss Sr. Majestät meines allergnädigsten Kaisers und Herrn und Sr. kaiserlichen Hoheit des durchlauchtigsten Herrn Marine-Obercommandanten Erzherzog Ferdinand Max zu bringen.

Ich danke Ihnen wiederholt auf das verbindlichste für diese schöne, patriotische Demonstration, welche gewiss in allen biederen deutschen Herzen im Vaterlande ein lautes Echo finden wird, weil sie auch hier in Australien der Ausdruck jener Einheit ist, welche den Bestrebungen der kaiserlichen Regierung als deutsche Grossmacht als Hauptziel vor Augen schwebt."

Nach dieser Erwiderung gab Herr Gelbrecht durch lauten Ruf von der „Novara" ein Zeichen und nun erschallten vom „Washington" der „Novara" zum Grusse donnernde Hurrahs, worauf vom Sängerchor: „Was ist des Deutschen Vaterland?" mit Kraft und Wärme gesungen wurde, so dass es an Bord der „Novara" ungeachtet des Windes deutlich genug vernommen werden konnte.

Die Deputation verabschiedete sich und kehrte unter dem Spiel der „Novara"-Bande an Bord des „Washington" zurück, woselbst Herr Gelbrecht im Namen des Commodore allen

Anwesenden und Theilnehmern für die der Expedition erwiesene Ehre herzlich dankte. Die Musik an Bord der „Novara" hatte geendet und es wurde von den Sängern der Festmarsch gesungen: „Töne, du Feierlied!" welchem Herr Süssmilch die folgenden angemessenen Strophen unterlegt hatte:

„Ein Hoch gebracht, den Männern werth,
Der Wissenschaft geweiht;
Die gern verliessen Haus und Herd
Zu kühner Thätigkeit.

Ein Hoch dem theuren Vaterland;
Es möge ewig stehn!
Auf seine Söhn' im fernen Land
Mit Stolz herübersehn!"

Von der „Novara" herüber tönten nun die vollen Klänge der herrlichen österreichischen Nationalhymne, welche selbst eine mächtige Anziehung auf den transparenten Adler auszuüben schienen; denn unversehens schwebte er, von dem mit ungebrochener Kraft wehenden Winde seiner Fesseln entledigt und in seinem Fluge unterstützt, in der Richtung der „Novara" davon. Schnell war jedoch seine Flugkraft gebrochen und er suchte sein Heil im Schwimmen. Glücklicherweise gewann ihm ein Boot den Vorsprung ab und erlöste ihn aus der Gewalt des verderbendrohenden Elementes. Fest und gehalten ertönte nun das „Gott erhalte" aus der Brust der Sänger und zum drittenmale aus den Instrumenten der deutschen Bande. Während dessen wurde von der Spitze des „Washington"-Mastes ein brillantes Feuerwerk abgebrannt, sowie von beiden Schiffen aus leuchtende Raketen in weitem Bogen die Nacht durchzischten und blendende künstliche Flammen von Zeit zu Zeit Schiffe und Menschen und Meer in geisterhafter Beleuchtung hervortreten liessen. So verfloss eine fernere halbe Stunde, während welcher der musikalische Wettstreit zwischen den Sängern und Musikern auf der einen und des Musikchores der „Novara" auf der anderen Seite ununterbrochen fortdauerte, und kräftige, aus voller Brust ertönende

Lieder mit ohrentzückenden, herzerfreuenden und beinebelebenden Musikstücken mannigfach abwechselten. Dass die dem belästigenden Winde am meisten ausgesetzten Sänger und Musiker dann und wann durch einen und den anderen gründlichen Zug aus der einen und anderen vollen Flasche die Kehlen zu neuer Thatkraft begeisterten, versteht sich gewissermassen von selbst.

Die Stunde des Abschiedes war endlich gekommen. Noch einmal begrüsste die „Novara" ein freudiger Chor, während der Anker aufgewunden wurde; dann erschollen zum Abschiede donnernde Hurrahs und mit voller Kraft dampfte, unter frohem Jubel und klingendem Spiele, der starke „Washington" mit seiner seltenen Bürde davon. Nicht viel fehlte, so hätte der festliche Abend auch Menschenopfer gekostet. Man sang eben „heiterer Lebenslauf" von Mangold, als plötzlich ein gellender Angstruf vom Wasser heraufschallte und die Kehlen mit einemmale in's Stocken brachte. Man forschte nach der Ursache und sah bald ein bemanntes Boot dicht am Dampfer vorüberpassiren. Dasselbe war, wie sich nachher ergab, bei einer plötzlichen Wendung des Dampfers in dessen unmittelbare, verderbendrohende Nähe gekommen und entging nur wie durch ein Wunder dem Schicksale, in Grund gebohrt zu werden. Einige Damen im Boote hatte der Schreck besinnungslos gemacht, während er den Männern, — es waren die deutschen Capitäne des „Armin" und der „Anna Lange" und Herr Consul Müller — jene Nothrufe auspresste. Diesen Schreck hätte man sich sparen können, wenn man, anstatt in dunkler, stürmischer Nacht sich dem schwachen Boote anzuvertrauen, an Bord des „Washington" gegangen wäre. — Zum Glück kam man eben mit dem Schrecken davon! Eine halbe Stunde nach 10 Uhr legte der Dampfer an seinem Landungsplatze im Circular-Quai an, nachdem die Musik mit „God save the Queen" diesen Theil des Festabends beschlossen hatte. Ein dreimaliges Hurrah für die Herren Mitchell & Co., welche so bereitwillig den schönen Dampfer unentgeltlich zur Verfügung gestellt hatten, ein anderes für den braven Capitän und ein letztes für die das Fest beehrenden Damen wurden mit Begeisterung ausgebracht, dann schiffte man sich aus und ging, die aus dem Sturme geretteten Lampen mitführend, mit freundlichen Erinnerungen im Herzen hinab, nicht etwa in seine Wohnung, sondern in Parker's Family Hôtel, wo man im freundlichen Tanzsaale und hinter reichbesetzten Tafeln dem schadenfrohen „Brickfielder" erst recht trotzte und ihn nach Herzenslust brausen und pfeifen liess.

So verlief ein schöner, rein deutscher Festabend, dessen Andenken nicht so bald aus der Erinnerung schwinden wird.

Ich brauche kaum hinzuzufügen, dass diese echt nationale Kundgebung, eine Bewillkommnung nach guter alter, deutscher Sitte mit Musik und Gesang, auf die Engländer, die in Sydney nie etwas Aehnliches erlebt hatten, einen ganz besonderen Eindruck machte. Der „Sydney Morning Herald", das Hauptblatt in Sydney, gab eine ausführliche Schilderung dieses Festes, der lange Reflexionen über die verschiedenen Sitten und Gebräuche der civilisirten Nationen vorangehen. Engländer oder Amerikaner, meint der Berichterstatter, würden zu gegenseitiger Begrüssung ein „enormes Diner" veranstalten, die Franzosen möglichst kolossale Quantitäten Pulver verschiessen, militärische Paraden halten, oder vielleicht einen Ball arrangiren, die Deutschen aber, die musikalischeste aller Nationen, begrüssen sich einfach mit Gesang und Musik.

Aber diesmal begnügten sich die Deutschen nicht mit Gesang und Musik, schon am anderen Tag folgte dem „Ständchen" ein solennes Festessen, das die Mitglieder des deutschen Clubs in Sydney in ihrem geräumigen freundlichen Locale zu Ehren der „Novara"-Expedition veranstalteten. Gegen 70 Gäste nahmen Theil. Das Local war reich geschmückt mit den Flaggen der verschiedenen deutschen Staaten, dazwischen die Bildnisse Sr. Majestät des Kaisers und Ihrer Majestät der Kaiserin von Oesterreich, mit Lorbeerkränzen umgeben. Eine deutsche Musikbande spielte, während man sich den Freuden der

Tafel hingab, musste aber verstummen, als in begeisterten Toasten die Bedeutung des festlichen Abends hervorgehoben wurde.

Der erste, vom Herrn Consul Kirchner ausgebrachte Toast galt „der Königin", unter deren mächtigem Schutz die Deutschen in Australien einer erwünschten Freiheit sich zu erfreuen haben; der zweite, ebenfalls vom Herrn Consul Kirchner ausgebracht, galt „Sr. Majestät dem Kaiser Franz Joseph und Sr. k. Hoheit dem durchlauchtigsten Erzherzog Ferdinand Maximilian". Beide wurden mit Begeisterung aufgenommen und der letztere von dem Commodore der „Novara" mit folgenden herzlichen Worten erwidert:

„Erlauben Sie mir, meine Herren, Ihnen meinen besten Dank für das herzliche Lebehoch zu sagen, welches Sie soeben auf das Wohl Sr. Majestät meines allergnädigsten Kaisers und Herrn und der erlauchten nächsten Glieder der kaiserlichen Familie ausgebracht haben. Als Repräsentant einer deutschen Grossmacht ist es mir wohlthuend, solche Gesinnungen von den in Australien unter dem Schutze englischer, stammverwandter Herrschaft lebenden Deutschen aussprechen zu hören!

Lassen Sie mich in der Erwiderung Ihrer so schmeichelhaften Gesinnungen Sie einladen, die Gläser auf das Wohl eines deutschen Mannes zu leeren, durch dessen enges Verhältniss zum englischen Königshause die Beziehungen Deutschlands zu England noch inniger und herzlicher werden, auf das Wohl des erlauchten Gemahles der Königin Victoria: Prinz Albert!"

Hierauf brachte Herr Frerichs das Wohl des Commodore, der Officiere, der Marine und wissenschaftlichen Expedition aus, worauf der Commodore abermals in folgenden Worten antwortete:

„Gestatten Sie, meine Herren, dass ich mich nochmals erhebe, um meinen tiefgefühlten Dank für das Hoch auszusprechen, durch das Sie mich eben geehrt haben.

Innig erfreut, mich ferne vom gemeinsamen deutschen Vaterlande wieder unter biederen Landsleuten zu befinden, fühle ich mich glücklich, Ihren warmen Gruss in deutscher Sprache, mit deutschen Gesinnungen erwidern zu können.

Nachdem mir die Ehre der Leitung einer so bedeutungsvollen Expedition zu Theil geworden, hielt ich es für einen der Zwecke derselben, der Welt zu zeigen, was mit vereinten Kräften nach unseres Kaisers Wahlspruch deutscher Fleiss, deutsche Ausdauer, deutscher Wille zu leisten vermögen. Wir Alle reichten uns die Hände, diesen Zweck zu erfüllen, wir Alle haben es uns zur schönen Aufgabe gemacht, den Erwartungen unseres erhabenen Monarchen, unseres hohen kaiserlichen Chefs der „Novara", unseres Vaterlandes, soweit es unsere Kräfte ermöglichen, gerecht zu werden. Wir Alle sind von dem gleichen Wunsche beseelt, den Bewohnern der Erde zu zeigen, dass wir einem Volke angehören, welches theilnehmen kann und will an den Erfolgen der Wissenschaft selbst auf dem weiten Meere. Ob wir den angestrebten Zweck auch erreichen, ob der gewünschte Beweis auch geliefert wird, müssen wir dem Urtheile derjenigen Männer überlassen, welche, unser grosser Humboldt voran, Meister sind, vor denen wir uns mit Ehrfurcht beugen. Aber einig wollen wir sein, zusammenwirken wollen wir und mit Ernst der Lösung unserer wichtigen Aufgabe nachstreben.

Und so lassen Sie mich dem Wunsche Worte leihen, dass Sie sich gleichen Gesinnungen hingeben, ähnliche Ziele erreichen mögen, und empfangen Sie die Versicherung, dass wir niemals vergessen werden, wie liebevoll Sie uns Alle mit echt deutscher Biederkeit aufgenommen haben und uns entgegengekommen sind. Ich ersuche Sie, meine Herren, mit einzustimmen in ein lautes Lebehoch auf das Wohl und das Gedeihen der Deutschen in Australien!"

Nachdem das Wohl der hiesigen Deutschen getrunken war, ergriff Herr Michaelis das Wort, bat die Gläser zu füllen und sprach mit Wärme und Gewandtheit von den Verdiensten deutscher Männer auf dem Gebiete der Wissenschaft, deren besonderes Wohl er zu trinken beantragte. Herr Dr. Scherzer erhob sich und sprach folgende Worte der Erwiderung:

„Meine Herren!

Es ist ein gar wohlthuendes Gefühl für den deutschen Reisenden, die grossartige Verbreitung seiner Stammgenossen über alle Länder der Erde zu sehen, den edlen Einfluss wahrzunehmen, welchen die deutsche Nation auf die Culturgeschichte der Menschheit übt! Kaum gibt es einen Fleck auf Gottes schöner Erde, wo nicht Deutsche als Landwirthe, Kaufleute, Missionäre, Aerzte, Advocaten, Industrielle, Ingenieure u. s. w. thätig sind und einen ansehnlichen und angesehenen Theil der Bevölkerung bilden. So wichtig aber ihr socialer und sittlicher, ebenso gering ist ihr politischer Einfluss. Ist es nicht z. B. eine höchst merkwürdige Erscheinung, dass von den 5 Millionen Deutschen, welche zum Wohle des Landes die Vereinigten Staaten bewohnen und namentlich als Kaufleute, Aerzte u. dgl. eine bedeutende Stellung einnehmen, auch nicht ein Einziger im Congress sitzt oder sonst einen wichtigen Posten in der Legislatur oder Gerichtspflege einnimmt?

Die Ursache davon ist leicht erklärlich, sie wurzelt tief, sie erinnert an den ewigen Krebsschaden der Deutschen, an den Mangel an Einheit, an einem kräftigen, festen Zusammenwirken! Diese Zerfahrenheit der Deutschen in der Fremde wird aber so lange nicht beseitigt werden, als dieselbe in der Heimat selbst fortwuchert und fortbesteht. Mit Stolz, meine Herren, spreche ich es an dieser Stelle aus, wo wir von unseren Landsleuten mit echt biederer deutscher Herzlichkeit aufgenommen worden sind, dass keine deutsche Regierung in den letzten Jahren so viel sich bemüht und beigetragen, die Einheit Deutschlands durch Verschmelzung der materiellen und volkswirthschaftlichen Interessen der verschiedenen deutschen Staaten zu fördern, als das regenerirte Oesterreich! Die kaiserliche Regierung war es, welche die Zolleinigung mit allen ihr zu Gebote stehenden Mitteln herzustellen trachtete; sie war es, welche das deutsche Handelsrecht zu ihrem eigenen machte, welche die Gleichheit der Münze, die Gleichheit der Masse und Gewichte, jenes schöne Symbol der Einheit der Völker, anstrebte und theilweise bereits verwirklichte; sie war es, welche, obschon selbst keineswegs in den glänzendsten finanziellen Verhältnissen, den deutschen Handel und die jüngste Krisis, gleichsam mit dem Gefühl der Erfüllung einer Pflicht, auf die grossmüthigste und uneigennützigste Weise unterstützte; sie ist es ferner, welche im Verein mit Bayern ernstlich bemüht ist, damit die deutsche Emigration auf eine festere, solidere Basis, wie die bisherige, gestellt werde, damit Deutschland sich um das Schicksal der deutschen Emigranten mehr wie es bisher geschah, kümmere.

Und gewiss ist es nicht die letzte Aufgabe der „Novara"-Expedition, sich über den Zustand der deutschen Emigranten in den von ihr besuchten Ländern zu unterrichten, die Mittel und Wege kennen zu lernen, wodurch dem deutschen Handel und der deutschen Industrie neue Abzugsquellen eröffnet und neuer Markt geschaffen werden könnte!

Ja, meine Herren, bei edlen, echt deutschen Gesinnungen, welche die Männer beseelt, die sich an der Spitze der kaiserlichen Regierung befinden, ist gewiss der Moment nicht mehr ferne, wo auch der ärmste deutsche Emigrant im entferntesten Winkel der Erde sich mit Stolz wird daran erinnern und erbauen können, dass er auch dann noch unter dem Schutze einer deutschen Macht steht, selbst wenn er entfernt vom Mutterlande weilt, und ihrer kräftigen Theilnahme versichert sein möge, wenn es sich darum handelt, sein gutes Recht zu schützen und zu wahren!

Und so erlauben Sie mir denn, meine Herren, Sie einzuladen, dieses Glas zu leeren:

Auf die Einheit, auf die Macht und Grösse des gemeinsamen deutschen Vaterlandes,

„So weit die deutsche Zunge klingt
Und Gott im Himmel Lieder singt!"

Herr G. Frauenfeld sprach herzliche Worte des Dankes für die ausserordentliche Zuvorkommenheit, mit welcher die Mitglieder der wissenschaftlichen Commission von allen Seiten in ihren Zwecken auf's kräftigste unterstützt wurden, und schloss mit einem Hoch auf deutsche Wissenschaft.

Dem Toast auf deutsche Wissenschaft folgte ein feierlicher, ernster Augenblick. Herr Dr. Ferd. Hochstetter erinnerte daran, welche Verdienste deutsche Wissenschaft auch in Australien habe, wie wir stolz darauf sein können, dass unter den Namen der Männer, welche mit der aufopferndsten Hingebung das Ziel verfolgten, das Innere von Australien wissenschaftlich zu durchforschen, obenan steht der Name eines Deutschen, „Dr. Leichhardt", den die Colonisten ihren „besten Freund" nennen, dessen Schicksal, noch immer in Dunkel gehüllt, trotz der Anstrengungen edler Mitmenschen, wahrscheinlich der Märtyrertod für die Wissenschaft ist. Dr. Hochstetter forderte die Gesellschaft auf, sich im Stillen zu erheben zur Ehre des Andenkens an unseren unglücklichen Landsmann Dr. Leichhardt.

Diesem feierlichen Augenblick folgte von Seite des Commodore ein Hoch auf den allverehrten Alex. v. Humboldt:

„Wir haben bereits zahlreiche Trinksprüche ausgebracht, wir haben auch auf das Wohl eines Deutschen getrunken, der sich um diese Colonie, um Australien, unsterbliche Verdienste erworben. Lassen Sie uns nun auch das Glas leeren auf das Wohl eines deutschen Mannes, dessen Name uns mahnt an die Einheit des gemeinsamen deutschen Vaterlandes, eines Mannes, der keiner Nationalität, der ganz Deutschland angehört, auf das Wohl des edlen Alexander v. Humboldt!"

Mit unverhohlener Herzlichkeit wurde der Toast aufgenommen. Das ewig schöne Thema „Vaterland" hatte sich Herr Dr. Jonasson gewählt, welcher in einer von Herzen gehenden Anrede die Zuhörer zur wärmsten Theilnahme hinriss. Herr Wallach beantragte das Wohl Australiens. Zum letztenmale erhob sich der Commodore der „Novara" und brachte folgenden Toast aus:

„Meine Herren!

Während ich mich einerseits über das Gedeihen des deutschen Elementes in dieser Colonie innig freue, kann ich andererseits nicht unterlassen, den englischen Bewohnern von Neu-Süd-Wales meinen tiefgefühltesten Dank für die ehrende, auszeichnende Aufnahme auszudrücken, welche uns in dieser zukunftreichen Colonie englischerseits zu Theil geworden ist. Ja ich komme nur einer angenehmen Pflicht nach, indem ich meine Dankbarkeit, meine innigsten Wünsche für das Wohl und das Gedeihen dieser herrlichen Colonie in dem einen Trinkspruch zusammenfasse:

Auf das Wohl des hochverdienten Generalgouverneurs von Australien, auf das Wohl Sr. Excellenz Sir William Denison!"

So schloss ein weiterer Festabend, der uns immer in lebendiger Erinnerung bleiben wird.

Inzwischen hatte die letzte europäische Post uns die Nachricht von einem Ereignisse gebracht, das in unseren Herzen denselben Enthusiasmus, denselben Jubel, dieselbe Theilnahme erregte, wie sie uns die Zeitungen aus allen Provinzen unseres Vaterlandes meldeten — die Geburt eines Kronprinzen, des Erzherzogs Rudolf. Der frohe Jubel Oesterreichs hallte wieder am anderen Ende der Welt in Port Jackson, der Donner der „Novara"-Kanonen verkündigte am 27. November das freudige Ereigniss an der Küste Australiens. Einundzwanzig Kanonenschüsse am Morgen, ebenso viele am Mittag und eine gleiche Zahl mit Sonnenuntergang benachrichtigten die Bewohner Sydneys von der schönen Feier, welche an Bord der „Novara" durch ein feierliches Tedeum mit erhebender Musik, woran die ganze Mannschaft in Parade, und durch ein Déjeuner, woran nur einige nahestehende Gäste theilnahmen, begangen wurde. Am Morgen hatten die Officiere der englischen Fregatte „Iris" persönlich ihre Gratulationen dargebracht und bewiesen ihre Theilnahme durch Beflaggen ihres Schiffes, sowie durch das Abfeuern von einundzwanzig Kanonenschüssen am Mittag, welchem Beispiele ebenfalls die gerade eingelaufene „Victoria" folgte.

Der kirchlichen und militärischen Feier folgte am 30. November ein Ballfest an Bord der „Novara", zu dem gegen 300 Gäste, die ganze Elite von Sydney, geladen waren. Das Fest war das grossartigste während unserer ganzen Reise. Die „Novara" war nicht mehr zu erkennen. Das Kriegsschiff war umgewandelt in einen wahren Feenpalast, und ich muss gestehen, ich war nicht weniger überrascht von dem Glanz und Geschmack der unter der Leitung unseres verehrten Commandanten Baron v. Pöck ausgeführten Decorationen, als die Bewohner Sydneys, die nie zuvor Aehnliches auf einer schwimmenden Feste in Port Jackson gesehen hatten. Lassen Sie sich das Fest von der „Australischen Zeitung" selbst erzählen.

Der Ball an Bord der „Novara" am verflossenen Dienstag Abend kann mit vollem Recht als ein Ereigniss angesehen werden, welches in ähnlicher glänzender Weise in Australien vorher nicht stattgefunden hat. Sämmtliche Arrangements waren mit einem Geschmack und einer Entwicklung von Kunstsinn getroffen, wie er nur Deutschen eigen zu sein pflegt, und verdienten umso mehr Bewunderung, da die Verwandlung eines Kanonendecks in einen prachtvollen Tanzsaal, sowie die Herstellung der Gesellschafts-, Spiel-, Speise-, Ankleidezimmer und des Rauchcabinets mit Schwierigkeiten verknüpft ist, die nur derjenige ermessen kann, der die räumlichen Verhältnisse eines Kriegsschiffes kennt. Was nicht aus dem Wege zu räumen war, Steuerrad, Compass, Gangspill, wurde in liebliche Blumengruppen verwandelt, an denen der Blick mit Wohlgefallen haftete. Wände und Decke des künstlich geschaffenen Saales schmückten buntfarbige Fahnen und Flaggen, stolze Wappenbilder und eine duftende Wildniss üppig grünender Zweige, durchwoben von Kränzen der farbenschimmerndsten Kinder Flora's. Dem zarten Schosse eines wahrhaftigen Blumenkelchs entquoll der silberne Strahl einer muschelgefassten, epheuumwundenen Fontaine, und in den aufgelösten Tropfen des Strahles blitzten die Lichter der aus blinkenden Pistolen zusammengefügten Lustres. Und inmitten dieses irdischen Feenreiches schlugen freudig die Hunderte der Herzen der begeisterten Tänzer und wogten die Busen der festlich geschmückten Tänzerinnen, der Schönsten, auf welche Australiens Metropolis stolz zu sein Ursache hat. Wie schwebte und hebte und webte und lebte das, wenn, von Strauss', Lanner's und Labitzky's entzückenden Melodien getragen, die Schaaren der Tanzenden im frohen Reigen sich harmonisch verwirrten! Wie vergass man Heimat und Fremde, Zukunft und Vergangenheit und lebte nur der reizenden Gegenwart! Auch die brave Schaar der Soldaten und Matrosen hatte Theil an der festlichen Feier des Abends; auch sie hatten sich ihren grünenden und blühenden Tanzsaal geschaffen und vergassen in brüderlicher Umarmung, von denselben heimatlichen Musenklängen zum lustigen Tanze bewegt, der Mühen und Beschwerden ihres Berufes. Hatten sie auch keine schmucke Dirne im Tanze zu schwingen, so drückten sie umso inniger den treuen Bruder an's treue Herz und tanzten der gemüthliche Oesterreicher mit dem feurigen Italiener, der melodienreiche Böhme mit dem sangeslustigen Steiermärker. Und die guten, alten Kanonen im fernen dunkeln Winkel steckten die hohlen Köpfe zusammen und flüsterten so geheimnissvoll und guckten so schweigend in die Meeresnacht hinaus und wussten nicht, wie ihnen geschah! Und der bescheidene deutsche australische Gast im festlichen Tanzsaale, ungewohnt des glänzenden Schimmers und geblendet von dem seltenen Glanze, dachte in seinem Herzen:

„Im Saal voll Pracht und Herrlichkeit
Schliesst, Augen, euch; hier ist nicht Zeit,
Sich staunend zu ergötzen!"

und zog sich hinab in die heimlichen Räume des Rauchzimmers, wo er in der lieben Gesellschaft der tanzfeindlichen, biederen Landsleute beim vollen Glase in traulichem Geplauder lang entbehrte glückliche Stunden verlebte und im geheimnissvollen Dunkel der Tabakwolken die trüben Wolken des ernsten Lebens für eine geraume Weile verscheuchte. Die Gesellschaft blieb beisammen bis zum anderen Morgen, und als zum Abschied der „Novara" ein freudiges Hurrah von den Gästen gebracht wurde, da glänzte schon der Himmel in voller Morgenröthe.

Kein Wunder, wenn nach einer Reihe so glänzender Festlichkeiten die „Novara" das Tagesgespräch in Sydney bildet. Im Prince of Wales-Theater werden Vorstellungen gegeben unter der „Patronage" des Commodore und der Officiere Sr. Majestät Fregatte „Novara". Mit riesigen Buchstaben auf den angeschlagenen Theaterzetteln steht an allen Strassenecken „Novara" geschrieben, und ein stürmischer Beifall ist Abends los, wenn es einem Schauspieler gelingt, einen guten Witz auf die „Novara"-Expedition zu machen. Bei dem „Fancy Dress Ball", einem Costümball, welchen die Bürger Sydneys während unserer Anwesenheit dem „Mayor" von Sydney gaben, waren es nach den Berichten der Zeitungen die „Oesterreicher", welche in den Herzen der schönen Australierinnen den Sieg davontrugen. Im Concert des philharmonischen Vereines war es das Spiel einer Wienerin, Madame Rawack geb. Mauthner, das alle Zuhörer begeisterte.

„Was war," heisst es in der „Australischen Zeitung", „die Ursache der sichtlichen freudigen Bewegung, welche nun plötzlich den weiten Hörerkreis durchlief? Madame Rawack hatte zur Verherrlichung des Abends ihre Mitwirkung freundlichst zugesagt, und sie war es, deren Auftreten nun jene Bewegung hervorrief. Wie hingen die Blicke mit Wohlgefallen an der lieblichen Erscheinung der herzengewinnenden Künstlerin! Wie lauschte man den Tönen, welche unter ihrer Meisterhand dem Instrumente entquollen! Sie spielte eine Phantasie von Döhler über Melodien aus „Anna Bolena". Wer nur einigermassen mit der Kunst der Musen vertraut ist, dem kann die Gründlichkeit und Gediegenheit dieser Composition, dem können die durchweg zu überwindenden technischen Schwierigkeiten derselben nicht verborgen bleiben. Wo bleiben aber die Schwierigkeiten unter der Hand unserer Künstlerin! Das unkundige Ohr hört nur Spiel und keine Schwierigkeiten! Eben weil Madame Rawack dieselben spielend zu überwinden versteht, weil in kürzester Zeit die ganze Composition im reichen Schatzkästlein ihres Tongedächtnisses eingeschlossen ist, — darum wird dieselbe ihr geistiges Eigenthum, darum vermag sie darin die verborgensten Gefühle zu entdecken, die den Componisten bewegten, und dieselben im Herzen der Hörer wiederklingen zu lassen: darum ist sie eine vollendete Künstlerin. Eines näheren Eingehens auf die einzelnen Partien bedarf es nicht. Die harmonienreiche Introduction, das gefällige Thema, die kunstreiche, elegante Phantasie, Alles wurde mit gleicher Meisterschaft, mit unübertrefflicher Virtuosität gespielt. Kaum vermag das Ohr im harmonischen Chaos der mächtigen Accorde, lieblichen Melodien, perlenden Läufe, schmetternden Triller und kühnen Sprünge einen Ruhepunkt zu finden; und dennoch finden wir in der wunderbar klaren Durchsichtigkeit, welche das Spiel unserer Künstlerin charakterisirt, die vollständigste Beruhigung und Befriedigung. Der letzte Accord war verklungen und ein endloser Beifall, der umso lebhafter sich kundgab, da man athemlos gelauscht hatte, belohnte die gefeierte Künstlerin. Den schönsten Lohn dieses Abends fand sie aber wohl in der bewundernden Anerkennung ihrer Virtuosität von Seite ihrer ehrenwerthen Landsleute, welche wir in ihrer unmittelbaren Nähe bemerkten. Ihnen hat sie sicher die lieblichste der Erinnerungen an ihren Aufenthalt in Australien in's Herz gespielt, und die Herren werden nicht säumen, bei der glücklichen Rückkehr in die liebe Heimat den wohlverdienten Ruhm der gefeierten Landsmännin zu verkünden."

Ein deutscher Photograph, Herr Helzer, hat ein photographisches Tableau der Mitglieder der „Novara"-Expedition zusammengestellt, und man erzählt sich, dass Abdrücke gewisser Porträts bei den Damen in Sydney guten Abgang finden.

Sie sehen aus alledem, dass es für uns Zeit ist, dieses Capua des Südens zu verlassen, wenn es der „Novara" nicht gehen soll, wie der englischen Fregatte „Iris", der drei reiche australische Erbinnen als kürzlich verlobte Bräute angehören. Die Scene wird eine rasch veränderte sein, wenn wir nach wenigen Stunden vielleicht schon ausserhalb der „Heads" wieder auf den Wogen des Pacific schaukeln. Dann backt man in Sydney vielleicht „Novara"-Kipfel und macht „Novara"-Würstel. Mag es immerhin sein, es sind deutsche Gewerbsleute, die aus der Ankunft des ersten deutschen Kriegsschiffes in Australien ihren Profit zu ziehen suchen.

Das Andenken der „Novara" wird aber auch ohne solchen australischen Humbug ein bleibendes sein im Port Jackson, dessen sind wir sicher.

Ich hätte noch lange Listen von festlichen Diners bei Sr. Excellenz dem Generalgouverneur Sir William Denison und bei den ersten Notabilitäten Sydneys, von Bällen, welche mehrere der ersten Familien Sydneys den Officieren der „Novara" gaben, beizufügen, aber ich muss diesen Bericht über Festlichkeiten schliessen und Ihnen versprechen, während der ruhigeren Mussestunden zur See bei unserer Ueberfahrt nach Neu-Seeland auch über die Resultate unserer wissenschaftlichen Bestrebungen zu schreiben, damit Sie nicht glauben, wir haben über den Genüssen des australischen Capua alles Andere vergessen. Das kann ich zur Beruhigung schon jetzt mittheilen, dass eine Sendung von gegen 20 inhaltsreichen Kisten, angefüllt mit naturhistorischen und ethnographischen Sammlungen aus Australien, bei unserem Consul, Herrn Kirchner, bereit liegt, um mit einem nächsten Segelschiffe nach Europa abzugehen. Dies mag auch als Beweis dienen, dass Herzog Paul von Württemberg, der bekannte hohe Reisende, Sammler und Naturforscher, der wenige Tage vor unserer Ankunft Sydney verlassen hatte, uns doch noch Einiges übrig gelassen hat. Herzog Paul hatte in Melbourne die Ankunft der „Novara" erfahren, und die Expedition in einem sehr freundlichen Schreiben von dort auf das herzlichste begrüsst. Prinz Paul ist mit demselben Dampfer, der unsere letzte Post mitnahm, nach Europa zurückgekehrt, und soll sehr reiche und interessante Sammlungen aus Australien mit sich führen. Wir bedauern Alle sehr, dass wir nicht das Vergnügen hatten, den berühmten Reisenden an Bord der „Novara" zu begrüssen.

Ich höre soeben, dass auf Dienstag Morgens den 7. December der Dampfer bestellt ist, welcher die „Novara" wieder in die offene See schleppen soll. So werden wir Weihnachten und Neujahr wahrscheinlich in Neu-Seeland feiern, und wie ich hoffe, Alle frisch und gesund das neue Jahr begrüssen, das uns wieder den heimatlichen Gestaden zuführen soll.

Der 7. December war zum Tag der Abfahrt bestimmt. Bis zum frühen Morgen war noch lustig getanzt worden bei dem österreichischen Consul Herrn K., der, um der „Novara" den Abschied ja recht schwer zu machen, noch am letzten Abend einen Ball veranstaltet hatte. Wenige Stunden darauf tanzten wir auf dem stürmisch bewegten Ocean. Nach zwei völlig windstillen Tagen hatte sich am 7. December Morgens plötzlich ein frischer Südwind erhoben, günstig zur Ausfahrt, die Anker wurden gelichtet und ebenso unvermuthet rasch als wir gekommen, waren wir wieder weg. Schon um Mittag war Australien hinter dem Horizonte verschwunden, der Südwind war zum völligen Sturm angewachsen, als sollte die Fregatte gleich die Probe ablegen, ob Calfaterer, Zimmerleute und Segelmacher ihre Sache gut gemacht. Diese plötzliche Veränderung der Scene war keineswegs angenehm; aber schon nach zwei Tagen hatten sich Wind und Meer wieder beruhigt und jetzt erfreuen wir uns des schönsten, angenehmsten Wetters und segeln bei guter Fahrt unserem nächsten Ziele, Neu-Seeland, entgegen. Ich gebe, nachdem ich Ihnen schon von Sydney aus Berichte über die Festlichkeiten zugeschickt, welche zu Ehren der Ankunft der k. k. Fregatte „Novara" veranstaltet wurden, nun einige weitere Nachrichten über unseren Aufenthalt in Sydney.

Die ausserordentliche Zuvorkommenheit, mit welcher wir von den Bewohnern von Sydney aufgenommen waren, die grosse Liberalität, mit welcher die englische Regierung in New-South-Wales die Zwecke der Expedition unterstützte, die reichen, werthvollen Beiträge zu den „Novara"-Sammlungen von öffentlichen Aemtern und Instituten, wie von Privaten, Gelehrten und Nichtgelehrten, — alle diese vielen Beweise eines vereinten Bestrebens, uns den Aufenthalt angenehm zu machen und die wissenschaftlichen Zwecke der kaiserlichen Expedition nach Möglichkeit zu fördern, lassen gewiss Jeden von uns mit grosser Zufriedenheit auf die an Australiens Küste verlebten Tage zurückdenken. „Wie gefällt Ihnen Sydney? Was sagen Sie zu diesem Lande?" bin ich gar oft gefragt worden, und ohne die Antwort abzuwarten, fuhr der Fragende dann häufig selbst fort: „Ist Port Jackson nicht der schönste Hafen der Welt? Ist die Ansicht nicht reizend? Siehe da, wie wundervoll die herrliche Norfolk-Fichte, der schattige Moreton-feigenbaum! Hier die schönen, üppigen Gärten mit Orangen, Citronen, Aprikosen und allen europäischen Obstarten, zierliche Landhäuser, prächtige Paläste und dort der australische „Busch" über der nackten Sandsteinklippe noch ganz so wie zu Cook's Zeiten! Hier der Hafen mit seinen zahllosen Seitenbuchten, voll von Schiffen, Dampfer nach jeder Richtung, von allen Grössen, und da Sydney, ein kleines London. Alles, was Sie nur wünschen mögen, können Sie da finden, wir haben Alles, auch Eisenbahnen und Telegraphen. Und dieses Klima, kein Winter, nur Frühling und Sommer, sieh hier, wie gesund und frisch die Kinder aussehen, wie schön unsere Mädchen sind, wie kräftig unsere Männer! Ist das nicht in Wahrheit ein irdisches Paradies?" So wurde ich oftmals gefragt. Ich konnte nicht „Nein" sagen. Wenn mich auch das Alles nicht mit gleicher Begeisterung erfüllt, wie den gebornen Australier, der stolz auf seine Heimat ist und aus Liebe zu seinem Vaterlande so sprach, so war ich doch im höchsten Grade überrascht über die gewaltigen Fortschritte, über den raschen Entwicklungsgang des jungen Landes, ich musste bewundern, was Fleiss und Thatkraft hier in der Zeit von zwei Menschenaltern geleistet. Und ich will gern glauben, dass Australien eine grosse glänzende Zukunft hat, wenn seinen künftigen Geschlechtern die Begeisterung und Liebe für ihr Vaterland, die Thatkraft und Energie bleibt, welche seine erste Generation auszeichnet.

Sydney zählt jetzt 70.000 Einwohner und hat mit allen seinen Vorstädten Wulumulu, Pyrmont, Balmain u. s. w. schon jetzt nahezu die Ausdehnung der grössten europäischen Städte. In der Hauptstrasse „Georges-Street" kann man sich ganz und gar nach London versetzt denken. Noch vor 30 Jahren war es eine Reihe von Bretterhütten, jetzt ist es eine Reihe schöner, steinerner Paläste. Der vortreffliche Baustein der Gegend, Sandsteinquadern, hat seine volle Verwendung gefunden zum Aufbau schöner Kirchen, öffentlicher und Privatgebäude. Die Börse, die Bankgebäude, des Gouverneurs Haus und viele andere sind grossartige im schönsten Styl aufgeführte Paläste, und wenn auch der „Hydepark", eine baumlose Wiese inmitten der Stadt, seinen vielversprechenden Namen keineswegs rechtfertigt, so sind dagegen der botanische Garten, die Domaine und Lady Macquarie's Chair umso reizendere Spaziergänge. Nur schade, dass statt des melodischen Gesanges von Vögeln ein ohrenbetäubendes Gezirpe von Millionen grosser grüner Cykaden vom frühen Morgen bis zum späten Abend von den Bäumen schallt.

Sydney ist mit Gas- und Wasserwerken und Allem, was zur Erleichterung des Verkehrs in einer grossen Stadt gehört, Omnibussen, Cabs, Dampfern, wohl versehen. Die Theater erheben sich bis jetzt nicht über die Stufe der Mittelmässigkeit, umso vorzüglicher sind aber Hospitäler, Erziehungsanstalten, öffentliche Bibliotheken. Das australische Museum enthält sehr interessante naturhistorische und ethnographische Sammlungen aus Australien und den Inseln des Pacific, aber schon jetzt sind die Räumlichkeiten zu klein und das zur Erhaltung der Sammlungen aufgestellte Personal zu beschränkt. Man sprach deshalb von der Gründung eines neuen grösseren Museums. Das Museum war sehr viel von uns besucht, und wir müssen die Zuvorkommenheit und Gefälligkeit des Secretärs Herrn Angas und des Curators Herrn Wall rühmend erwähnen. Der Liberalität der Bevollmächtigten aber verdanken wir sehr werthvolle Sammlungen aus den Doubletten des Museums. Eine astronomische Sternwarte, verbunden mit einem meteorologischen und magnetischen Observatorium, ist eben in der Einrichtung begriffen, nachdem das frühere Observatorium in Paramatta aufgehört hat. Ein grossartiges Universitätsgebäude ist vollendet.

Den Mittelpunkt für die wissenschaftlichen Bestrebungen in der Colonie bilden zwei wissenschaftliche Gesellschaften, beide unter der Präsidentschaft Sr. Excellenz des Generalgouverneurs Sir W. T. Denison, die philosophische Gesellschaft von New-South-Wales und die australische Gesellschaft für Garten- und Landbau. Ein gemeinschaftliches Journal beider Gesellschaften „The Sydney Magazine of Science and Art" erscheint in monatlichen Lieferungen. Wie anregend war für uns die persönliche Bekanntschaft so vieler Männer der Wissenschaft, die seit Jahren thätige Beobachter und Erforscher Australiens sind! Wie viel gab es da zu besprechen, zu sehen und zu vergleichen in den ausgezeichneten Privatsammlungen des Gouverneurs Sir W. Denison, eines W. Macleay, Rev. W. B. Clarke, Dr. G. Benett, Dr. Roberts.

Die Tage verflogen mit dem, was in Sydney selbst und in seiner nächsten Umgebung zu thun und zu sehen war, und nur wenige Tage blieben übrig zu weiteren Ausflügen. Eisenbahnen und Dampfschiffe, die täglich längs der Küste in nördlicher und südlicher Richtung verkehren, sowie regelmässige Postverbindungen bringen den Reisenden jetzt schnell selbst nach den entfernteren Theilen der Colonie.

Während der Commodore mit mehreren meiner Collegen einen Ausflug in südlicher Richtung unternahm über Campelton nach den wald- und wildreichen Gegenden des Illawrara-Districtes, besuchte ich in nördlicher Richtung das Thalbecken des Hunter-Flusses, die Steinkohlenfelder von New-Castle. Reich an gesammelten Schätzen und befriedigt kehrten wir zurück. Aber wie ungern scheidet man von einer Küste, wo man noch so Vieles zu sehen und zu beobachten wünschte. Ich hatte immer gehofft, Zeit zu finden, die Blauen Berge und die Golddistricte in der Umgebung von Bathurst zu besuchen; aber ich musste mich, was die Goldfelder betrifft, begnügen mit dem Anblick der „Goldnuggets", welche die glücklichen Finder bei den Juwelieren in Georges Street in den Schauläden ausstellen, und mit den interessanten Nachrichten, welche die

Zeitungen täglich brachten; die alten Goldfelder bewähren fortwährend ihre Reichhaltigkeit. Die statistischen Ausweise geben für das Jahr 1858 von Januar bis Ende September 182.092 Unzen als die Quantität Gold an, die durch die monatlichen Escorten aus der Colonie New-South-Wales an die königliche Münze in Sydney abgeliefert wurde. Während unserer Anwesenheit in Sydney wurde in den westlichen Districten eine Goldmasse von 1800 Unzen Gewicht im Werthe von 5000 Pfund Sterling gefunden. Solche Funde erregen immer von neuem bei Hunderten von Menschen die Hoffnung, ebenso glücklich zu sein. Auf die Kunde von einem neuentdeckten Eldorado im Norden am Fitzroy-Fluss bei Port Curtis sind in den letzten Monaten nicht weniger als 10.000 Menschen aus der Colonie Victoria und Neu-Süd-Wales ausgewandert. Dieser ungeheuere Zustrom von Menschen in eine Gegend, wo keine Ansiedler sind und wo weder Obdach noch Lebensunterhalt zu finden war, verursachte entsetzliches Elend. Man hatte Hab und Gut verkauft, nicht um die Hälfte, sondern um den vierten und fünften Theil des Werthes, um die nöthigen Digger-Geräthschaften anzuschaffen und den Ueberfahrtspreis zu erschwingen; man verliess sicher zahlende Geschäfte und Dienste in der Voraussicht baldigen Goldreichthums. Die Strassen wimmelten in Sydney und in Melbourne von Golddurstigen, mit Decken und Matrazen, Gefässen, Hacken und Schaufeln über und über bepackt, athemlos nach den Billet-Verkaufslocalen und den Schiffen rennend, die nach dem neuen Eldorado abfahren sollten, das war im September dieses Jahres. Aber wie lauteten die Nachrichten schon im October? Ein gesetz- und ordnungsloses Menschenheer, getäuscht in seinen Hoffnungen, stand unbeschützt, ohne Dach und Fach den Einflüssen einer unerträglichen Hitze ausgesetzt, ohne die Mittel zur Rückkehr, ohne die Möglichkeit eines anderweitigen Erwerbes, da sich die Goldfelder nicht lohnend erwiesen, in einem fernen fremden Lande, von hilflosen Weibern und Kindern getrennt. In allen Richtungen sah man Männer die Werkzeuge, die sie Pfunde gekostet hatten, um einige Schillinge bieten. Man hätte Wagen mit neuen Piken, Schippen, Blechschüsseln und Werkzeugen aller Art beladen können, der ganze Weg von den vermeintlichen Goldfeldern nach dem Landungsplatz der Schiffe war besäet mit Geräthschaften, welche Sonnenhitze und wunde Füsse wegzuwerfen nöthigten, um den beschwerlichen Marsch zu erleichtern, und das Volk drängte sich nun abermals unwiderstehlich, in ausserordentlicher Hast zu den Schiffen, die zum Excess vollgepfropft wurden.

Nur das energische Einschreiten der Regierung, welche fortwährend Provisionen schickte und die in ihren Hoffnungen so entsetzlich Getäuschten zurückführte, hatte grösseres Unglück verhütet. Und jetzt ist die Gegend wieder verödet und verlassen, und die Zeltstadt Rockhampton, die so plötzlich entstanden, hat ihre ursprüngliche Gestalt, die einer einzigen Bretterhütte, wieder angenommen. Das ist in Kurzem der Verlauf des neuesten Goldfiebers, welches die Bewohner von Australien ergriffen. Merkwürdig ist, dass auch die Chinesen schon den Weg nach Australien finden, um ihr Glück im Goldgraben zu versuchen. Sie sollen da noch immer ihre Rechnung finden, wo die Europäer aus Mangel an Ergiebigkeit längst weggezogen. In Neu-Süd-Wales rechnet man bereits 12.000 bis 15.000 Chinesen, in der Colonie Victoria aber gegen 40.000. Viele dieser Söhne des Himmlischen Reiches machen ihr Glück und finden sogar europäische Frauen, hauptsächlich Irländerinnen. In der Nähe der Moreton-Bai soll aber kürzlich der erste Fall vorgekommen sein, dass auch ein deutsches Mädchen einen Chinesen heiratete. Und das Alles, obgleich gegen die Chinesen sehr beschränkende Ausschliessungsgesetze in Kraft sind, weil man ihr Ueberhandnehmen fürchtet, oder, wie mir ein Anglosachse bemerkte, weil man die australische Race rein erhalten will.

Umso beliebter sind in Australien deutsche Einwanderer, und fragt man den englischen Farmer, warum er deutsche

Arbeiter seinen eigenen Landsleuten vorziehe, so ist die übereinstimmende Antwort, weil sie fleissiger und stabiler sind und nicht nach den Goldfeldern davonlaufen. Die englische Regierung hat sich auch in neuester Zeit in mancher Beziehung der deutschen Einwanderung angenommen, nachdem in Folge einer Petition deutscher Ansiedler ihre Aufmerksamkeit auf viele Uebelstände gelenkt wurde, die an Bord der deutschen Auswandererschiffe herrschen. Weit grösser als die Zahl der Deutschen in Neu-Süd-Wales ist ihre Anzahl in der Colonie Victoria, und in Südaustralien machen sie nahezu ein Siebentel der ganzen Bevölkerung aus. Eines der neuesten Melbourner Blätter schreibt in Betreff der Einwanderung nach der Colonie Victoria, was für Australien überhaupt gelten kann: „Das Gedeihen der Colonie war bisher sehr gehemmt dadurch, dass der Einwanderer nicht mit der Leichtigkeit, wie in Canada und den Vereinigten Staaten, in den Besitz eines Grundstückes gelangen kann. Dieses Hinderniss soll jedoch beseitigt werden, indem von der Regierung ein Gesetz eingeführt werden wird, wornach jeder Einwanderer Land zum Anbau, für ein Pfund Sterling den Acker, kaufen kann. Für wissenschaftliche Leute, Gelehrte und Künstler ist hier, wie in jedem sich erst entwickelnden Staat, meistens nur dann Verwendung, wenn sich ihre Talente speciell praktisch anwenden lassen." Ein guter Porträt- oder Landschaftsmaler z. B. müsste in Australien enorme Geschäfte machen können, „der Bauer, der Handwerker, der Schäfer, Gärtner, Zimmermann, Maurer, Eisenbahnarbeiter, oder der gewöhnliche Taglöhner sind der Colonie am dienlichsten. Daher ist diese Classe auch die gesuchteste und wird es stets bleiben, obwohl es sich zuweilen ereignet, dass durch das zufällige Eintreffen einer unerwartet grossen Zahl neuer Ankömmlinge, von denen viele sich nicht entschliessen können, in das Innere des Landes zu gehen, sondern vorziehen, in den Hafenstädten herumzuschlendern, auch in dieser Classe ein augenblicklicher Mangel an Beschäftigung eintreten und selbst Noth herbeiführen kann."

Unter den guten Rathschlägen, die dann folgen, ist der wichtigste jedenfalls der: „Ein Jeder, der Deutschland verlassen will, um sich hier anzusiedeln, soll suchen sich mit der englischen Sprache bekannt zu machen; ein jedes Wort ist einen Schilling werth".

Melbourne, die Hauptstadt der Colonie Victoria, wird allgemein als das non plus ultra von Australien betrachtet. Selbst in Sydney hört man ungetheilt den Glanz, den Reichthum, das beispiellos rasche Emporblühen der Stadt und den energischen Unternehmungsgeist seiner Bewohner rühmen, besonders erfreulich aber war es uns, zu hören, dass dort deutsche Wissenschaft blüht und hoch in Ehren ist. Dr. Ferdinand Müller, der Botaniker, ist der allgemein hochgeachtete Director des dortigen botanischen und zoologischen Gartens, der durch seine unermüdliche Thätigkeit eine der ersten Zierden der Stadt geworden ist. Ein anderer deutscher Landsmann, Professor Neumayer, von Sr. Majestät dem König von Bayern vor Jahresfrist beauftragt, in Australien Beobachtungen zu machen, die dazu beitragen sollen, um die wahre Natur des Erdmagnetismus näher kennen zu lernen, ist jetzt Director des magnetischen Observatoriums in Victoria. Möge deutsche Wissenschaft, die in Australien durch unseren unglücklichen Landsmann Dr. Leichhardt unsterblich geworden ist, fort und fort wachsen und gedeihen!

Ich will diese Zeilen über Sydney nicht schliessen, ohne, wenn auch nur kurz, die Eingebornen zu erwähnen. Diese unglückliche Menschenrace, weder aus sich selbst, noch durch fremden Einfluss irgend einer Cultur fähig, scheint unabänderlich dazu bestimmt zu sein, vom Erdboden zu verschwinden. Ein unstetes Wander- und Bettlerleben führend, kommen einzelne der Black Fellow dann und wann selbst in die Stadt Sydney, in grösserer Anzahl aber sammeln sich die zerstreuten Reste der ursprünglich hier ansässigen Stämme um Weihnachten und an der Königin Geburtstag in der Stadt.

An diesen Tagen werden sie von der Regierung mit Kleidern und allerlei nützlichen Gegenständen beschenkt.

Der alte König der „Botany Bai" aber, ein Greis mit grauem Haar und Bart, lahm an seinen Gliedern, sitzt an der Strasse im Staub als Bettler vor der Thüre des reichsten Mannes in Australien. Dieser hat ihm Kleider, Obdach und Nahrung für seine alten Tage gegeben, aber trotzdem sitzt er da, bettelnd erhebt er in kleiner Kupfermünze von den Vorüberfahrenden den Tribut aus dem goldreichen Lande, das er in altem Stolze noch heute sein eigen nennt. Was mag er sich denken von Ehemals und Jetzt, der alte König der Botany Bai?

Ankunft in Neu-Seeland.

Ich kann Ihnen nun noch unsere glückliche Ankunft im Lande der Antipoden, in Neu-Seeland melden. Gestern den 22. December, Abends $5^1/_2$ Uhr, haben wir nach 16tägiger Fahrt im Hafen von Auckland geankert. Unsere Ankunft war durch ganz ungewöhnliche Windstille, die uns gerade vor der Einfahrt in den Huraka-Golf traf, von welchem der Hafen von Auckland eine enge Seitenbucht bildet, sehr verzögert. Walfische, welche um die Fregatte spielten, hatten uns während dieser windstillen Tage ein unterhaltendes Schauspiel gegeben. Als wir an den Inseln und Felsklippen vorübersegelten, welche vor dem Golfe liegen, da erinnerte uns der Schrei von Pinguinen wieder lebhaft an St. Paul. Und wie dort, so waren auch hier wieder einige Jagden auf Albatrosse und andere Seevögel, welche der Commodore und Commandant im Boote unternahmen, vom besten Erfolg. Die neugierigen Vögel kommen, sobald das Boot ausgesetzt ist, demselben zugeflogen, so dass man leicht schiessen kann, so viele man will.

Die Gegend von Auckland hat nichts von all der Grossartigkeit, welche nach den Reisebeschreibungen Neu-Seelands merkwürdige Natur weiter südlich zeigt. Die gewaltigen, bis 8000 Fuss hohen vulcanischen Kegelberge, wie Mt. Egmont u. s. w., sind hier zusammengeschrumpft zu kleinen erloschenen Eruptionskegeln, welche sich nur 500 bis 800 Fuss hoch erheben. Aber umso grösser scheint deren Anzahl hier, man kann in nächster Nähe schon bei der Einfahrt mehr wie ein Dutzend zählen; statt der ewigen Schneegebirge der mittleren Inseln aber sieht man hier nur niedere, höchstens 2000 Fuss hohe Bergketten und ein flachwelliges Hügelland, das in steilen Sandsteinwänden am Meere endet. In den verschiedenen Buchten und Canälen des weiten Golfes sieht man Eingeborne in ihren Canoës mit Fischfang beschäftigt. Und inmitten dieser völlig fremdartigen Natur liegt Auckland, die Hauptstadt von Neu-Seeland, eine Stadt nach englisch-europäischem Muster. Wir trafen nur fünf Schiffe im Hafen, und die „Novara" ist auch hier das grösste Kriegsschiff, das je eingelaufen. Die ganze Bevölkerung von Auckland schien am Ufer versammelt, als wir ankamen und mit dem Fort die Salutschüsse wechselten.

Ich freue mich, schreiben zu können, dass der Gesundheitszustand des Stabes, der von den chinesischen Häfen weg auf der Reise nach Sydney nicht der beste war, nun wieder ganz hergestellt ist. Die beiden kranken Herren Officiere haben sich in Sydney vollständig erholt, ebenso Dr. Sch. und auch Freund Z., der in Sydney noch immer krank lag, ist wieder frisch und munter. Dagegen haben wir während der letzten Ueberfahrt abermals einen Mann verloren, der schon seit Schanghai an Dysenterie krank lag.

Die nächste Post von Europa mit Nachrichten bis Mitte October wird jeden Augenblick hier erwartet und es kann sich hübsch fügen, dass uns die neuesten Briefe aus der Heimat gerade zum Weihnachtsabend bescheert werden. Der Postdampfer von Neu-Seeland nach Sydney geht monatlich; wenn es mir möglich ist, schreibe ich noch einmal von hier aus und lasse den Brief zurück für die nächste Post. Der Aufenthalt der k. k. Fregatte wird hier wohl nicht länger als 14 Tage sein. Das nächste Ziel der Reise ist dann Tahiti. Ob wir von Tahiti weg die Sandwich-Inseln besuchen, oder, wie wahrscheinlicher, direct nach Valparaiso gehen, ist noch nicht bestimmt. Jedenfalls dürfen Sie die nächsten Nachrichten nach denen von Neu-Seeland erst von der Westküste Amerikas aus erwarten, da die Dampferlinie von hier über Tahiti nach Panama noch nicht im Gange ist.

Mit der die Ankunft auf Neu-Seeland meldenden Nachschrift vom 23. December 1858 schliessen jene Berichte, die Dr. Hochstetter als Mitglied der „Novara"-Expedition an die Redaction der „Wiener Zeitung" gelangen liess.

Während die Fregatte „Novara" am 8. Januar 1859 von Neu-Seeland, beziehungsweise von Auckland absegelte, um über Tahiti und Valparaiso der Heimat zuzueilen, sollte Dr. Hochstetter noch längere Zeit auf dem Boden der merkwürdigen Doppelinsel des „Gross-Britanniens der Südsee" verweilen.

Die Regierung von Neu-Seeland trat an den Chef der Expedition, Freiherrn v. Wüllerstorf, mit der Bitte heran, ihr den damals schon hochgeachteten Geologen zur Verfügung zu stellen, der das bis dahin fast völlig unerforschte Land nach seinen topographischen, hauptsächlich aber nach seinen geologischen Verhältnissen eingehender untersuchen sollte.

Was Dr. Hochstetter in der verhältnissmässig kurzen Zeit seines Aufenthaltes auf Neu-Seeland — vom 23. December 1858 bis 2. October 1859 — für die wissenschaftliche Aufhellung dieses Inselreiches geleistet hat, ist weltbekannt und in zahlreichen seiner Schriften niedergelegt, worunter wir das grosse, im Cotta'schen Verlag zu Stuttgart erschienene Werk „Neu-Seeland" in erster Linie erwähnen müssen.

Noch während des Aufenthaltes Hochstetter's auf Neu-Seeland kamen Mittheilungen zur Veröffentlichung, welche über die unermüdliche Thätigkeit berichteten, die der gefeierte

Gelehrte der Lösung seiner schwierigen und umfassenden Aufgabe zu widmen im Begriffe stand.

So brachten unter Anderem das Abendblatt der „Wiener Zeitung" vom 5., 6. und 7. December 1859, — die Beilage zur „Augsburger Allgemeinen Zeitung" vom 21. September, 2. und 3. December 1859, — das „Athenaeum" vom 22. October 1859 mehr oder weniger ausführliche Mittheilungen, die jedoch wesentlich durch die an Sectionsrath Haidinger in Wien gerichteten Briefe Hochstetter's ergänzt wurden.

Nach allen jenen Berichten und nach den später erfolgten Publicationen können wir die Thätigkeit Hochstetter's auf Neu-Seeland im Kurzen folgendermassen skizziren:

Die ersten sechs Monate wurden zur Durchforschung der Provinz Auckland auf der Nord-Insel verwendet, wobei die daselbst befindlichen Braunkohlenlager, sowie die im Inneren gelegenen Vulcane und die zahlreichen Geyser und heissen Quellen zur Untersuchung gelangten.

Eine besondere Aufmerksamkeit wendete Hochstetter den kleinen erloschenen Vulcan-Kegeln auf dem Isthmus von Auckland zu.

Am 5. März 1859 trat er die grosse Reise nach dem gänzlich unbekannten Inneren der Nord-Insel an.

Er ging — von dem, durch die weitere Erforschung und geologische Aufnahme Neu-Seelands berühmt gewordenen, gegenwärtigen Director des Canterbury-Museums in Christchurch, Herrn J. v. Haast, und sieben anderen Europäern nebst 16 Maoris (Eingebornen) begleitet — von Auckland in südlicher Richtung längs des Waikato und seines Nebenflusses Waipa bis an die Wasserscheide zwischen diesem und dem Mokau-Flusse, welch letzteren er auf den Felsbänken des Wairere überschritt und gelangte hierauf durch eine selbst von den Eingebornen wenig betretene, mit dichtem Urwald bewachsene Gegend in das Quellgebiet des Wanganui.

Nach vielfachen Beschwerden und Entbehrungen erreichten die Reisenden das etwa 2000 Fuss hohe Bimsstein-Plateau, welches den Taupo-See an seiner westlichen Seite umgibt, und mit Jubel begrüssten sie die nun vor ihnen stehenden schlanken Vulcankegel des centralen Theiles der nördlichen Insel. Zwei Tage darauf stand Dr. Hochstetter an den Ufern des Taupo-Sees, woselbst er mit seinen Begleitern in dem Hause des dort lebenden Missionärs der englischen Hochkirche eine gastliche Aufnahme fand.

„Der wunderbare See" — sagt J. v. Haast in einem Schreiben vom 17. Juni 1859 — „mit seinen Wasserfällen, heissen Quellen und Solfataren, umgeben von zahlreichen ausgebrannten Vulcankegeln im Westen und Norden, im Süden mit dem über 7000 Fuss hohen, thätigen Vulcan Tongariro, welcher aus drei Krateröffnungen dichte Wasserdämpfe aushaucht; hinter ihm der majestätische, etwa 10.000 Fuss hohe, mit ewigem Schnee bedeckte alte Trachytstock des Ruapahu, mit seinen zerrissenen Spitzen in den tiefblauen Himmel hineinragend, — erregten wohl das ganze Interesse der Reisenden."

Nachdem eine grosse Detailkarte des Sees entworfen und auch die nächste Umgebung untersucht worden war, setzte die Expedition ihren Weg längs des südlichen und östlichen Ufers fort, erreichte — den vom Tauharu kommenden heissen Wasserfall übersetzend — den Ausfluss des Waikato und gelangte an zahllosen Fumarolen, Solfataren und heissen Quellen vorbei nach Orake-Korako.

Weiter ging es zu den nordöstlich vom Taupo liegenden kleineren Seen, worunter namentlich der berühmte warme See Roto mahana die Aufmerksamkeit der Expedition im höchsten Masse erregte.

Wir bedauern lebhaft, hier auf die prächtigen Schilderungen nicht näher eingehen zu können, die Dr. Hochstetter, wie auch sein Begleiter J. v. Haast von jenem grossartigen Naturwunder gegeben haben; nur wollen wir uns einen Hinweis auf die schöne Aufnahme des Sprudels Otukapuarangi gestatten, welche Dr. Hochstetter in der Folge mit einem einbegleitenden Texte der Sammlung von Hölzel's „Geographischen Charakterbildern" zur Verfügung stellte.

Vom Roto mahana zurückkehrend, gelangte die Expedition an dem See Tikitapu vorbei zu dem Roto rua-See und erreichte bald darauf in Maketu die Ostküste der nördlichen Insel.

Von hier ging Dr. Hochstetter nach dem Hafen Tauranga, überstieg sodann die dicht bewaldete Wasserscheide zwischen der Ostküste und dem Waihou-Flusse und wendete sich über eine von Gewässern vielfach durchschnittene Ebene dem Maunga kawa-Gebirge zu, nach dessen Uebersteigung er wieder an die Ufer des Waikato gelangte.

Den alten Trachytstock des Maunga tautari übersetzend, traf die Expedition, welche sich in einem Canoë auf dem Waikato eingeschifft hatte, am 24. Mai 1859 wohlbehalten in Auckland ein.

Im Juni 1859 begab sich Dr. Hochstetter nach der Süd-Insel.

Ueber Taranaki und Wellington nach Nelson gelangend, begann er mit einem kurzen Ausfluge nach dem Brookstreet-Thale, untersuchte die dortige Braunkohlengrube und fuhr hierauf mittelst eines von der Regierung zur Verfügung gestellten Dampfers nach dem Croisilles-Hafen und Current-Bassin, um die daselbst befindlichen Kupfererzgänge zu besichtigen.

Die weiteren Arbeiten erstreckten sich auf die Kupfer-Fundstätten der Insel d'Urvilles, auf die Goldfelder und Knochenhöhlen des Aorere-Thales und auf andere, durch das Vorkommen von Metallen ausgezeichnete, in der Nähe von Nelson gelegene Punkte.

Die späteren Unternehmungen auf der südlichen Insel galten entfernter liegenden Gegenden, so den Motueka- und Wangapeka-Thälern, dem Buller-Flusse und dem Rotoiti-See, von wo sich Dr. Hochstetter einen Weg nach dem Höhenhause in dem Wairau-Thale suchte und durch den „Big Bush"-Wald nach Nelson zurückkehrte.

Im Ganzen hatte Dr. Hochstetter zwei Monate auf der Süd-Insel zugebracht, woselbst er für die Untersuchung der Kohlenlager und der Goldfelder dieser Provinz, ferner der Kupfererz-Lagerstätten des Dun Mountain und endlich für die geologische Aufnahme der Ausläufer der neuseeländischen Alpen in umfassendster Weise thätig war.

Am 2. October 1859 trat er von Nelson die Rückreise an, erreichte am 9. October Sydney, besuchte von da aus noch die Goldfelder der Colonie Victoria und kehrte über Mauritius und Suez nach Europa zurück. Am 9. Januar 1860 — also etwa $4^1/_2$ Monate nach der Ankunft der „Novara" — langte Dr. Hochstetter in Triest an, nachdem er 2 Jahre, 8 Monate und 9 Tage (zusammen 984 Tage) von der Heimat entfernt gewesen war.

Wien, 15. October 1884.

V. v. Haardt.

INHALT.

K. k. Hofbuchdruckerei Carl Fromme in Wien.

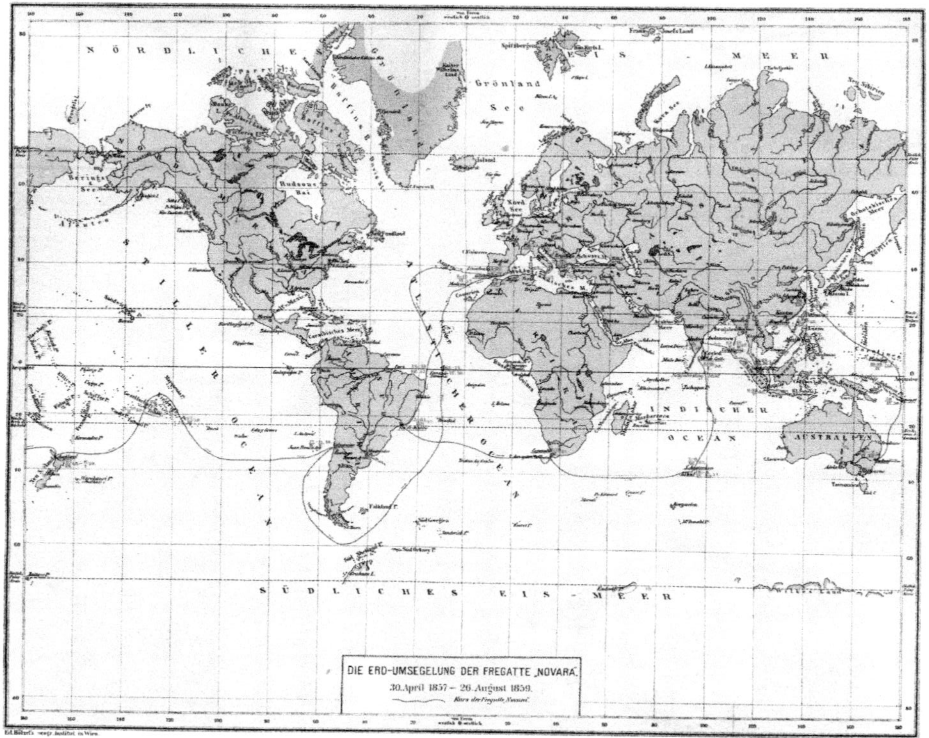

Ed. Hölzel's geogr. Institut in Wien
Verlag von Ed. Hölzel in Wien

Printed in Dunstable, United Kingdom

91226149R00198